大学講義
シリーズ

新版 集積回路工学(1)

プロセス・デバイス技術編

日立製作所名誉嘱託　工学博士

永 田　　穰

東京大学名誉教授
元芝浦工業大学学長　工学博士

柳 井 久 義

共著

コ ロ ナ 社

大学講義シリーズ　編集機構

編集委員長

柳井　久義　（東京大学名誉教授／元芝浦工業大学学長　工学博士）

編集委員（五十音順）

川西　健次　（日本大学名誉教授　工学博士）

岸　　源也　（東京工業大学名誉教授　工学博士）

熊谷　信昭　（大阪大学名誉教授／元大阪大学総長／兵庫県立大学長　工学博士）

関根　泰次　（東京大学名誉教授／東京理科大学教授　工学博士）

堀内　和夫　（早稲田大学名誉教授　工学博士）

宮川　　洋　（元東京大学教授　工学博士）

(2006年10月現在)

新版のはしがき

　本書は初版以来，長年にわたり多くの方々に御利用いただき，また励ましをいただいて版を重ねることができた。大学，短大，高専を含めて多数の学校に教科書としてご採用いただくほか，企業のエンジニアの方々にも広くご利用いただいてきた。しかし，何分にも進歩の激しい分野ゆえ，途中で全面的に改訂を行い，(1) 新しく主流になってきた技術（酸化膜アイソレーション，C-MOS，ドライプロセス，縮小投影露光などの微細加工技術など）の追加や記述のウエイトを増したり，(2) 技術の進歩による数値例や精度の見直し（ウェーハ径，加工精度，デバイス寸法や特性値の見直し修正）を行ってきた。その改訂版も発行されてから10年以上が経過し，その間も相変らず多方面にご利用いただいているが，この分野は進歩が激しく，またひき続き重要な技術であるので，最新の情報を盛込む必要性をつねづね感じていた。今回，機会を得て再び全面的改訂を行うこととした。改訂の内容は，前回実施した上記の(1) と (2) を再度行って技術の内容をアップデートすることは勿論であるが，大学のカリキュラムの分量を考えて重要度の減ってきた技術（例えばバイポーラのディジタル回路など）を削減し，新しく重要度の増してきた技術（例えば，MOS のアナログ回路など）の記述を強化した。

　以上によって内容は大幅に改訂され，また皆様のお役に立てるようになったと思う。全体の流れは今までの形を変えずに保つように心がけた。従来と同じように講義，または学習あるいは職場での参考にしていただいてよいと思う。なお，本書の構成と全体の流れは次頁以降の初版の「はしがき」に記述してあるのでそれをご覧いただきたいが，基本的に本書の 1 巻と 2 巻全体を講義すれば，1年間の講義が必要であろう。大学の上級年度または大学院の修士課程のクラスが対象となろう。また，企業の技術者の参考書としても充分に役立つと思う。なお，カリキュラムによっては充分な時間がとれない場合もあると思われるが，必要な題材を適当な章節から選んで講義していただければ幸いであ

る。例えば，著者が大学4年前期の90分授業15回で行った講義の例を示せばつぎのとおりである。これは，MOSのディジタル回路を中心にして，基礎からデバイス構造，回路設計，LSIの話題などを扱ったもので，各講義時間ごとに章末の演習問題の中から1～2題を選んで宿題を出し，理解を深めるようにしている（1～7章が1巻，8～12章が2巻）。

第 1 回　講義のガイドライン。集積回路の歴史，特色。集積化の意義（1章）
第 2 回　集積回路の構造とプロセスの概要（3章）
第 3 回　基本構造としてのpn接合（4章。特に，接合容量と耐圧）
第 4 回　基本構造としてのMOS構造（4章。特に，しきい値電圧）
第 5 回　集積回路の構成素子（6章。抵抗とコンデンサの構造と特性）
第 6 回　集積回路の構成素子（6章。MOSトランジスタの構造と特性）
第 7 回　集積化のためのパターン設計，回路の基礎（7章と8章の一部）
第 9 回　MOSディジタル回路の概要（11章。回路モデルと回路方式）
第 10 回　MOSインバータ回路（11章。動作原理と直流伝達特性）
第 11 回　MOSインバータ回路（11章。過渡特性とスイッチング速度）
第 13 回　MOSメモリの概要（11章。1MOS形DRAMの構造と動作）
第 14 回　超LSIのトピックス（12章。技術の動向，性能限界など）
第 15 回　まとめ，補足など（必要に応じて，5章や9章を話題にする）

最近，MOSアナログ回路の重要性が高まっているので，第13回，第14回をこれにあてるのも良いであろう。

著者らが本書の初版を執筆し始めたのは16Kビットのメモリや8ビットのマイクロプロセッサがやっと世に出たころであった。今や集積回路は1Gビットのメモリや，1～3GHzの速度で動作するマイクロプロセッサに進化し，エレクトロニクスの基盤技術として社会の隅々まで使用されている。本書がこれらの分野で活躍していく学生諸君，技術者にとってお役に立つことが出来れば，望外の幸せである。

本書の改訂については，日立製作所やルネサステクノロジー社の方々から多大の御助言をいただいた。特にルネサステクノロジー社の金井明氏からは5章を中心に多くの資料を参考にさせていただいた。また，コロナ社編集部の方々には編集上大変お世話になった。ここに記して厚くお礼申し上げる。

2005年7月

著者

は　し　が　き

　集積回路 (integrated circuit; IC) は 1950 年代末に誕生してからわずか 20 年足らずの間に電子産業の中心的な存在になった．電子工学にたずさわる技術者の多くの人々は何らかの意味で IC に関連した仕事に関与することと思われる．

　このように重要なものでありながら，IC に関する講義が大学教育課程の中にまとまった形でとり入れられている例は全体からみると現在のところ非常に少ない．これは筆者らが常々残念に思っていた点であり，その原因の一つに適当な教科書がなかったことがあげられている．今回，コロナ社の大学講義シリーズの 1 巻として集積回路の教科書がとり入れられたので，浅学非才をかえりみずお引き受けしたのは，多くの先輩から教えていただいた事項がこの方面で何らかのお役に立てばと考えたからである．

　しかし，いざ筆をとってみると教科書として学生諸君に読んでもらうためには適切かつ正確な知識を系統だてて記述する必要があるので，筆者には非常な重荷であることが分った．すでに出版されている類似の書物，ハンドブックあるいは文献を参考にしつつ，どうやらまとめ上げたのが本書である．

　本書の内容は集積回路技術そのものがそうであるように，きわめて広範，多岐にわたるので，分量的に，1 冊にまとめることができず 2 巻となったが，全体を通して統一をとるよう心がけた．したがって読者は 2 巻を通して学ぶことを前提に考えて記述されている．

　内容は大きく分けて，概論的な 1～3 章，デバイスおよびプロセスの基礎的な事項を扱った 4～7 章，回路的な内容を扱った 8～11 章，および LSI について概説した 12 章から成っている．1～7 章を第 1 巻，8～12 章を第 2 巻におさめた．回路的な部分が比較的多いかと思うが，集積回路がその名の示すと

おり回路技術を土台にしており，十分に学んでほしいと考えたので，この比重とした．また半導体物理，トランジスタの動作およびトランジスタ回路の基礎はすでに学んでいるものとしている．

第1巻は基礎事項とプロセス・デバイス技術について記述した．すなわち，1章はICの発達を半導体技術の歴史の中にとらえ，その意味と必然性を説いた．ICの出現は広く電子工業の発達の歴史の必然的なひとこまと考えられるからである．2章，3章ではICの概要を説明し，以後の章を学ぶ準備とした．まず全体の流れを示すことが学生諸君の理解を早めると考えたからである．

4章はpn接合とMOS構造について1章をさいて説明した．この二つがIC構造の基本であり，これを理解することによりデバイスはもちろんプロセスの理解を助け，またさらには新しいIC構造を考える出発点となると思うからである．5章はプロセスを項目ごとにまとめて記述した．ICのプロセスは複雑多岐にわたるのでとても1章でまとめられるものではないが，本書ではあえて単純に割り切った形で整理してみた．全体の要点をつかむにはこの程度がよいと思う．プロセスに関して詳しい知識を必要とする場合には，他の書物を参考にしていただきたい．6章はICの構成素子について説明した．プロセスと回路の間にあり，ICを理解する上での重要な章であるので十分学んでほしいと思う．7章はレイアウトに関するところで，ICの特色にふれることができよう．

第2巻は第1巻の知識の上に立って回路技術を中心に記述した．すなわち，8章にはまずIC回路全体の共通的な基礎事項をまとめ，次いで9章にアナログ回路，10章にディジタル回路，11章にMOS回路を記述した．この順序が比較的なじみの深いバイポーラトランジスタから入って，しかもIC特有の回路技術を理解し，将来のLSIへの展開にも備えやすいかと思ったからである．アナログ回路のうち，比較的新しいMOSアナログ回路は11章に含めた．

最後の12章はLSIについて記述したが，この分野は進歩の激しい分野であるので，ごく基本的な項目にとどめ，必要に応じて近い将来補充を行っていきたいと考えている．

はしがき

講義の分量としては全体をていねいに講義すれば1年程度の分量となろう．内容的には1～7章の第1巻を前半，それ以降を後半とするがよいであろう．集積回路は総合技術であるから，ぜひ第1巻および第2巻を通して学び一つの技術として身につけてほしい．

各章には数値例をそう入し，また章末には計算を主とした演習問題を入れてある．技術者である以上，数値的な概念を身につける必要があるのはいうまでもない．章末の演習問題の中には本文中で説明しきれなかった重要な事項を補うものもあるので，ぜひ全部を鉛筆をとって解いていただきたい．

最後に，本書は多くの先輩の研究データを利用させていただいている．教科書という立場から文献名を一つ一つあげることはしなかった．また基本的な事項を選び出し，技術の流れを分りやすく組み立てるという点も含めて下記の書物からはいろいろな事項を参照させていただいている．さらに，日立製作所中央研究所の徳山巍博士には1章～5章を詳細に読んで誤りを指摘していただき，久保征治博士，岡部隆博博士には10～12章に関して多くの御教示を受けた．コロナ社編集部中俣寛氏，山口陽氏には編集上大変お世話になった．これらの方々に深く感謝の意を表す．

昭和54年3月

著　者

Microelectronics, E. Keonjian 編, McGraw-Hill (1963)

Integrated Circuits――Design Principles and Fabrication, R.M. Warner and J.N. Fordemwalt 編, McGraw-Hill (1965)

Basic Integrated Circuit Engineering, D.J. Hamilton and W.G. Howard, McGraw-Hill (1975)

半導体ハンドブック（第2版），オーム社（52年10月）

集積回路工学，柳井久義・後川昭雄共編，コロナ社（51年12月）

は　　し　が　き

半導体デバイス，垂井康夫，電気学会（53年8月）
シリコン集積素子技術の基礎，菅野卓雄監訳，地人書館（45年6月）
集積回路，渡辺誠，昭晃堂（50年6月3版）

目　　　次

1　半導体工業の歴史と集積回路

1.1　半導体工業の歴史 ……………………………………………………… 1
1.2　集積回路の本質とその生れる必然性 ………………………………… 8

2　集積回路の種類

2.1　高密度実装回路 ………………………………………………………… 13
2.2　集　積　回　路 ………………………………………………………… 14
2.3　SOC 技術と SIP 技術 …………………………………………………… 18

3　モノリシック集積回路のあらまし

3.1　モノリシック IC の構造概要 …………………………………………… 19
　3.1.1　バイポーラ IC の構造 ……………………………………………… 22
　3.1.2　MOS-IC の構造 ……………………………………………………… 24
　3.1.3　CMOS-IC と Bi-CMOS-IC の構造 ………………………………… 26
3.2　モノリシック IC の製造方法の概要 …………………………………… 26
　3.2.1　バイポーラ IC のプロセスの概要 ………………………………… 27
　3.2.2　MOS-IC のプロセスの概要 ………………………………………… 30
3.3　モノリシック IC の断面構造の詳細 …………………………………… 31

演習問題 ·· 32

4 pn接合とMOS構造

4.1 基本構造としてのpn接合とMOS構造 ································ *34*
4.2 pn接合とその形成 ·· *35*
4.3 pn接合の特性 ·· *37*
   4.3.1 空乏層の広がり ·· *37*
   4.3.2 空乏層の接合容量 ·· *42*
   4.3.3 pn接合を流れる電流と整流特性 ···································· *44*
   4.3.4 耐圧特性および降伏電圧 ·· *48*
4.4 pn接合とバイポーラトランジスタ ···································· *52*
4.5 MOS構造とその形成 ·· *54*
4.6 MOS構造の特性 ·· *55*
   4.6.1 電圧印加時の表面電位のふるまい ································ *55*
   4.6.2 MOS容量の$C\text{-}V$特性としきい値電圧 ······························ *60*
   4.6.3 チャネルの形成とチャネルコンダクタンス ························ *64*
4.7 MOSトランジスタ ·· *66*
   補足事項 ·· *68*
   演習問題 ·· *74*

5 半導体モノリシックICの製造技術

5.1 はじめに ·· *76*
5.2 シリコン単結晶とウェーハ ·· *77*
   5.2.1 シリコンの性質 ·· *77*
   5.2.2 シリコンウェーハの作製 ·· *79*
5.3 酸化と酸化膜の性質 ·· *83*

5.3.1　酸化膜の形成法と酸化速度 ……………………………… *83*
   5.3.2　酸化膜の性質 ……………………………………………… *87*
   5.3.3　熱酸化による表面形状の変化（段差）………………… *91*
 5.4　ホトレジスト加工 ……………………………………………… *92*
   5.4.1　ホトレジスト材料 ………………………………………… *92*
   5.4.2　ホトレジスト加工の手順 ………………………………… *93*
   5.4.3　ホトレジスト加工の精度 ………………………………… *95*
   5.4.4　微細加工とドライプロセス ……………………………… *97*
 5.5　熱拡散とイオン打込み ……………………………………… *100*
   5.5.1　不純物元素のドーピング ………………………………… *100*
   5.5.2　熱拡散の方法 ……………………………………………… *102*
   5.5.3　熱拡散の理論 ……………………………………………… *105*
   5.5.4　拡散技術の応用 …………………………………………… *110*
   5.5.5　イオン打込み（イオン注入）…………………………… *114*
 5.6　エピタキシャル成長とCVD技術 …………………………… *121*
   5.6.1　エピタキシャル成長法 …………………………………… *121*
   5.6.2　エピタキシャル成長の応用と問題点 …………………… *127*
   5.6.3　ケミカルベーパデポジション（CVD）………………… *128*
 5.7　金属膜の形成と配線技術 …………………………………… *132*
   5.7.1　配線工程と配線材料 ……………………………………… *133*
   5.7.2　真空蒸着とスパッタリングの装置 ……………………… *135*
   5.7.3　多層配線技術とCMP技術 ……………………………… *137*
   補　足　事　項 …………………………………………………… *140*
   演　習　問　題 …………………………………………………… *141*

6　半導体モノリシックICの構成素子

 6.1　アイソレーションとプレーナ構造 ………………………… *143*
 6.2　モノリシック抵抗 …………………………………………… *145*
   6.2.1　構造と特性 ………………………………………………… *145*

目　　　次

    6.2.2　パターン設計と抵抗値の精度 ……………………………… *146*
    6.2.3　寄生素子の周波数特性 ……………………………………… *150*
    6.2.4　モノリシック抵抗のその他の形 …………………………… *155*
  6.3　モノリシック・コンデンサ ………………………………………… *156*
    6.3.1　構　造　と　特　性 ………………………………………… *156*
    6.3.2　パターン設計と容量値 ……………………………………… *157*
    6.3.3　寄　生　素　子 ……………………………………………… *160*
  6.4　配線およびインダクタンス ………………………………………… *161*
    6.4.1　配線とその特性 ……………………………………………… *161*
    6.4.2　インダクタンス ……………………………………………… *164*
  6.5　MOSトランジスタ ………………………………………………… *167*
    6.5.1　構　造　と　特　性 ………………………………………… *168*
    6.5.2　パターン設計とホトマスク ………………………………… *172*
    6.5.3　プロセス設計としきい値電圧 ……………………………… *174*
    6.5.4　寄生素子およびその他の効果 ……………………………… *176*
    6.5.5　MOSトランジスタの種々の構造 …………………………… *179*
  6.6　バイポーラトランジスタ …………………………………………… *184*
    6.6.1　構　造　と　特　性 ………………………………………… *185*
    6.6.2　パターン設計とホトマスク ………………………………… *192*
    6.6.3　寄生素子とその影響 ………………………………………… *197*
    6.6.4　pnpトランジスタ …………………………………………… *201*
  6.7　モノリシックダイオード …………………………………………… *204*
    6.7.1　モノリシックダイオードの種類 …………………………… *205*
    6.7.2　モノリシックダイオードの特性 …………………………… *206*
    6.7.3　ツェナーダイオード ………………………………………… *208*
    補　足　事　項 …………………………………………………… *209*
    演　習　問　題 …………………………………………………… *210*

半導体モノリシック IC のパターン設計

7.1 モノリシック集積回路の構成 ……………………………………*213*
7.2 レイアウト設計とその手順 …………………………………*219*
7.3 回路パターンの IC チップ上への転写技術 …………………*227*
 7.3.1 マスク原図の製作と転写プロセス …………………*229*
 7.3.2 転写技術の精度 ……………………………………*231*
 補 足 事 項 ……………………………………………………*235*
 演 習 問 題 ……………………………………………………*241*

参 考 文 献
演 習 問 題 解 答
索　　　　引

新版 集積回路工学（2）
回路技術編

主 要 目 次

8. モノリシックICの回路技術の基礎

8.1 モノリシックICの特色
8.2 モノリシックICの部品の特色とその活用法
8.3 モノリシックICの回路設計上の要点
8.4 回路解析の手法と回路シミュレーション

9. バイポーラ・アナログICの回路技術

9.1 アナログIC回路の問題点
9.2 基本的なアナログIC回路
9.3 IC演算増幅器の回路技術
9.4 A-D変換器・D-A変換器の回路技術

10. バイポーラ・ディジタルICの回路技術

10.1 ディジタル演算とディジタルIC
10.2 ディジタルIC回路の基本的な問題点
10.3 基本的なバイポーラディジタルIC回路

11. MOS-IC/LSIの回路（ディジタルおよびアナログ）技術

11.1 MOS集積回路の位置づけと特色
11.2 MOS-FETの回路モデルとMOS回路方式
11.3 基本インバータ回路の特性
11.4 MOSディジタル回路

11.5 MOS アナログ回路

11.6 MOS 回路のレイアウト保護回路

12. 大規模集積化技術（LSI，超 LSI）

12.1 経済性の追求と大規模集積化

12.2 LSI の歩留りと最適集積度（製造技術の高度化）

12.3 LSI と CAD 技術（設計技術の高度化）

12.4 LSI のデバイス技術の高度化

12.5 LSI の回路，システム技術の高度化

12.6 総合技術としての LSI

よく使われる定数表

電子の電荷量 　　　$q = 1.6 \times 10^{-19}$ クーロン

ボルツマン定数 　　　$k = 1.38 \times 10^{-23}$ J/K $= 8.62 \times 10^{-5}$ eV/K

　　　　　　　$kT/q = 0.0259$ V （$T = 300$ K）

真空の誘電率 　　　$\varepsilon_0 = 8.854 \times 10^{-12}$ F/m $= 8.854 \times 10^{-14}$ F/cm

真空の透磁率 　　　$\mu_0 = 4\pi \times 10^{-7}$ H/m $= 4\pi \times 10^{-9}$ H/cm

シリコンの比誘電率 　　　$\varepsilon_{si} =$ 約 12

酸化膜の比誘電率 　　　$\varepsilon_{ox} =$ 約 4

シリコンのエネルギーギャップ 　　　$E_g =$ 約 1.12 eV （$T = 25°C$）

　　　　　　　　　　　　　　　$E_g = 1.205$ eV （$T = 0$ K）

シリコンの真性キャリヤ濃度 　　　$n_i^2 = 1.5 \times 10^{33} T^3 \exp(-14\,000/T)$

　　　　　　　　　　　　　　　$\simeq 2 \times 10^{20}/\text{cm}^6$ (300 K)

シリコンの正孔の拡散定数 　　　$D_p =$ 約 10 cm^2/s

シリコンの電子の拡散定数 　　　$D_n =$ 約 25 cm^2/s

シリコンのキャリヤ・ライフタイム 　　　$\tau = 10^{-8} \sim 10^{-6}$ s

長さの単位 　　　1 Å $= 0.1$ nm $= 10^{-4}$ μm $= 10^{-8}$ cm $= 10^{-10}$ m

　　　　　　　1 m $= 10^2$ cm $= 10^6$ μm $= 10^9$ nm $= 10^{10}$ Å

気圧の単位 　　　1 気圧 $= 760$ Torr $= 10^5$ Pa （パスカル，N/m^2）

よく使われる単位の接頭語

(接頭語)	(記号)	(意味)	(例)
Tera	T	10^{12}	1 THz
Giga	G	10^{9}	1 GHz
Mega	M	10^{6}	1 MΩ
kilo	k	10^{3}	1 km
milli	m	10^{-3}	1 mm
micro	μ	10^{-6}	1 μm
nano	n	10^{-9}	1 ns
pico	p	10^{-12}	1 pF
femto	f	10^{-15}	1 fF

半導体工業の歴史と集積回路

　本書で学ぶ集積回路を中心にした半導体工業は，電子産業の重要な一分野である。それは，W. Shockley らによるトランジスタの発明 (1947年) に端を発し，ゲルマニウムやシリコンの単結晶成長などの材料技術，酸化や拡散あるいはホトエッチングなどのプロセス技術およびバイポーラトランジスタや MOS トランジスタなどのデバイス技術などの発展に支えられて発展してきた。現在，集積回路は，その大きさでは 1 G ビットの MOS メモリ LSI のように $10^8 \sim 10^{10}$ 個におよぶトランジスタを集積しうるまでに至っており，機能的にも計算機用のディジタル回路，民生機器用のアナログ回路など，いずれの分野をみても集積回路を使用しない装置はごくまれなほど普及している。モノリシック半導体集積回路がはじめて試作されたのが 1958 年，また MOS トランジスタを用いたメモリやマイクロプロセッサが出現したのが 1970 年頃であるから，それぞれ約 40 年，30 年前にすぎない。これだけ短期間に，これだけ発展した技術はまれであろう。

　集積回路を学ぶ前に，まずその土台となっている半導体工業の歴史を眺め，集積回路の位置づけを考えてみよう。

1.1　半導体工業の歴史

　表 1.1 は，トランジスタや集積回路といった各種の半導体デバイスが現れ

1. 半導体工業の歴史と集積回路

表 1.1 半導体デバイスの歴史

年代	半導体デバイスの発表
1945	
	点接触トランジスタ発表（1947年12月 ベル研究所，ゲルマニウム）
1950	pn接合アロイ形トランジスタ（GE社，ゲルマニウム） 接合形FET試作（ゲルマニウム）
1955	シリコン接合形トランジスタ市販 メサ形トランジスタ（ベル研究所）
1960	モノリシックIC試作（Kilbyの発振器，T.I.社） プレーナトランジスタ（Fairchild社） エピタキシャルトランジスタ モノリシックIC市販（RTL形ロジック） 　　DTL, TTL, CMLおよびMOS-FET市販 C-MOS回路 リニアIC（演算増幅器）
1965	pチャネルMOS-IC
1970	LOCOS技術 ダイナミックMOSメモリ（1024ビット），CCD P-ROM（FAMOS 2048ビット），アイソプレーナ技術，4ビットマイクロプロセッサ 4K-N-MOSメモリ，IIL発表　　　　　　　　　　　　　　　　　　　　（4004）
1975	8ビットマイクロプロセッサ（8008） 電子ビームによる8KビットRAM試作，N-MOS演算増幅器試作
1980	64KビットD-RAM発表 16ビットマイクロプロセッサ（8086, 68000） 256KビットD-RAM発表 32ビットマイクロプロセッサ
1985	1MビットD-RAM発表

た年代を示したものである．最初の実用的なトランジスタであるゲルマニウムのアロイ形トランジスタは1950年に，シリコンの接合形トランジスタは1954年に現れている．また今日のモノリシック半導体集積回路，すなわち，モノリシックICの基本となったプレーナ形のトランジスタはすでに1959年に現れており，LSI時代の幕あけとなったMOS形のICは1965年，そのメモリ（1Kビット）が1970年，マイクロプロセッサ（4ビット形）が1971年に世に出ている．表1.1をみると，こうした重要な技術が3〜5年ごとに相ついで出現してきた活力のある技術発達の歴史を知ることができる．また，それだけに集積回路技術は今後も大きな発展をとげ，電子産業の技術的中心の一つを形成し続けていくと思われる．本書ではこうした集積回路技術，特にシリコン半導体を用いたモノリシック半導体集積回路 (semiconductor monolithic integrated circuit)，略してモノリシックICの基本をプロセス，デバイス，回路の各技術にわたって述べることにしたい．

表1.1は，半導体工業の歴史の一つの断面を半導体デバイスの発達という形でとらえたものであるが，これをさらに掘り下げてこうしたデバイスの発達を支えた重要な技術の発展，それらを導いてきた重要な思想の流れをまとめると表1.2のようになる．表1.2にはまた電子産業の主力製品の移り変わりも記入してある．ゲルマニウムトランジスタ，シリコントランジスタと続いたトランジスタ時代からバイポーラトランジスタを中心構成素子としたバイポーラ集積回路によって集積回路時代の幕が開かれ，続いて，pチャネル形のMOSトランジスタを中心構成素子としたMOS集積回路によって集積回路のスケールの飛躍的な大規模化が達成され，大規模集積回路 (large scale integration, 略してLSI)，さらにはnチャネル形MOSトランジスタによる超大規模集積回路 (VLSI) の時代へと移り，現在はC-MOSを中心としたVLSIの時代になっている．

表1.2をみると，IC (integrated circuit) つまり集積回路の概念は意外に早いことがわかる．トランジスタの発明からわずか5年後の1952年，最初の実用的なトランジスタであるゲルマニウムのアロイ接合形トランジスタがやっ

表 1.2 半導体技術の変遷

年代	産業界の主力製品	主要概念	バイポーラ主要技術	MOS 主要技術
1945		トランジスタの発明 (Schockley)	レーダ用ダイオードの研究	
		pn接合トランジスタの提案 (Schockley)	点接触トランジスタ [トランジスタ作用]	
1950	Geトランジスタ	ICの概念 (Dummer)	アロイ接合 [pn接合の改良、エミッタの改良]	
1955	Siトランジスタ	シリコン単結晶精製技術	拡散技術 [ベースの改良]	整合形FET試作
		ICの特許 (Kilby, Noyce)	エピタキシャル技術 [コレクタの改良]	
1960	ポイントIC	pn接合アイソレーション	プレーナ技術 [表面保護、平坦化]	
		Computer on Sliceの概念 (Sack)	モノリシックIC回路 [構造の自由度]	MOS容量 [MOS構造]
1965		LSIの概念 (Petritz)	ラテラルpnpトランジスタ	MOS-FET構造
		電子ビームパターニング		MOS-FET (デプレッション形) [MOSトランジスタ作用]
		電子ビームレジスト (Haller, Hatzakis)		リン処理、P-MOS(エンハンスメント形) [表面安定化] [IC化]
				MOS-IC [回路構造の自由度]
1970	P-MOS-LSI	CCDの発表 (Boyle)	アイソプレーナ技術、ポリシリコンゲート [高密度化]	イオン打込み自己整合
		限界デバイス (Hoeneisen, Mead)の概念	IIL技術	Siゲート、イオン打込みV_T制御 (ゲート、チャネルの改良)
1975	N-MOS-LSI	マイクロプロセッサ (嶋)		DSA, MNOS, LOCUS
		スケールダウン理論 (Dennard)	自己整合技術SST [高速化]	N-MOS-IC (基板バイアス) [高速化、高機能化]
		スイッチトキャパシタFilter (Gray)		電子ビームによる1μm-MOS [高集積密度化]
1980		ソフトエラー		比例微細化MOS
		ヘテロ接合HEMT (冷水)		LDD構造
1985	C-MOS-VLSI	フラッシュメモリ (舛岡)		

と市場に出回ったころ,英国の G. W. A. Dummer が,米国における学会講演の中で,レーダ装置の信頼性を高める将来技術として集積回路の概念について述べたといわれている。レーダのような巨大な電子装置を,信頼性を高め,実用的な大きさ,実用的な価格で実現するには,それを構成する**電子部品**と,それらを**相互に接続**して電子回路を構成する技術とに**革新的な進歩**が要求されたのである。そして,こうした要求にこたえて現れるのが**集積回路**という技術なのである。

例えば,信頼性を例にとってみると,装置全体の故障率 λ は個々の部品の故障率 λ_i の総和できまる。構成部品総数を N,その平均故障率を $\bar{\lambda}$ とすれば

$$\lambda = \sum \lambda_i = N\bar{\lambda}$$

いま,1950〜1960 年ごろの部品(真空管,初期のトランジスタ)を例にとって $\bar{\lambda}$ =1 000 FIT[†]=0.1 %/1 000 時間とすると,$N=10^4$ 個の装置では λ=100 %/100 時間,つまり約 4 日後に故障を生じることになる。部品総数 N が 10^5 個に増大すれば,毎日故障がくり返されることになる。巨大な電子装置を実現するためには個々の部品の故障率を大幅に低減しなければならない。部品数が増せば,接続箇所も大幅に増大するから信頼性の高い接続技術が必要になる。

しかし,集積回路技術が実用的な形で芽を出したのは,それから実に 10 年近くあとで,1950 年代の末になって米国の当時としては新興のトランジスタ会社である Texas Instruments 社の Jack Kilby によって,シリコン半導体の小片の中にコンデンサ,抵抗,トランジスタを一体化して作り,回路を構成するという特許が出された。また,ほとんど同じころ,やはり当時の新興のトランジスタ会社である Fairchild 社の Robert Noyce によって,半導体の表面に沿っていくつかの部品を金属導体で相互に配線を行って電子回路を構成するという特許が出された。図 1.1 と図 1.2 にこれら特許に現れた集積回路の構造を示す。これからもわかるように,この二つには今日の集積回路の基本的な思想がほとんど盛り込まれている。

こうした実用的な技術が米国で芽を出したのは,それらを支えた重要なバイポーラトランジスタの製造に関するプロセス技術が,米国において大いに発達

[†] 1 FIT は 10^{-9}/時間。トランジスタでは $\lambda \approx 5 \sim 50$ FIT,IC では $10 \sim 100$ FIT 程度。

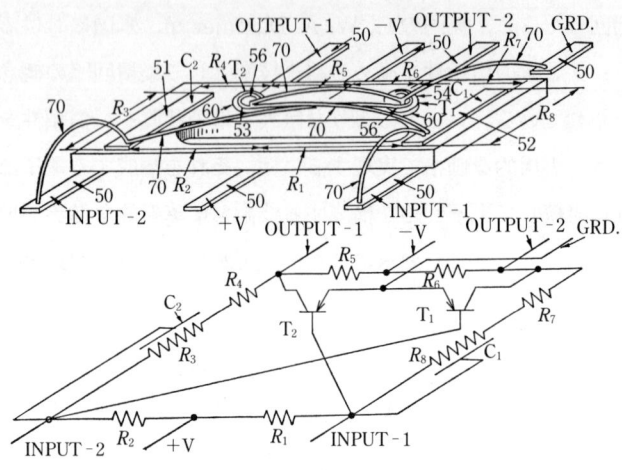

図 1.1 Kilby の特許に描かれた集積回路（マルチバイブレータ）の構造図 (U.S. Patent, No.3138743)

していたからである。再び表 1.2 でみると，ドナーやアクセプタなどの不純物元素をトランジスタのエミッタやベースに導入する拡散の技術，コレクタの抵抗率を容易に制御できるエピタキシャル成長の技術，そしてシリコンの表面を絶縁性の良い酸化膜で平坦に覆いながらバイポーラトランジスタを作るプレーナ技術などの重要な技術が，この前後に相次いで現れているのがわかるであろう。

特に**プレーナ技術**は，シリコンの表面に熱酸化で作られる膜を巧妙に利用して選択的な拡散を可能にし，集積回路の発達に大きく貢献した。実用的な集積回路を可能にしたアイソレーション拡散もこの選択拡散技術によっている。こうした変遷を経ながら，表 1.1 に示すように最初の IC が 1961 年に市場に出て，それから 2〜3 年の間に TTL，ECL といった代表的なディジタル IC と，演算増幅器といった代表的なアナログ IC が製品化され，1965 年前後からこれらのバイポーラ IC がエレクトロニクス産業の中心となる時代へと移っていくのである。

以上は，バイポーラ IC を例にとって記したのであるが，これからわかることは，産業界で中心になっているある技術をとってみると，その中心思想は卓

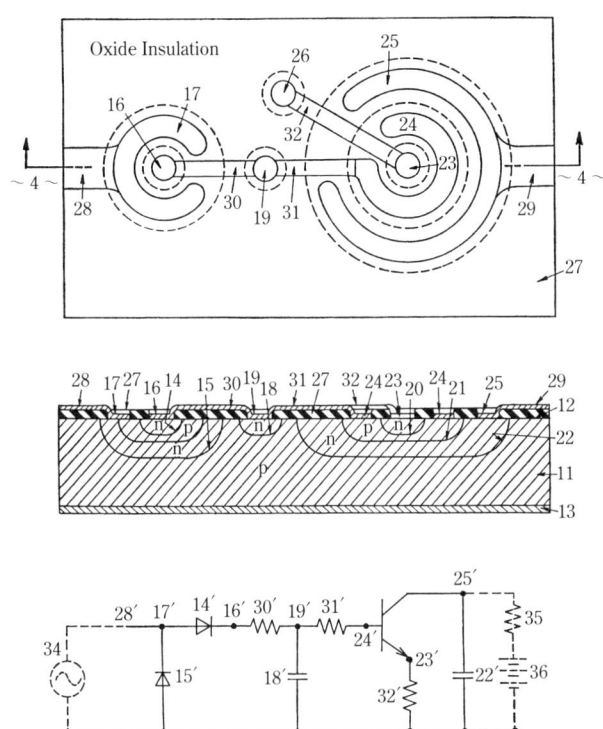

図 1.2　Noyce の特許に描かれた集積回路（半導体デバイスと相互配線）の構造図（U.S. Patent, No.2981877）

見ある先人により，きわめて早い時期に指摘されており，他方，基礎的な重要技術のいくつかの進歩に支えられて，こうした概念が具体化され，さらに数年のエンジニアリングの成果として産業界に貢献しうるまでに発展していくということである．これらの事情は，トランジスタ，MOS トランジスタ，MOS-IC，そして LSI といったものについても全く同様であり，表 1.2 を注意深くみることにより，こうした流れを半導体工業の歴史の中に読みとることができるであろう．

　いずれにせよ，集積回路技術は今日の電子産業を支える重要な基本技術の一つであり，材料処理技術，デバイス構造技術そして回路システム構成技術とい

う複数の専門分野にまたがる総合技術であり，それだけに広い視野をもって学ぶことが必要である。

1.2　集積回路の本質とその生れる必然性

　前節でわれわれは集積回路の出現を半導体工業の流れの中にとらえて眺めてきた。しかし一方，集積回路は複雑化する社会環境に技術革新が対応していくために生れた社会的，歴史的必然性の産物としてとらえることもできる。図1.3は電子機器の部品点数の時代推移を示すが，約60年前のラジオ受信機が100個前後の部品でできていたのに対し，最近の電子交換機は億に近いぼう大な数の構成要素からなっている。社会的要請に応じて指数関数的に大形化し，複雑化していく電子装置の様子がうかがえる。過去，現在，将来における電子産業はこの"複雑さ"に対する挑戦ともいえる。

　ところで，この"複雑さ"に対応していくためには，性能的に（1）小形・軽量化，（2）低電力化，（3）高速化，（4）高信頼化するとともに，経済的に（5）安価にしなければならない。このためには"複雑さ"に対する単純化が有力な手段となる。集積回路技術は，このような単純化を追及して必然的に発展した回路製造技術で，その本質は**単純化，すなわちむだの排除**にあるといえる。図1.4は代表的なプリント基板による電子回路の構成図である。ここでトランジスタは，プリント基板の銅はくによって抵抗に接続され電子回路を形成している。その接続状態を詳しくみると，①トランジス

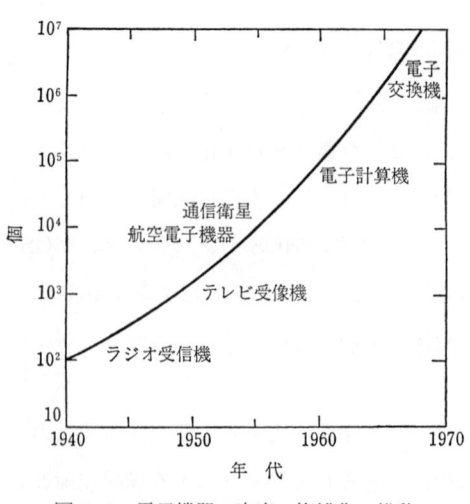

図1.3　電子機器の密度・複雑化の推移

1.2 集積回路の本質とその生れる必然性

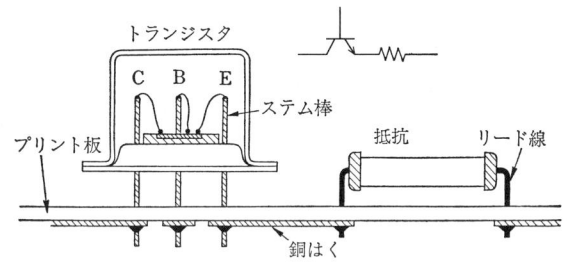

図 1.4 プリント基板による電子回路の構成

タのエミッタ電極 → ② 熱圧着の細い金線 → ③ 金線とステム棒の接続 → ④ ステム棒とプリント板銅はくのはんだ付け → ⑤ 銅はくと抵抗器のリードのはんだ付け → ⑥ リード線と抵抗器電極の接続 → ⑦ 電極の炭素抵抗体の接続，といった状況になっている。この二つの部品を1点で接続して回路を作るため，6個の接続箇所と金線，ステム棒，銅はく，リード線といった接続材料，さらにはトランジスタのパッケージ，プリント基板，抵抗器の磁器棒といった容器，支持材料が使用されている。これらは電子回路の機能上からも，トランジスタ，抵抗器の機能上からも本質的でない余分なもので，集積回路ではこれらのむだが排除されている。

以上はおもに回路配線の面からそのむだを眺めてみたが，半導体ICではトランジスタを製造する材料とプロセスでICができている[†]。このため図 1.4 の例をとっても，抵抗器のための材料と製造プロセスも配線に対する場合と同様不要となり，使用材料および製造プロセス面からも単純化される。しかもこれらのことは，順次部品を作り，組立て配線していく直列的な生産方式を，同時に多量のものを並列処理する並列的な生産方式にすることを可能とする。これが集積回路技術が多量生産に適し，またきわめて複雑な電子回路を経済的に実現しうる重要な一つの要因となっている。

さらに図 1.4 でトランジスタ，抵抗器で本当に回路動作に役立っている部

[†] 地球に存在する元素は，多い順に酸素，シリコン，アルミニウム，鉄……である。ICの主材料がシリコンで，酸素とアルミニウムも各所に使われているのは不思議ともいえる。

分の容積はきわめて小さい。いかに大きな空間的なむだをしているかは明らかで，それぞれのもつ機能をとり出せる部分を直視すれば画期的な小形・軽量化ができることは明瞭であろう。集積回路はまさにそれである。

また目的とする機能を営む電子回路を集積回路として機能部品化した場合，これを利用して装置，システムを構成する者にとってはそのシステム構成は電子回路レベルで考えるよりはきわめて単純化される。だいたい，われわれにとって電子回路現象そのものが必要なのではなく，これで実現される信号処理機能が必要なのであって，最終機能を実現するための機能単位をデバイスとして供給されれば，その中身はどうでもよい。集積回路技術はこのようなデバイスを供給する主要技術であって，今日ではマイクロコンピュータすらこのようなデバイスとして供給されるようになっている。

このような集積回路への発展は，古く真空管時代より小形化に焦点を当てた形で研究開発され，1960年くらいまでは超小形化（microminiaturization）ということが表面的な大きな目標であった。モノリシックICの実用化が明らかになり始めた1960年代より，より本質的な集積化ということが目標となったといえよう。複雑さに対応するため小形，軽量，小電力が必要であることは容易に理解できる。しかし単位時間当たりの情報処理量を多くするためには，システムの大形化とともに高速化が必要であり，このためには信号伝搬時間も考えた小形化がぜひ必要となる。図 1.5 にはこの関係を模式的に示した。

単なる小形化が経済性，信頼性の向上につながるとは必ずしもいえないが，

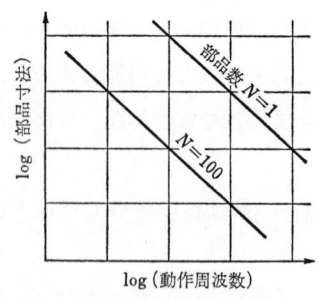

図 1.5 部品の寸法と数およびシステムの動作速度の関係

上述のような単純化の線に沿った小形化はむだの排除と単純化された材料および処理技術の進歩によって経済性および信頼性を飛躍的に高める結果となり，今日の集積回路の発展を紹来したのである。

特に，1970年代後半にMOSトランジスタの微細化が理論的に論じられ（表 1.2 の比例微細化MOS），その有効性

が広く認識されてから，加工技術の進歩が微細化を追求し，巨大なシステムまで集積化される超 LSI 時代を招来している。1 μm の加工寸法を実用化したのが 1986 年，2000 年には 0.1 μm を破るようになっている。図 1.6 はこの微細化技術の進歩を，図 1.7 は半導体産業の発展の状況を示したものであるが，必然性に支えられた技術の進歩が産業の成長を生み出し，社会に受入れられ貢献していく様子としてとらえることができよう。

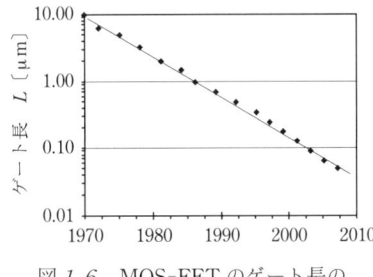

図 1.6 MOS-FET のゲート長の微細化の進歩（出典 Groove, ISSCC 2002）

図 1.7 半導体産業の発展（出典 WSTS 5/02）

集積回路の種類

　今日，最も広く用いられている集積回路は，シリコン単結晶を基板材料とした**モノリシック**（monolithic）**半導体集積回路**である。そのほかに絶縁物を基板材料とし，その上に薄膜または厚膜技術によって回路を構成する**膜**（film）**集積回路**，およびこの二つの技術を併用して回路を構成する**混成**（hybrid）**集積回路**などがある。さらに広い意味で，超小形の電子部品を高密度に組み立てて回路を構成する**高密度実装回路**（high density assembly）や，その展開形としてシステムインパッケージ（system in package；SIP）技術などがある。

　こうした分類と別に，集積回路を構成している部品がバイポーラトランジスタであるか，MOSトランジスタであるかによって，それぞれ**バイポーラ集積回路**あるいは **MOS 集積回路**と分類されることもある。また，その回路がディジタル回路かアナログ回路かによって**ディジタル集積回路**（ディジタル IC）あるいは**アナログ集積回路**（アナログ IC）とよばれている。アナログ集積回路は増幅器などのリニア回路が主体になっているので，**リニア集積回路**（リニア IC）とよばれることもある。なお，最近では大きいシステムまで集積化できるようになっており，システムオンチップ（system on chip；SOC）や SIP などの分類をすることもある。

　以上に述べた集積回路の種類を整理すると図 2.1 となる。

2.1 高密度実装回路

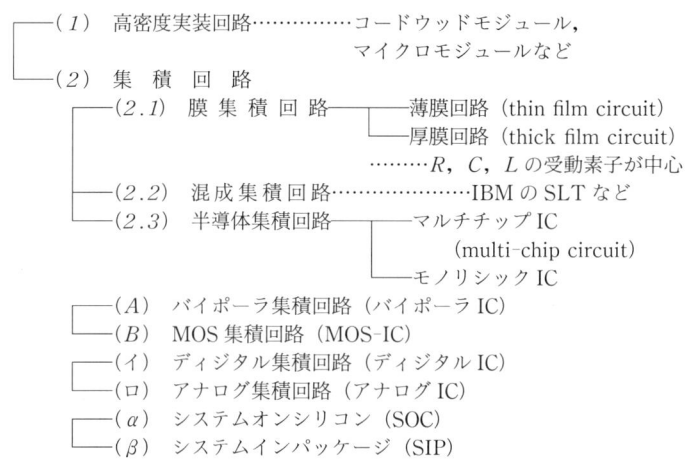

図2.1 集積回路の種類

2.1 高密度実装回路

電子回路を小形化するために工夫された最初の方法で，部品そのものを小さく作り組立てを高密度に接続，配線する。この際，取扱いを便利にするためモジュール化の考えが生れた。コードウッドモジュール（cordwood module）やマイクロモジュール（micromodule）がその例である。コードウッドモジュールは図2.2（b）のように2枚のプリント板の間に部品をはさんで組立て，配線を行ったもので，最も原理的な構造である。従来のままの部品を用いると，板の間の距離は一番長い部品できまってしまい小形化の点で不利である。そこで部品寸法と形状を統一化して実装密度を向上させる工夫がなされた。その代表的なものがマイクロモジュールである。これは図2.2（c）に示すような構造で，トランジスタ，抵抗，コンデンサ等の部品はすべて約0.8cm角程度のアルミナ磁器基板の上に形成され，そのへりのくぼみに設けた端子部によって配線を行う。

歴史的にみるとこれらの高密度実装回路は部品の微小化（miniaturization），および集積化（integration）という二つの概念を結合して，（1）プリ

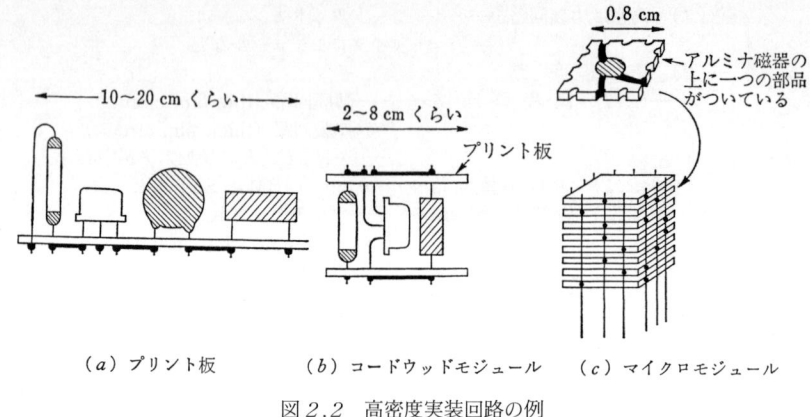

(a) プリント板　　(b) コードウッドモジュール　　(c) マイクロモジュール
図2.2　高密度実装回路の例

ント配線回路→(2)高密度化実装回路→(3)膜集積回路→(4)混成集積回路→(5)半導体集積回路，さらには(6)SOCやSIPという流れの中で集積化の第一ランナーであったともいえる。

2.2　集　積　回　路

薄膜や厚膜を用いた膜集積回路，半導体を用いた半導体集積回路およびそれら両技術を併用した混成集積回路を普通，集積回路とよんでいる。

〔1〕　**膜集積回路**　　マイクロモジュールでは1枚の基板の上に1個の部品が形成されていたが，これを複数個にすることにより集積密度を向上できる。膜集積回路は回路を形成する基板（substrate；サブストレート）としてアルミナ磁器などのセラミックス，あるいはガラスなどの絶縁物板を用い，その上に導体，抵抗体，誘電体などを薄膜状に形成して素子を作り，また相互配線を行って回路を形成したものである。代表的な構造を図2.3に示す。

〔2〕　**半導体集積回路**　　今日の集積回路の主力をなすもので，膜集積回路が基板に絶縁物材料を用いているのに対して，半導体集積回路では半導体の結晶を基板として用いている。半導体結晶としてはシリコン（Si）や化合物半導体（GaAsなど）の単結晶が用いられ，その表面に沿ってp形領域とn形領域

2.2 集積回路

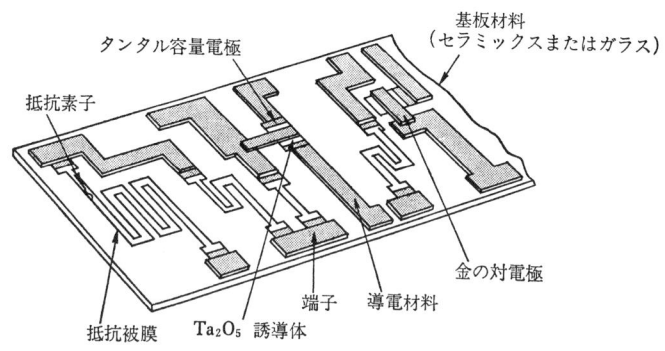

薄膜集積回路（Bell 研究所のタンタル薄膜集積回路）
図2.3 膜集積回路の例

を適宜構成することによって，トランジスタや抵抗，コンデンサ，ダイオードなどの回路部品を形成する。これらの部品は半導体単結晶の表面につけられた SiO_2 などの酸化膜を絶縁膜として利用し，アルミニウム（Al）などの金属を蒸着することによって配線を行い，電子回路を構成する。代表的な構造を図 2.4 に示す。集積化の概念が最も明確になった構造である。

この半導体単結晶の基板の小片を**チップ**（chip）とよんでいる。**マルチチップ IC** は，複数個のチップを用いてそれらを相互接続して回路を構成し，一つ

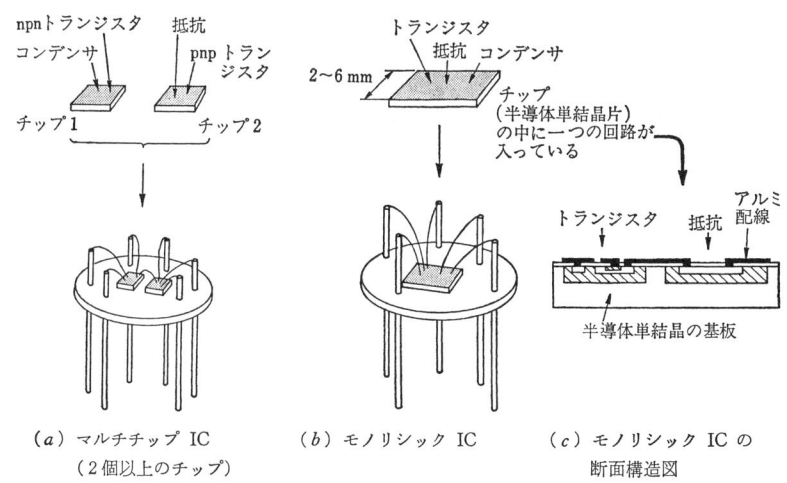

図2.4 半導体集積回路の例（キャップをはずしたところ）

のパッケージ（package；容器）に収容したものである．チップごとに別々の製造プロセスで異なった種類の部品（例えば，npnトランジスタとpnpトランジスタ）を作ることができるので，回路やシステム構成上自由度が大きい．他方，製造上手間がかかるので製造技術の工夫が必要である．2.3節で述べるSIP技術はこの発展形である．

　モノリシックICは，語源的には"1個の石"でできた集積回路，つまりワンチップICを意味する．すなわち，一つの半導体結晶基板の上にすべての部品を構成して回路を作るものである．製造技術上の制限から構成できる部品の種類に制限があり，したがって，回路構成上の自由度は少ないが，1枚の板の上に全回路を作ってしまうため，きわめて量産性に富んでおり，大量生産，低コストの生産が可能である．特にシリコン単結晶を用いたものでは，構成部品も技術の進歩によって良質のnpnトランジスタ，pnpトランジスタ，抵抗，コンデンサ，ダイオードおよびMOSトランジスタなどが得られるので，ほとんど大部分の回路は構成できるようになってきている．このためモノリシックICは最も数多く生産され，使用されており，最も重要な集積回路となっている．普通，ICといえば半導体集積回路の中のこのモノリシックICを指す場合が多い．本書でもシリコンのモノリシックICを中心に学ぶことにしている．

　なお，半導体集積回路を構成する製造技術は，トランジスタを作る技術に非常に類似している．そのため半導体集積回路では，バイポーラトランジスタやMOSトランジスタなどの能動素子を作るのは容易であるが，抵抗やコンデンサやインダクタンスなどの受動素子は必ずしも良質のもの，大容量のものが作れない．

　しかしながら，実はこれだけで実用上ほとんど十分であり，しかも，これらを組み合せた回路がICとして安価にできることから，ある目的の信号処理回路が，例えばインダクタンスを利用すれば，より簡単に実現できるとしても，トランジスタをたくさん使った複雑な回路で目的を達し，しかも，このほうが安くできることになる．アナログ信号処理をディジタルICを用いて行う傾向が最近強くなってきたが，これもモノリシックICの特長をよくとらえた動向である．

〔3〕 **混成集積回路**（hybrid IC/ハイブリッド IC） 受動素子，配線の作りやすい膜集積回路技術と，能動素子の作りやすい半導体集積回路技術を結合させたもので，回路構成の自由度が大きい。広範囲の種類の部品が利用できるため性能の良い回路が構成できる。他方，工程がそれだけ複雑になり，量産性が悪く高価になりやすい。集積回路の初期のころ，まだ半導体集積回路技術が十分発達していなかったころ，よく利用された回路形態である。また，最近では半導体集積回路技術のみでは十分性能を満たしえない高級な回路，例えば，超高周波，大電力，高精度の回路などを構成するのによく利用されている。

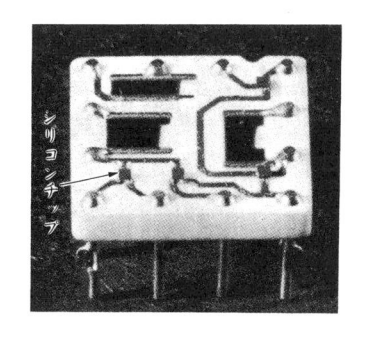

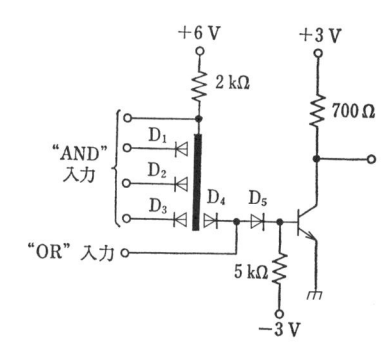

図 2.5 混成集積回路の例（IBM の SLT）

構造的には，膜集積回路のように絶縁物基板に膜技術で回路を構成し，半導体チップで作ったトランジスタやダイオード，あるいは IC をその上に載せて結線を行い回路を構成するもの（図 2.5）が多い。有名な IBM 社の System 360, 370 計算機に採用された SLT（solid-state logic technology）技術はこの一種である。

電力増幅器や自動車用のレギュレータなどの大電力を扱う用途には，この技術を用いた大きな集積回路が用いられている。図 2.6 はこの例で，携帯電話機に使われている高周波電力増幅用ハイブリッド IC である。

図 2.6 混成集積回路の例（携帯電話用の高周波電力増幅器）

2.3 SOC技術とSIP技術

集積回路技術が進歩したくさんの回路部品が集積化できるようになると，回路規模が大きくなり，システム全体が一つの集積回路として実現できるようになる。モノリシックICが発達して一つのチップの上にシステム全体が集積化される形をシステムオンチップ（system on chip，略してSOC）技術とよぶ。これはモノリシックICの素直な発展形で，現在の大容量メモリや高性能マイクロプロセッサなどはすでにこの形態になりつつある。

一方，SOC技術では同一チップ上に同じ製造技術で回路部品を作るため，部品の種類の自由度に制約があり，システム全体を効率良く実現することがむずかしい。このためマルチチップICや混成集積回路の考え方を発展させて複雑のチップを一つのパッケージの中に高密度に収納したマルチチップパッケージ（multi chip package）によるシステムインパッケージ（system in package，略してSIP）技術を発達してきた。その一例として異なる機能をもったメモリのチップを6個入れた例を図 2.7 に示した。

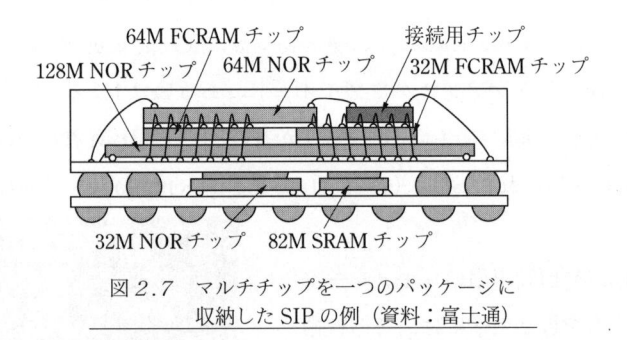

図 2.7　マルチチップを一つのパッケージに収納したSIPの例（資料：富士通）

このほかにもメモリとマイクロプロセッサ，アナログ回路とディジタル回路，異なった特性をもつ複数のメモリなどのチップを組み合せたものなどが実用に供されている。今後も必要な用途に適した機能を実現するという集積回路技術の本来の形態としてSOC技術と相補って発展していくであろう。

3

モノリシック集積回路のあらまし

　集積回路技術は，材料技術，プロセス技術，デバイス技術，回路技術さらにシステム技術などの広い分野にわたっており，4章以下でそれぞれの基礎について学ぶが，その前に全体の概念をつかむことが理解をたすけるのに便利であろう．本章はその目的で設けたもので，集積回路の中で最も広く使用されているシリコンの**モノリシックIC**について構造と製造方法の概要を説明する．

3.1 モノリシックICの構造概要

　モノリシックICはその語源が示すように，mono＝単一の，litho＝石，つまり一つの石の上に作られたという意味で，その名前のとおり1個の**シリコン結晶片の1主面**上にプレーナ技術（planar technology）を用いて，**パッチ処理**（batch process；一括処理）で製造されるという大きな特色をもっている．

　モノリシックICは，図3.1に示すように，(a)**ウェーハ**（wafer）とよばれる半導体（主としてシリコン）単結晶板の表面に規則正しい格子状に配列されて作られたものを，(b)のように**チップ**とよばれる単位の小片に一つ一つ切り離し，(c)の**パッケージ**に収めた構造になっている．その中心部は(b)に示したチップで，断面をとって拡大すると(d)のように微細かつ複

(a) ウェーハ (150〜300 mmφ)　　(b) チップ (5〜15 mm)　　(c) パッケージ

アルミニウム配線
シリコン酸化膜 (SiO₂)
1〜10 μm
1〜10 μm
約 300 μm
シリコン基板 (サブストレート)

(d) チップの断面構造 (A-A′ 断面)

図 3.1　モノリシック IC

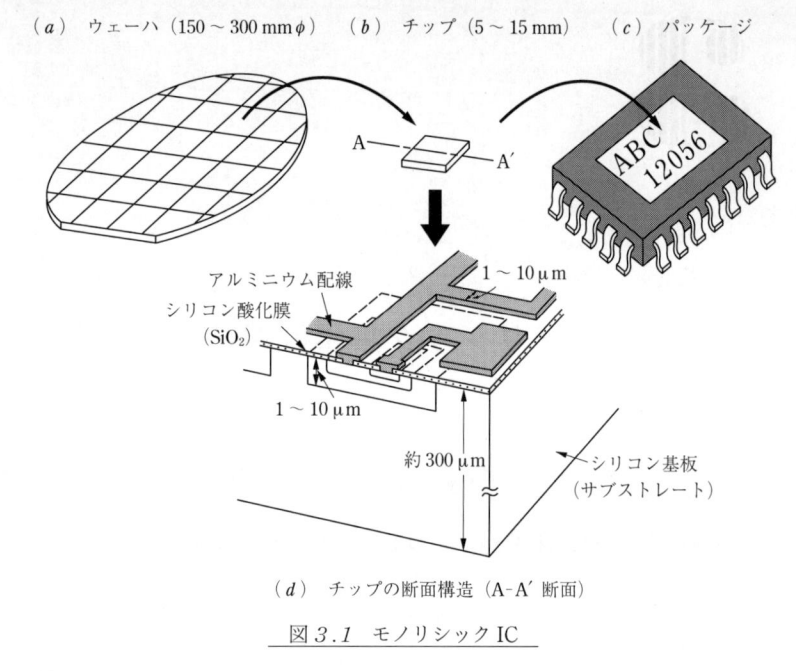

雑な構造をもっている。これらの寸法はおおよそつぎのとおりである。

(i)　ウェーハ　直径 150〜300 mmφ, 厚さ 0.6〜0.8 mm
(ii)　チップ　1 辺の長さ 5〜15 mm, 厚さ 0.4〜0.6 mm
(iii)　チップ上に構成される回路構造の寸法

　　絶縁物や導体層の膜厚 0.01〜1 μm

　　配線層の幅 0.1〜10 μm

　　IC 部品の寸法

　　　　標準的なバイポーラトランジスタ 5 μm×10 μm×2 μm

　　　　標準的な MOS-FET 1 μm×5 μm×0.5 μm

これからもわかるように, 寸法の単位は μm ($1\,\mu\mathrm{m}=10^{-4}\,\mathrm{cm}$) であり, 回路の構造や部品の形状は, すべて顕微鏡によらなければ観察できない大きさである。さらに, 微細化の進んだものでは, nm 単位 ($1\,\mathrm{nm}=10^{-3}\,\mu\mathrm{m}$) のものもあり, 電子顕微鏡が必要である。チップに構成される IC 構造の例として, 基本的な回路部品についての平面図と断面図を図 3.2 に示した。図 3.2 では

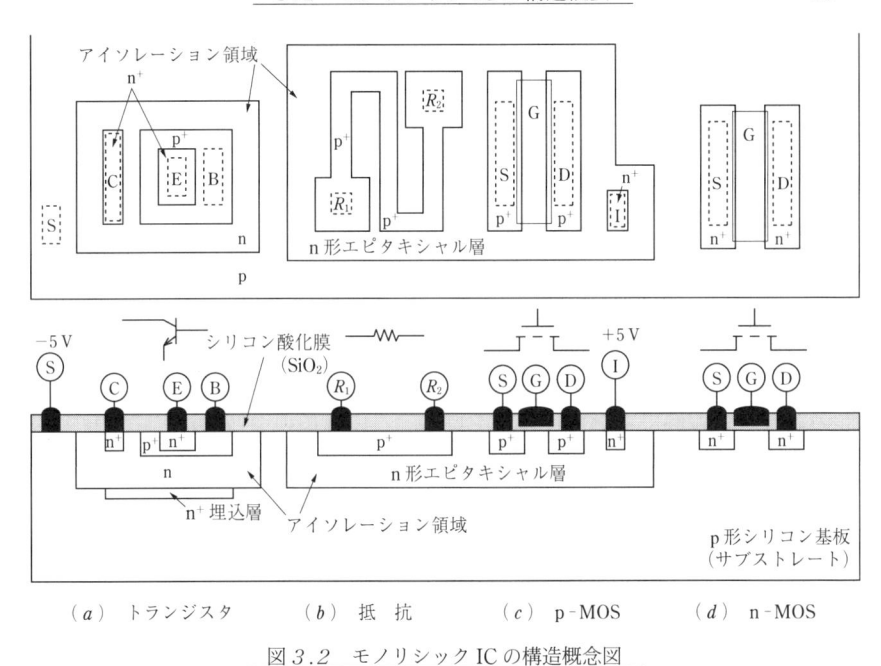

3.1 モノリシックICの構造概要

図3.2 モノリシックICの構造概念図

(a) トランジスタ　(b) 抵抗　(c) p-MOS　(d) n-MOS

左より(a)トランジスタ,(b)抵抗,(c) p-MOS,(d) n-MOSが上段に平面図,下段に断面図で示してある。これらについての詳しい説明は次章以下で順次行っていくが,ここではつぎの点を理解してほしい。すなわち,図3.1や図3.2に示したモノリシックICの構造をひとくちで述べるならば

(ⅰ) シリコン単結晶板（ウェーハ）の一つの表面上にpn接合や酸化膜などによって**電気的に分離絶縁（アイソレーション）された領域**（isolation island）**を作る**。

(ⅱ) その領域の中に,不純物拡散,イオン打込みなどの技術によって**適当な形状のp領域,n領域を形成する**ことにより,MOS-FET,トランジスタ,ダイオード,抵抗,コンデンサなどの**回路部品**を作る。

(ⅲ) それらの部品はシリコンの酸化膜（SiO_2）で覆われているので,これを絶縁物として利用し,部品の端子にあたる部分に孔をあけアルミニウムなどの金属薄膜を付着させ**相互の配線**,接続することにより**回路を構成**する。

つぎに，チップ上に構成された IC の構成を理解するために，断面構造をバイポーラ IC と MOS-IC についてやや詳しく説明しよう．なお，この図では代表的な部品を一つずつ示したものであるが，IC 部品の寸法が $5\sim50\,\mu m^2$ であることを考えると，$1\,cm^2$ のチップには $10^6\sim10^7$ 個の部品が収容でき，きわめて大規模な回路，システムが実現できるのである．

3.1.1 バイポーラ IC の構造

図 3.3 は，バイポーラモノリシック IC（以下，バイポーラ IC）の断面構造図の一例である．チップの本体となる基板は p 形のシリコンで，この中に n 形の領域がこの例では三つ作られている．この n 形の領域は，アイソレーションアイランドまたは**アイソレーション領域**とよばれる．**p 形基板に負電圧**を，また アイソレーションアイランドの **n 形領域に正電圧**を加えておくと，この pn 接合は逆バイアスされるので，ごくわずかのリーク電流と pn 接合の容量を無視すれば，それぞれの n 形領域は p 形基板に対して電気的に分離絶縁（アイソレーション）されたことになる．これを pn 接合によるアイソレーション，すなわち **pn 接合分離**とよぶ．

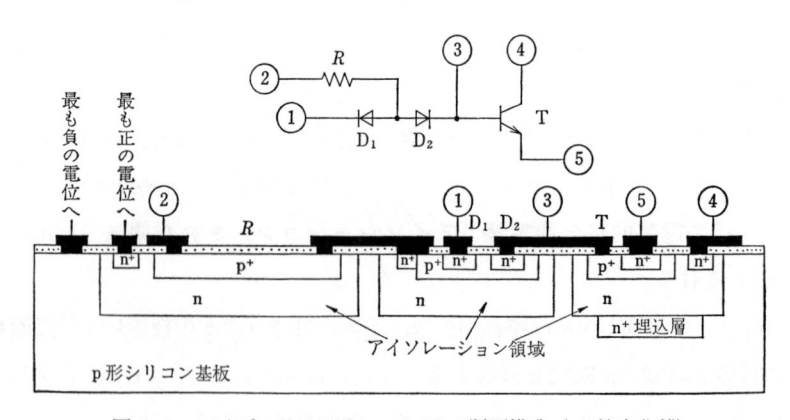

図 3.3 バイポーラモノリシック IC の断面構造（pn 接合分離）

これらのアイソレーション領域の中にさらに p^+ 領域や n^+ 領域が形成され，それらの組み合わせによってバイポーラトランジスタ，ダイオード，抵抗などの回路部品が構成される．詳しく 6 章で説明するが，例えば npn トランジス

タは,まず p^+ 層を拡散してベース領域を作り,その中に n^+ の拡散層をさらに作ってエミッタとする。コレクタは,n形のアイソレーション領域を使うが,電極のコンタクトを良くするためにエミッタを作るとき,同時に **n^+ 層を n 領域の中に作って** コレクタ電極としている。

これは,配線に用いるアルミニウム蒸着膜は p 形シリコンには良いオーム接触をするが,n 形シリコンには n 形不純物濃度が高くないと良いオーム接触をしないからである。なお,トランジスタのコレクタ直列抵抗を低減するためにアイソレーション領域の底面には n^+ 層を埋込む。つぎに,抵抗は,n 形のアイソレーション領域の中に電気的に絶縁された形で作る必要があるが,それには p 形の領域を作り,その半導体抵抗を利用すればよい。p 形の領域は,トランジスタのベース領域を形成するのに用いたのと同じ工程の p^+ 拡散を利用している。この意味でこの抵抗を **拡散抵抗**(diffused resistor)ともいう。抵抗の入っているアイソレーション領域の中には,トランジスタの場合と同様に n^+ 層を作り,電極をとり出して **回路中で最も正電位の高い点に接続** しておく。また **p 形基板は回路中で最も低い負電位の点に接続** される。このようにすれば,アイソレーションに必要なバイアス条件はつねに満足されることになる。こうして作られた部品は電極部に相当する場所のシリコン酸化膜に孔をあけ,アルミニウムなどの金属を導体として蒸着することによって接続されている。すなわち,配線はすべて一つの平面上で行われている。

以上の説明でわかるように,別々のアイソレーション領域にある p^+ 領域や n^+ 領域は,**いくつあってもそれぞれ一つずつの** p^+ 層の拡散工程と n^+ の拡散工程で作ることができ,また相互配線を行うためのアルミニウムの蒸着は,全面にわたって **1 度** に行うことができる。これらは,モノリシック IC の製造プロセスの大きな特色で,回路の複雑さには全く関係しないのである。

図 3.2 や図 3.3 は pn 接合によるアイソレーション(pn 接合分離)を用いた構造であるが,このほかに酸化膜などの絶縁物を用いた構造のバイポーラ IC もある。図 3.4 はその一例である。酸化膜を用いているので **酸化膜分離** 形または **アイソプレーナ**(isoplanar)形とよばれている。アイソレーション領

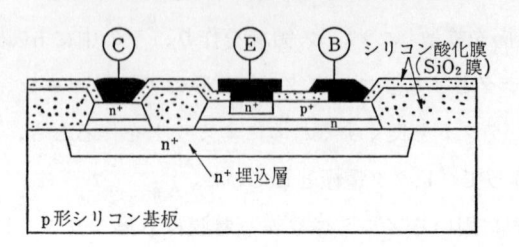

図3.4 バイポーラICトランジスタの断面構造（酸化物分離）

域の側面がSiO₂膜になっているため分離容量が少なく，トランジスタの微細化が容易なので，最近の超高速，高集積のIC，LSIに広く採用されている。

3.1.2 MOS-ICの構造

つぎに，図3.5はMOSモノリシックIC（以下，MOS-IC）の断面構造の一例である。MOS-ICには**pチャネル形**（p-MOS）と**nチャネル形**（n-MOS）およびそれらを合わせてもつ**相補形**（C-MOS）の3種類があるが，ここではpチャネル形のものを例にとった。pチャネル形では，チップの本体となる基板はn形のシリコンで，この中にp⁺形の**ソース**領域と**ドレーン**領域が作られており，その間に**ゲート**電圧によってp形の導電性のチャネルが形成されることによって，pチャネルMOSトランジスタ動作が行われる。MOS-ICでは，基板を接地すればその動作上ソースおよびドレーン領域は基板に対して順方向にバイアスされることがないので，ソースおよびドレーンは基板に

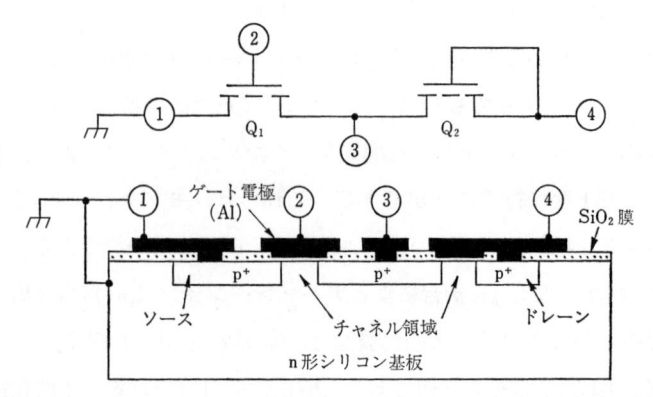

図3.5 MOSモノリシックICの断面構造（pチャネルAlゲート形，pn接合分離）

対して，pn接合アイソレーションの条件を自然に満たしている。このため，pチャネルまたはnチャネルMOS-ICでは，バイポーラICのように**アイソレーションアイランドを特別に作る必要がない**（C-MOSでは必要）。これは製造工程を簡易化する点からも，回路部品の集積密度を増す点からも非常に有利な条件であり，MOS-ICの大きい特色となっている。

ソース領域とドレーン領域の間のシリコン表面上には，図3.5に示したとおりゲートとよばれる部分が構成されている。ゲート電極は導電性の材料で，アルミニウム（Al）や抵抗値を低くした多結晶シリコン（Si）などが用いられる。それぞれメタルゲートあるいはシリコンゲートとよばれている。ゲートの電極の下には絶縁物としてシリコン酸化膜（SiO_2）があるが，その厚さはきわめて薄く（$0.01 \sim 0.001 \mu m$程度），ゲート電極に加えられた電圧によって強い電界がソースとドレーン間のシリコン表面に加わるようになっている。このためゲート電圧によって，ソースとドレーン間の表面層に電流を運ぶキャリヤが惹起され電流が制御される。MOS-ICではソース，ゲート，ドレーンで構成されるMOSトランジスタが主たる回路部品で，その三つの端子を適当に接続することによって，トランジスタ動作，スイッチ動作，あるいは抵抗などとして作用し，これらを相互配線することによって電子回路を構成する。相互配線は，バイポーラICと同様にシリコン酸化膜上に導体材料を蒸着させて行うが，同時にソースまたはドレーン領域そのものや，ゲート電極も配線の一部分として利用できる。図3.5はインバータ回路を構成した例であるが，Q_1のドレーンとQ_2のソースの領域を一つのp形領域で兼ねることができる。MOS-ICはバイポーラICに比べて製造工程が少なく，集積密度が高く，したがって回路機能あたりのコストが安いのが特色であり，大規模の集積回路に適している。

MOS-ICにもバイポーラICと同様に，絶縁物をアイソレーションに用いた構造がある。図3.6にその一例を示した。図3.5と異なる点が三つある。（i）アイソレーションとして表面の酸化膜を部分的に厚くしている。（ii）ゲート電極として多結晶シリコンを用いている。（iii）チャネルはn形の導電性

チャネルを用いている。酸化膜分離として局部的に酸化を行うため，**局所酸化**あるいは**LOCOS**（local oxidation of silicon）構造とよばれている。やはり分離容量が少なく，MOS-FETの微細化が容易なので，最近の超高集積，高速LSI，VLSIに広く採用されている。

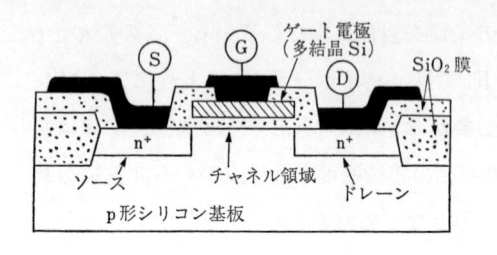

図3.6 MOS-IC用のFETの断面構造
（nチャネル，Siゲート形，酸化膜分離）

3.1.3 CMOS-ICとBi-CMOS-ICの構造

これまでに説明した基本的な構造のほかに，nチャネル形MOS-FETとpチャネル形MOS-FETの両方を使ったCMOS（complementary MOS）-ICや，さらにバイポーラトランジスタを追加したBi-CMOS（bipolar and complementary MOS）-ICなどがある。いずれも，さきに述べたアイソレーションの原理に従って，異なる種類の部品ごとにまとめた別々のアイソレーション領域を追加して，その中に異種のMOS-FETやバイポーラトランジスタを入れる構造になっている。図3.2はこれらの構造も含めて示しておいた。

3.2　モノリシックICの製造方法の概要

モノリシックICは，図3.1の箇所で述べたようにウェーハとよばれる半導体の単結晶基板より出発し，(1)**エピタキシャル成長**，(2)**酸化**，(3)**ホトレジスト加工**（ホトレジスト塗布，露光，現像，エッチング），(4)**選択拡散**，(5)**イオン注入**(6)**CVD**（chemical vapor deposition），(7)**蒸着**等々の複雑な一連のプロセスによって製作される。図3.7はその手順の概要を示したものである。これらの各プロセスはおたがいに関連があり，**全体の流れの中で最適条件が定まる**。プロセスの工程数は少ないもので20以上，多いものでは100以上に及び，ウェーハの加工に入ってから，チップ状のIC片ができるまでに短くて2〜3週間，長いときは3か月前後の時間がかかる。この

3.2 モノリシックICの製造方法の概要

```
ウェーハ → ①酸化 → ②ホトレジスト加工 → ③埋込層拡散 → ④酸化膜除去
   → ⑤エピタキシャル成長 → ⑥酸化 → ⑦ホトレジスト加工 → ⑧アイソレーション拡散
   → ⑨ホトレジスト加工 → ⑩ベース拡散
   → ⑪ホトレジスト加工 → ⑫エミッタ拡散
   → ⑬ホトレジスト加工 → ⑭アルミニウム蒸着
   → ⑮ホトレジスト加工 → ⑯熱処理 → ⑰ウェーハ検査 → 前工程完ウェーハ
```

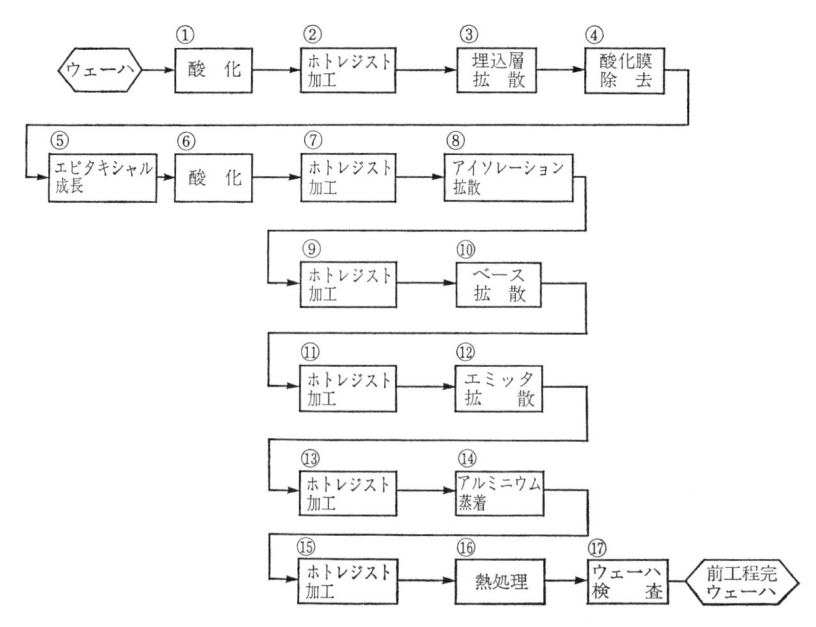

図 3.7 モノリシック IC プロセスの概要（バイポーラ IC の例）

ように製造プロセスそのものは，きわめて複雑で高度の技術が要求されるが，一方，数枚〜数十枚のウェーハを一括して処理できるため，1 ロットの生産で1 000〜10 000 個の回路を作ることができ，きわめて**量産性**に富む製造方式である．

それぞれのプロセスについての詳しい説明は 5 章で行うが，ここではモノリシック IC がどのようにして作られていくかの概要をつかむために，主要なプロセスに沿ってモノリシック IC の構造が作られていく様子をステップを追って断面構造で説明しよう．

3.2.1 バイポーラ IC のプロセスの概要

図 3.8 (a)〜(h) に pn 接合分離形を例にとって，バイポーラ IC 構造が作られていく様子を示した．以下，順を追って説明する．工程は大きく分けて，(1) **アイソレーション**領域の形成，(2) **抵抗**およびバイポーラトランジスタの**ベース**の形成，(3) バイポーラトランジスタの**エミッタ**の形成，(4) 各部品の**電極**のとり出し，(5) **相互配線**による回路の形成の順で行われる．

図3.8 (a) 酸化 — p形基板、酸化膜 (SiO₂)
(b) 埋込拡散 — n⁺埋込層
(c) エピタキシャル成長 — n形エピタキシャル層
(d) アイソレーション拡散 — 酸化膜、n形エピタキシャル層
(e) ベース拡散 — ベース領域
(f) エミッタ拡散 — エミッタ領域
(g) コンタクト孔あけ
(h) アルミ蒸着ホトエッチング — アルミニウム、SiO₂、容量、ダイオード、トランジスタ、抵抗

図3.8　バイポーラICの製造プロセス（pn接合分離形の断面構造図）

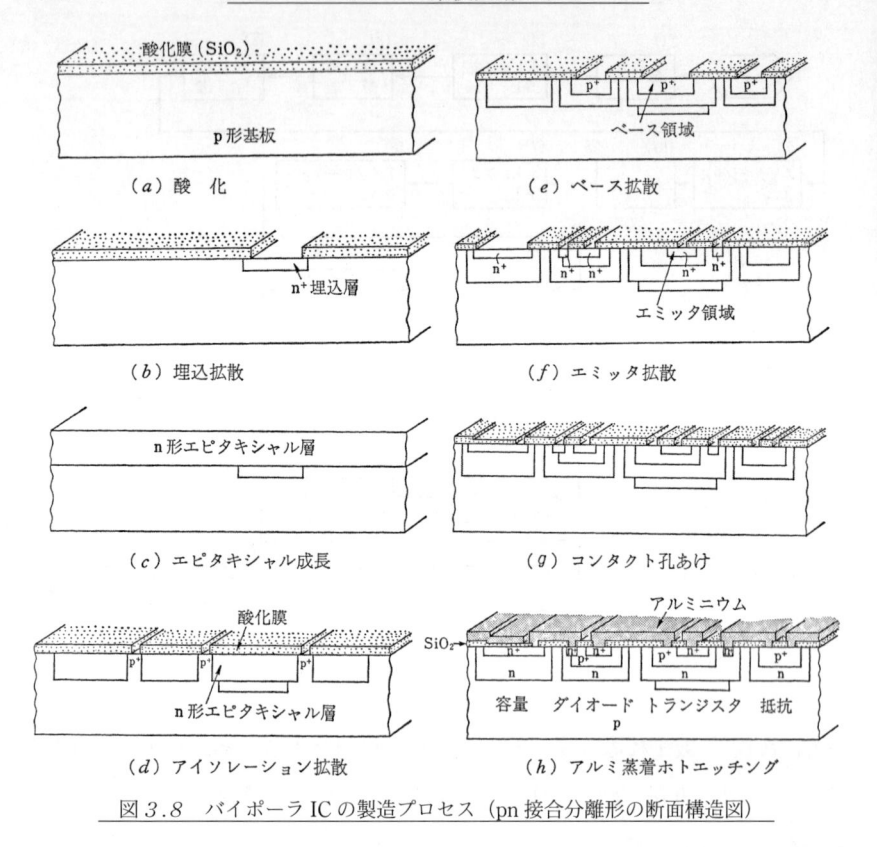

〔1〕**アイソレーション領域の形成（アイソレーション拡散）**　アイソレーション領域は，p形の基板の中にn形の領域を作ることにより作られる。図3.8(a)〜(d)がその手順である。まずp形シリコンウェーハの表面を酸化し（図(a)），トランジスタが形成される領域に，n⁺の埋込層とよばれる領域を作ったのち（図(b)），エピタキシャル成長技術を用いてn形の単結晶層をp形単結晶基板の上に成長させて形成する（図(c)）。つぎにこれを高温で熱処理して表面を酸化させ酸化膜で覆う。ホトレジスト加工という技術によって酸化膜の一部分を除去してから，その孔を通してp形不純物元素をイオン打込みや熱拡散技術によって選択的に導入し，n形のエピタキシャル層の一部分をp形化させる（図(d)）。これでn形の領域がp形で囲まれアイ

ソレーション領域ができあがる。

〔2〕 **抵抗およびトランジスタのベースの形成（ベース拡散）** 再び表面を酸化させたのち，ホトレジスト加工によって抵抗とベースを形成すべき部分の酸化膜を除去し，図 3.8 (e) に示すように，その孔を通して再び p 形不純物をイオン打込みや熱拡散によって導入する。今度の場合は，その時間をアイソレーションの拡散よりも少なくし，n 形の領域の中に p 形の領域が残るようにする。不純物の量と拡散層の厚さはあとで回路を構成する抵抗と，トランジスタの両方の特性が最適化されるように注意深く選定する必要がある。

〔3〕 **トランジスタのエミッタの形成（エミッタ拡散）** つぎに，トランジスタのエミッタ，コレクタの電極，アイソレーション領域に正の電位を与えるための電極などを構成するために n^+ の領域を作る。その手順は原理的には前と同様で，図 3.8 (f) のように，酸化膜の必要な場所にホトレジスト加工により孔をあけ，n 形の不純物を選択的に導入する。さきに作った p 形拡散層の中に n 形領域を作るのであるから，n 形不純物の量は前の p 形不純物を打ち消して n 形化するのに十分なだけ濃度を高める必要がある。また，その厚さはさきの p 形拡散層よりも薄い必要がある。このように，それぞれの拡散の条件は異なり，不純物の種類，濃度，深さなどを調整して最適の条件で行われる。またこれらの拡散の間に表面に残された酸化膜層は不純物の侵入を阻止する役目をしているため十分な厚みが必要である。

〔4〕 **各部品の電極のとり出し** 以上のようなプロセスで，モノリシック IC 用の回路部品が半導体結晶片の表面に形成されれば，それぞれを接続するために端子をとり出さなければならない。エミッタ拡散終了後は，シリコンウェーハの表面は再び薄い熱酸化膜に覆われている。そこで，図 3.8 (g) に示すように，トランジスタのエミッタ，ベース，コレクタの電極に相当する部分，拡散抵抗の両端，最も正電位に接続するために，アイソレーション領域の n^+ 拡散を施した部分，あるいは最も負電位あるいはアース電位に接続するための基板の p 領域の一部分などに再びホトレジスト加工により，酸化膜に孔をあけ電極のとり出し口とする。これらの孔を通じて各部品の接続が行われる。

〔5〕 **相互配線による回路の形成**　図 3.8 (g) の構造のウェーハから，回路を構成するプロセスはつぎのとおりである．まず，このウェーハの全面に真空蒸着法やスパッタリング法などの薄膜形成技術によって金属導体の薄膜を付着させる．金属材料としては，シリコンと良好なオーム接触をするものを選ぶ必要がある．普通，アルミニウムが広く用いられている．このようにして全部品はひとまず全端子が互いに電気的に接続される．つぎに，酸化膜に孔あけを行ったときに用いたホトレジスト加工によって不要の部分の金属膜を除去する（酸化膜の一部を除去して孔をあけたのと同じ方法で）と図 3.8 (h) に示すように，必要な配線部分が残り部品間の相互配線が完成して回路ができあがる．

pn 接合分離形ではない場合には，本項〔1〕のアイソレーション領域の形成の方法が異なってくるが，それ以外は本質的には変わらない．例えば，図 3.4 の酸化膜分離法の場合には，図 3.7 の ⑧ あるいは図 3.8 の (d) の部分にアイソレーション酸化工程が入り，p^+ 拡散の代わりに局所酸化によってアイソレーションが作られる．

以上の工程によって前節の図 3.1 (a) のウェーハの状態ができあがる．ここまではウェーハ単位で加工が行われるので，ウェーハプロセスあるいは**前工程**などとよばれている．この後，ウェーハは図 3.1 (b) のチップに細分され，良品のチップは一つずつパッケージに収められ組立てを完了する．この後半の工程を**後工程**とよぶ．

3.2.2　MOS-IC のプロセスの概要

MOS-IC の製造プロセスも原理的にはバイポーラ IC の場合と同様である．前工程の概要をステップを追って図 3.9 (a)〜(f) に示した．図はわかりやすいように簡単な例として図 3.5 の p チャネル Al ゲート形 MOS-IC について示したものである．この例では，(1) **ソース**と**ドレーン**領域の形成 (S-D 拡散)，(2) **ゲート**の形成（ゲート酸化），(3) 各部品の**電極**のとり出し，(4) **相互配線**による回路の形成の順で行われている．

バイポーラの場合と異なる点は，アイソレーション領域形成の拡散工程がな

3.3 モノリシックICの断面構造の詳細

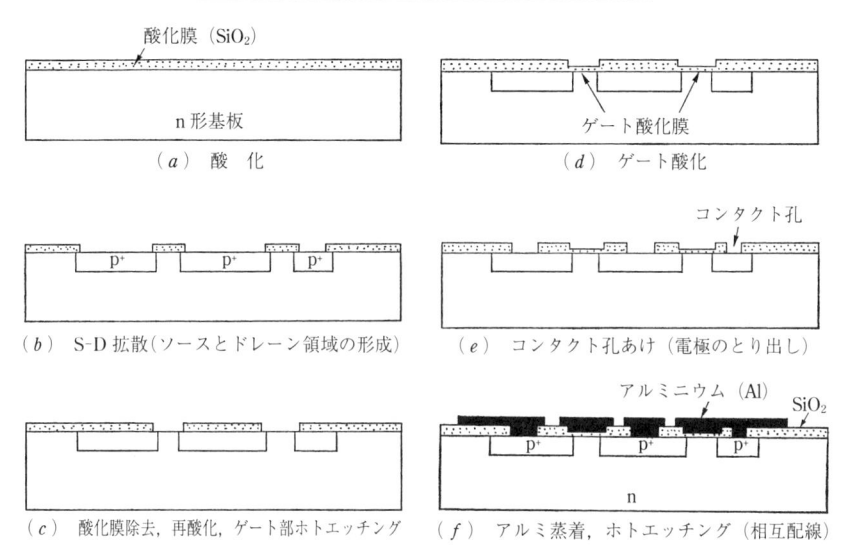

図3.9 MOS-ICの製造プロセス（Alゲートの断面構造図）

(a) 酸化
(b) S-D拡散（ソースとドレーン領域の形成）
(c) 酸化膜除去，再酸化，ゲート部ホトエッチング
(d) ゲート酸化
(e) コンタクト孔あけ（電極のとり出し）
(f) アルミ蒸着，ホトエッチング（相互配線）

いこと，ゲート形成の酸化工程があることなどである．基本的な加工プロセスとして，①酸化，②拡散，③ホトレジスト加工，④蒸着があることは同じである．各工程の項目を追ってどのように加工が進められていくか読者自身で追ってみていただきたい．

図3.6のLOCOS形のnチャネルSiゲートMOS-ICについては若干複雑であり，（1）局所酸化（LOCOS）によるアイソレーション確保，（2）ゲート酸化とゲートの形成，（3）ソースとドレーン領域の形成（S-D拡散），（4）各部品の電極とり出し，（5）相互配線による回路の形成の順となる．このプロセス手順については6章の図6.27を参照いただきたい．

3.3 モノリシックICの断面構造の詳細

以上，本章では読者の理解を容易にするため，それぞれの断面構造図は単純化した概念図で示してきた．実際の断面構造は，はるかに複雑である．例えば，SiゲートとC-MOS構造を例にとって示せば，概念図で描くと図3.10

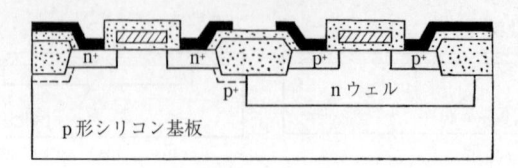

(a) 概念図

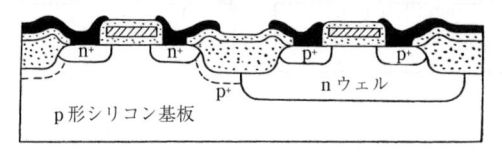

(b) 詳細図

図3.10 モノリシックICの断面構造図
(C-MOSの例)

(a)のようになるが，実際には図(b)のように複雑な形状になっている。その理由は，(i) 不純物拡散のまわり込みのため，拡散領域の境目の角が丸くなること，(ii) 局所酸化の際に表面の一部がもち上げられること，(iii) ホトレジスト加工が理想的に行われず加工部の角が丸味をもつこと等である。これらの差異は現実の設計では，つねに考慮を払わなければならない点であるが，さしあたり，本書ではしばらくの間わかりやすい概念図を中心に話を進めることにする。

演 習 問 題

〔1〕 ある集積回路は約1000個のMOSトランジスタから形成されており，そのチップ寸法は3mm×3mmである。有効直径7.6cmのウェーハ10枚を1ロットとして加工した場合，1ロットでできる良品数を計算せよ。ただし，MOSトランジスタ1個当たりの歩どまりを99.90％とする。

〔2〕 前問で4mm×4mmチップに約2000個のMOSトランジスタがある場合には，良品数はどうなるか。同一良品数を得るためにはMOSトランジスタの歩どまりをいくらにすればよいか。

〔3〕 図3.3, 図3.5にならって，問図3.1の回路をモノリシックICで構成し

演 習 問 題

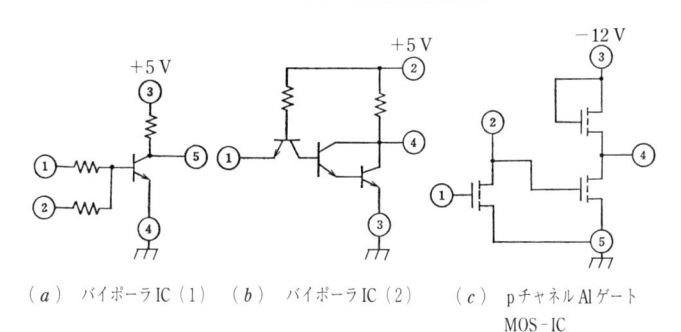

(a) バイポーラIC (1)　(b) バイポーラIC (2)　(c) pチャネルAlゲート MOS-IC

問図 3.1

た場合の断面構造図を描け。アイソレーション領域の数は最小にすること。

〔4〕 図 3.8 のプロセスで，①酸化，②拡散，③ホトレジスト加工，④蒸着の工程はそれぞれ何回ずつあるか。またその順序を示せ。

〔5〕 ホトレジスト加工の工程が一つ入るごとにホトマスクと称する加工用のジグが1枚ずつ必要になるという。図 3.8 と図 3.9 を比較してそれぞれ何枚ずつのホトマスクが必要となるか。

〔6〕 図 3.9 のプロセスを図 3.7 にならって工程のフローを描け。酸化，ホトレジスト加工，拡散の工程は図 3.7 のバイポーラの場合と比較してどちらが多いか。

4

pn 接合と MOS 構造

モノリシック IC における最も重要な基本的構造をあげるならば，バイポーラ形の IC では **pn 接合**，MOS 形の IC では **MOS 構造**であろう。pn 接合と MOS 構造は，モノリシック IC では各所に現れてくる基本的な構造で，それらの特性を理解しておくことは，モノリシック IC のいろいろな特性を理解するうえでの基礎知識として非常に重要である。本章ではまず pn 接合と MOS 構造がモノリシック IC 構造のどんな場所に現れてくるかを示した後に，それらの電気的特性を調べ，モノリシック IC の構成部品，例えば，バイポーラトランジスタ，MOS トランジスタ，拡散抵抗，接合容量あるいは MOS 容量などの特性との関連を検討しよう。

4.1 基本構造としての pn 接合と MOS 構造

pn 接合（p-n junction）と MOS 構造（metal oxide semiconductor structure）はその名が示すように，1 枚の半導体結晶の中で **n 形領域と p 形領域が接して形成されている構造**と，**金属**（metal）**と酸化膜**（oxide）**と半導体**（semiconductor）**が重なり合って形成される構造**で，原理的断面構造を図 *4.1* の（*a*），（*b*）に示す。この形を今までに習った IC の断面構造と照らし合わ

(a) pn接合　　　　　　　(b) MOS構造

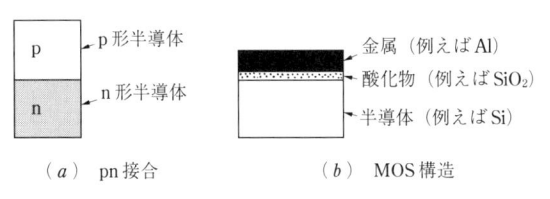

図 4.1　pn接合とMOS構造

せてみると，ICの中にはpn接合とMOS構造がいたるところに形成されているのがわかる。例えば，図4.2のとおりである。図4.2に沿ってpn接合とMOS構造の作られている部分のおもなものをひろってみよう。

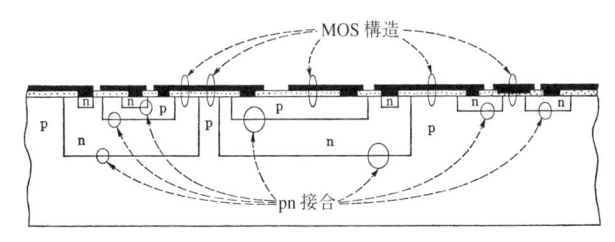

図 4.2　モノリシックICにおけるpn接合とMOS構造

まず，pn接合は，バイポーラトランジスタのエミッタ接合，コレクタ接合に，抵抗やトランジスタのアイソレーション部分に，そして，MOSトランジスタのソースと，ドレーン領域を形成するのに使用されている。一方，MOS構造は，MOSトランジスタのチャネル領域の形成と配線部分に使用されている。ICの各部分にはその回路動作の状態によってさまざまな電圧，電流が加えられる。以上よりpn接合とMOS構造が加えられる電圧，電流によってどんなふるまいをするかを知ることはICの特性を理解するのにいかに重要であるかがわかるであろう。

4.2　pn接合とその形成

pn接合は図4.1(a)に示したとおり，p形半導体領域とn形半導体領域が接し合った構造を指す。つまり一つの半導体結晶の中で伝導形をきめる不純

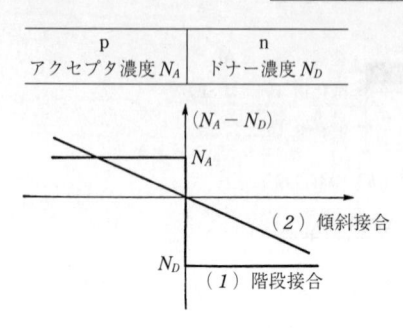

図 4.3 pn 接合における不純物元素（ドナーおよびアクセプタ）の濃度分布

物の種類がある境界を境にして入れ替わったもので，半導体結晶片の中に B（ほう素）などのアクセプタ不純物元素や，P（りん）や Sb（アンチモン）などのドナー不純物元素を加えることによって形成する。pn 接合の特性は，アクセプタ不純物，ドナー不純物の濃度分布によって支配される。図 4.3 はその代表的な例を示したものである。この図では，正のキャリヤ（正孔，ホール）をもつアクセプタ不純物濃度 N_A〔atoms/cm³〕の p 領域を左側に，負のキャリヤ（電子，エレクトロン）をもつドナー不純物濃度 N_D〔atoms/cm³〕の n 領域を右側にとり，$(N_A - N_D)$ を y 軸にとってある。pn 接合の横方向 x 軸に対する $(N_A - N_D)$ の分布が図中の（1）のようなものを**階段接合**（step junction），（2）のようなものを**傾斜接合**（graded junction）という。この二つの形は単純化された理想形であり，実際の場合はこの中間にある。したがって，この二つの場合について pn 接合の性質を調べておくのが便利である。

（a）断面構造図　　　　（b）不純物元素の濃度分布

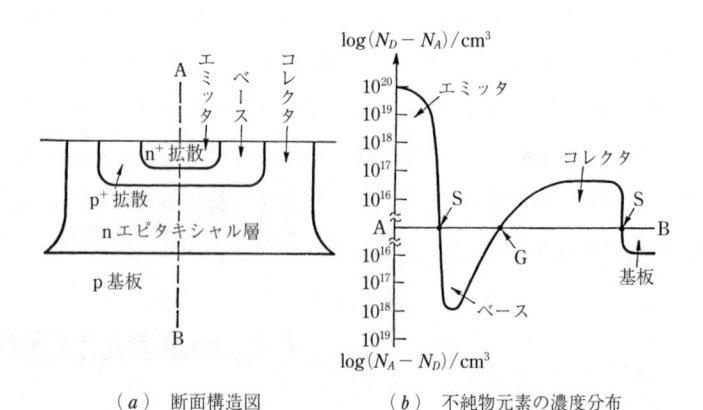

図 4.4 モノリシック IC におけるトランジスタ構造の pn 接合部の不純物元素の濃度分布（図中の記号 S は階段接合，G は傾斜接合を示す）

pn 接合を作るにはドナーやアクセプタとなる不純物元素を半導体結晶中に導入すればよい。その方法に①熱拡散，②イオン打込み，あるいは③エピタキシャル成長がある。これらの詳細は 5 章で説明するが，熱拡散法では不純物濃度は連続的にゆっくり変化した形，つまり傾斜接合となりやすく，エピタキシャル成長法では，不純物濃度が比較的急峻に変わる階段接合が作りやすい。例えば，図 4.4 に示すように，IC におけるトランジスタについて A-B 間の不純物濃度分布を調べてみると，エミッタとベースの間のエミッタ接合と，コレクタと基板の間のアイソレーション接合が階段接合に近く，ベースとコレクタ接合は傾斜接合に近いことがわかる。

4.3　pn 接合の特性

　pn 接合の特性として理解しておく必要があるのは，(1) **空乏層**（depletion layer）**の形成**，(2) **接合容量**（junction capacity），(3) **整流特性**（順方向コンダクタンスや逆方向リーク電流など）および (4) **耐圧**，または **降伏電圧**（breakdown voltage）である。

4.3.1　空乏層の広がり

　例えば，図 4.5 に示すように，pn 接合に**逆バイアス電圧** V を加えると，キャリヤ（n 形領域では電子，p 形領域では正孔）は両側にひかれて，pn 接合付近には動かないイオン化されたドナーとアクセプタ原子が残り，いわゆる**空乏層が形成**される。空乏層は電気的にはキャリヤがないため，導電性がなく，一種の絶縁物あるいは誘電体物質のような作用をする。空乏層の厚さ X は不純物濃度分布と印加されたバイアス電圧の大きさできまる。X の大きさはガウスの法則

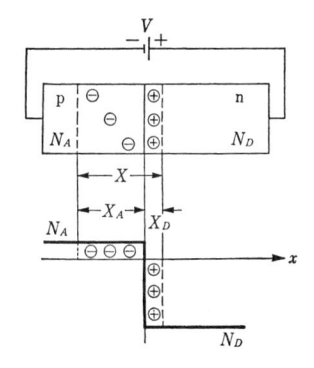

図 4.5　階段接合の空乏層の広がり（$N_A \ll N_D$ の場合，$X \approx X_A \gg X_D$ となる）

$$\frac{dE}{dx} = \frac{\rho}{\varepsilon} \tag{4.1}$$

より導かれるポアソン方程式を解くことにより求められる。$\rho = -qN_A$ または qN_D であり，これを qN とおくと

$$\frac{d^2V}{dx^2} = q\frac{N}{\varepsilon_{si}\varepsilon_0}$$

ここに，ε_{si}：半導体の比誘電率（Si の場合は約 12）

ε_0：真空の誘電率（8.85×10^{-12} F/m または 8.85×10^{-14} F/cm）

N：空乏層に生じたドナー，アクセプタのイオン密度

q：電子の電荷量（1.60×10^{-19} C）

このポアソン方程式を適当な環境条件の下に解けば，空乏層の広がり X が求められる。ポアソン方程式は積分を行うことによって解ける。ここでは簡単のため「空乏層近似」とよばれる手法を用いて解いてみよう。すなわち，図 4.6 (a) の不純物濃度分布に対して電荷分布は空乏層に現れる空間電荷によって図 (b) のようになると考える。電界強度 E は電荷分布を積分すれば得られる。図 (b) で $-X_A$ の点の左側には空間電荷はないので，この点より右へ（x の正の方向へ）向かって積分を行うと $\varDelta x$ 進んだ点の電界強度 E_1 は

$$E_1 = \int_{-X_A}^{-X_A+\varDelta x} \frac{\rho}{\varepsilon} dx = -q\frac{N_A}{\varepsilon_{si}\varepsilon_0}\varDelta x$$

となる。電界強度分布は図 (c) のようになり，$x=0$ で最大値 E_m をとり

$$E_m = -q\frac{N_A}{\varepsilon_{si}\varepsilon_0}X_A \tag{4.2}$$

となる。つぎに電位分布は電界強度分布を

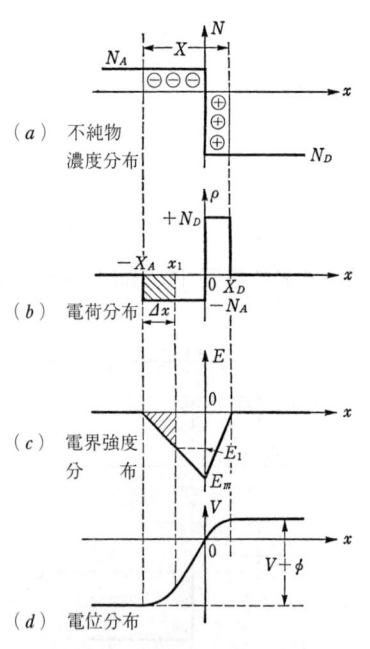

図 4.6 階段接合の場合の電界強度，電位分布（空乏層近似による）

積分して得られる。したがって，点 x_1 における電位は $-X_A$ の点の電位よりも，図（c）の斜線部分の面積に相当する分だけ高い。図（d）の電位分布は2次曲線の一部となり，全電位差は図（c）の三角形の全面積に等しくなる。一方，pn 接合にかかる全電圧は拡散電位 ϕ を含めて図（d）の関係にあるから

$$(V+\phi) = -\frac{1}{2}E_m(X_A+X_D) = -\frac{1}{2}E_m X \tag{4.3}$$

符号は E_m が負であるためについている。V は逆バイアスの方向を正にとっている。また，空乏層における電気的中性の条件から次式が成り立つ。

$$X_D N_D = X_A N_A \tag{4.4}$$

式（4.2）〜（4.4）を用いることにより空乏層の幅 X は解析的に解けて

$$X = \sqrt{\frac{2\varepsilon_{si}\varepsilon_0(V+\phi)}{q}} \cdot \sqrt{\frac{1}{N_D}+\frac{1}{N_A}} \tag{4.5}$$

なお，ϕ は電子と正孔（ホール）の濃度差による拡散を押し止めるのに必要な電位差で**拡散電位**（built-in potential）とよばれている量である。これは，次式で与えられる。

$$\phi = \frac{kT}{q}\ln\frac{N_D N_A}{n_i^2} \tag{4.6}$$

ここに，k はボルツマン定数（1.38×10^{-23} J/K），n_i は**真性半導体のキャリヤ濃度**で，シリコンの場合は次式で与えられる。

$$n_i^2 = 1.5\times10^{33} \times T^3 \exp(-qE_g/kT)$$

ここに，$qE_g/k = 14\,000$ K で $T = 300$ K のとき，$n_i \simeq 1.5\times10^{10}$ cm^{-3} である。

式（4.5）より，$N_D \gg N_A$ ならば X はほとんど N_A の大きさできまり，逆に $N_D \ll N_A$ ならば N_D の大きさできまることがわかる。つまり，空乏層の厚さは少ないほうの不純物濃度によってきまることがわかる。また，式（4.4）の条件から，空乏層の広がり X_A，X_D は N_A，N_D の大きさと逆の関係にあり，例えば $N_D \gg N_A$ ならば $X_A \gg X_D$ である。つまり**空乏層は不純物濃度の少ない側に広く伸び**ている。

空乏層近似は，逆バイアスされた pn 接合の関係式を導くには非常に便利な

方法である。

〔数値例 **4.1**〕

$N_A = 10^{15}$ atoms/cm^3 （10 Ω・cm の p 形シリコン）
$N_D = 10^{16}$ atoms/cm^3 （0.5 Ω・cm の n 形シリコン）
$V = 5\ V,\ T = 300\ K$

では

$$\phi = 0.0259 \times \ln\frac{10^{15} \times 10^{16}}{(1.5 \times 10^{10})^2} = 0.64\ \text{V}$$

$$X = \sqrt{\frac{2 \times 12 \times 8.85 \times 10^{-14}(5+0.64)}{1.60 \times 10^{-19}}} \cdot \sqrt{\frac{1}{10^{15}} + \frac{1}{10^{16}}}$$

$$= 2.87 \times 10^{-4}\ \text{cm} = 2.87\ \mu\text{m}$$

すなわち約 3 μm の空乏層ができる。

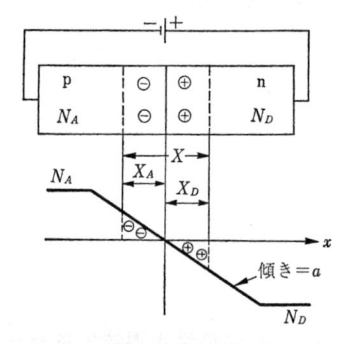

図 4.7 傾斜接合の空乏層の広がり（傾き $=a$ 〔atoms/cm^3/cm〕の場合，$X_A = X_D$ となる

もう一つの代表的な pn 接合である傾斜接合についても同様にして解くことができる。その結果は図 4.7 を参照して空乏層の厚さ $X = X_A + X_D$ は次式で与えられる。

$$X = \sqrt[3]{\frac{12\varepsilon_{si}\varepsilon_0(V+\phi)}{qa}} \quad (4.7)^\dagger$$

ここに，a は不純物濃度の傾き〔atoms/cm^3/cm〕である。

不純物濃度分布が，図 4.5 や図 4.7 と異なる場合にも空乏層の広がり X は式 (4.1) を解いて求められる。普通の場合は，この両者の中間の形をとるものが多い。残念ながらモノリシック IC でみられる pn 接合の多くは，不純物濃度分布が複雑な形をしており，簡単に解くわけにはいかない。Lawrence と Warner は計算機解析によってガウス分布（Gaussian profile）と補誤差関数分布（complementary error function profile）の場合について解いた結果をモノグラフとした。前者はベース-コレクタ接合についてよく適合し，後者は

---

† ここでの ϕ は正確には $\phi = \frac{kT}{q}\ln\frac{(aX_0)^2/4}{n_i^2}$（$X_0$ は $V=0$ のときの X の値）で与えられるが普通は約 0.6 V と考えてよい。

4.3 pn 接合の特性

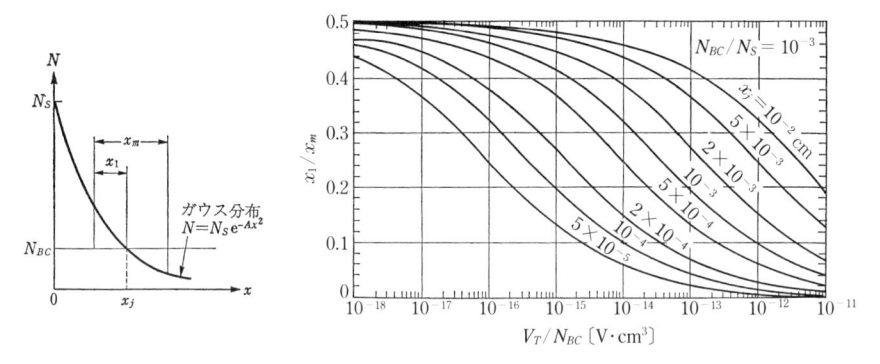

図 4.8 熱拡散によって作られた pn 接合の空乏層の広がり (ガウス分布の場合)
(全広がり幅 x_m については図 4.9 参照)

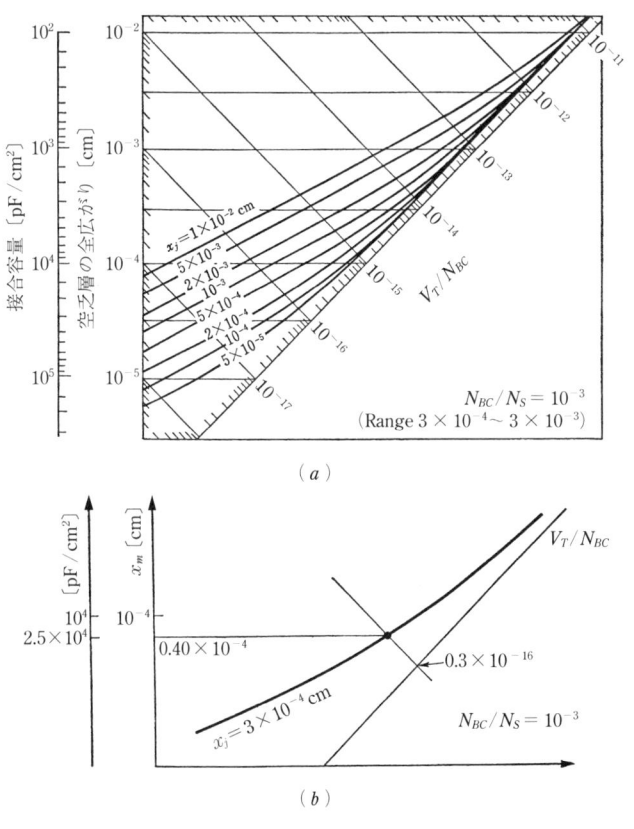

図 4.9 Lawrence-Warner のモノグラフとその使用法
(H. Lawrence：BSTJ, **39**, p.398 (1960))

ベース-デポジション工程のような短時間の熱拡散に適合する。前者の場合（ガウス分布）のモノグラフの一例を図 4.8 および図 4.9 に示した。不純物濃度分布はガウス分布をするものとし，一定濃度 N_{BC}〔atoms/cm³〕をもった基板の中へ表面濃度が N_S〔atoms/cm³〕で，pn 接合の深さが x_j〔cm〕の位置にできるように拡散が行われている場合で，x_m は空乏層の全広がり幅，x_1 は濃度の高い側の広がり幅である。なお，$V_T = V + \phi$ である。

4.3.2 空乏層の接合容量

空乏層は電気的にはキャリヤがないため導電性がなく，一種の絶縁物あるいは誘電体物質の薄層のような作用をする。このため，逆バイアスされた pn 接合は一種のコンデンサの作用をもつ。**接合容量 C** は空乏層に生じる電荷量 Q の接合に印加された電圧 V で微分して求められ，pn 接合の不純物濃度分布の関数となる。すなわち

$$C = \frac{dQ}{dV} \tag{4.8}$$

この式を用いて計算を行った結果，次式が求められる。

階段接合では，$Q = qX_A N_A = qX_D N_D$ であるから，これと $X = X_A + X_D$ の関係式を用いて

$$Q = q \frac{N_A N_D}{N_A + N_D} X$$

したがって

$$C = A \sqrt{\frac{q\,\varepsilon_{si}\,\varepsilon_0}{2} \cdot \left(\frac{N_A N_D}{N_A + N_D}\right)} \cdot \frac{1}{\sqrt{V + \phi}} \tag{4.9}$$

傾斜接合では

$$C = A \sqrt[3]{\frac{q}{12}(\varepsilon_{si}\,\varepsilon_0)^2 a} \frac{1}{\sqrt[3]{V + \phi}} \tag{4.10}$$

ここに，A は pn 接合の面積である。

ここで，式 (4.5)，(4.7) と式 (4.9)，(4.10) を比較すると

$$C = \frac{\varepsilon_{si}\,\varepsilon_0}{X} A \tag{4.11}$$

4.3 pn 接合の特性

の形をしていることがわかる．つまり，接合容量は空乏層の厚さをもった Si 板を誘電体にみたてた場合の平行電極コンデンサの容量と考えてよい．したがって，階段接合や傾斜接合以外の不純物濃度分布をもつ pn 接合の接合容量も空乏層の広がりから，式 (4.11) で求められる．例えば，図 4.8 に示した例に対応する接合容量も Lawrence Warner によって計算されており，それを図 4.9 に示した．このモノグラフは設計の際，しばしば用いられるのでつぎに数値例によってその使用法を説明しよう．

〔数値例 **4.2**〕

図 4.4 のトランジスタで n 形エピタキシャル層の不純物濃度が $N_{BC} = 2 \times 10^{16}$ cm^{-3}，ベースの p$^+$ 拡散は表面濃度 $N_S = 8 \times 10^{18}$ cm^{-3} で pn 接合の深さ $x_j = 3.0$ μm (3×10^{-4} cm) であるとする．

この場合の零バイアス時の接合容量と空乏層の広がりを Lawrence-Warner のモノグラフより求める．ϕ は普通 0.6 V 程度である．

$$V_T = 0 + 0.6 \text{ V} \quad \text{ゆえに} \quad V_T / N_{BC} = 0.3 \times 10^{-16}$$

図 4.9 (b) に示すように，V_T/N_{BC} 一定の線に沿って左上にたどって，$x_j = 3 \times 10^{-4}$ cm の曲線との交点を求める．この交点を左へ延ばして

空乏層の全広がり $x_m \simeq 0.04 \times 10^{-4}$ cm = 0.40 μm

単位面積当りの容量 $C/A \simeq 2.5 \times 10^4$ pF/cm^2

が求められる．さらに図 4.8 を用いれば

ベース領域への空乏層の広がり $x_1 \simeq 0.44 \times 0.40$ μm

が求められる．

〔数値例 **4.3**〕

10 Ω·cm の p 形シリコンと 0.5 Ω·cm の n 形シリコンで作られている面積の 100 μm × 100 μm の pn 接合に 5 V の逆バイアスを印加した場合の接合容量は，〔数値例 4.1〕より $X = 2.87$ μm

$$C = \frac{12 \times 8.85 \times 10^{-14}}{2.87 \times 10^{-4}} \times (100 \times 10^{-4})^2 = 0.37 \text{ pF}$$

式 (4.9), (4.10) をみると，$N_D \gg N_A$ または $N_A \gg N_D$ の場合は，つぎの関係があることがわかる．

$$C \propto \sqrt{N_{\min}} \, (V + \phi)^{-1/2} \qquad (4.12\ a)$$

ここに，$N_{\min}$ は N_A または N_D の小さいほうの値である．

$$C \propto \sqrt[3]{a}\,(V+\phi)^{-1/3} \qquad (4.12\,b)$$

つまり，**階段接合**では接合によって生じる容量は N_A または N_D の小さいほうの値できまり，ϕ を含めた印加電圧 ($V+\phi$) の **1/2 乗に反比例**する．例えば，図 4.4 に示した IC 用のトランジスタでは，トランジスタのコレクタとアイソレーション領域との境目には空乏層ができており，その広がりはコレクタ領域の N_D または基板の N_A のいずれか濃度の小さいほうに主として伸びており，このため容量が生じていて，その値は逆バイアス電圧の平方根に反比例して増減する．

一方，**傾斜接合**では接合によって生じる容量は不純物濃度分布の傾き a の立方根に比例し，印加電圧の **1/3 乗に反比例**する．図 4.4 のトランジスタの例では，ベースとコレクタ間の容量がこれに近い形をとる．

なお，式 (4.9) の空乏層容量は次式のごとく変形できる．

$$C = C_0(0)\left(1 + \frac{V}{\phi}\right)^{-1/2} \qquad (4.13)$$

ここに，$C_0(0)$ は $V=0$ における式 (4.9) の容量値である．逆バイアス電圧 V が増加すると C は $C_0(0)$ より減少していく．逆に順方向バイアスを加えると C は急増するが，同時に順方向電流が流れ拡散容量 (diffussion capacitance) とよばれる容量成分が生じる．

4.3.3 pn 接合を流れる電流と整流特性

pn 接合に流れる電流の詳細については基礎的な教科書を参考としていただくとして，ここでは大切な要点をまとめて述べる．

pn 接合を流れる電流を現象ごとに分類して表 4.1 に示した．表に示したようにいくつかの成分があり，また印加電圧の正負または大小の関係でどの項が支配的になるかが異なるので注意が必要である．p 形領域を正電圧にした順方向電流の場合は，低電圧（数百 mV 以下）では (B) の電流，高電圧（数百 mV 以上）では (A) の電流が支配的になる．逆方向電流の場合は低電圧では (C)，高電圧では (D) が支配的になる．以下，それぞれについて述べる．

まず基本になるのが，**少数キャリヤの注入に関連する** (A) と (C) の電流

4.3 pn 接合の特性

表 4.1 pn 接合を流れる電流成分

順方向（正）バイアスのとき	逆方向（負）バイアスのとき
(A) 少数キャリヤの注入 　　(A-1) n 領域から p 領域への電子注入 　　(A-2) p 領域から n 領域への正孔注入	(C) 少数キャリヤが空乏層へ流入 　　(C-1) 電子の成分 　　(C-2) 正孔の成分
(B) 空乏層の中での再結合	(D) 空乏層の中での電子正孔対の生成
(E) 電極端子間の絶縁体部分を通して流れるリーク電流	

成分で，キャリヤの拡散によるので**拡散電流**（diffusion current）I_{dif} とよばれ，よく知られているように次式で与えられる．

$$I_{dif} = qA\left(\frac{D_p}{L_p}p_n + \frac{D_n}{L_n}n_p\right)\left[\exp\left(\frac{qV}{kT}\right) - 1\right] \qquad (4.14)$$

ここに，A は接合面積，D_p と D_n は正孔と電子の拡散定数，$L_p \equiv \sqrt{D_p\tau_p}$ は正孔の拡散距離，$L_n \equiv \sqrt{D_n\tau_n}$ は電子の拡散距離，$P_n \simeq n_i^2/N_D$ は平衡状態における n 領域での正孔密度，$n_p \simeq n_i^2/N_A$ は平衡状態における p 領域での電子密度，T は絶対温度である．

また，室温（$T = 300$ K）では，$n_i \simeq 1.5 \times 10^{10}$/cm であり

$$\frac{q}{kT} \simeq 38.6 \text{ V}^{-1}$$

または $\frac{kT}{q} \simeq 0.0259 \text{ V}$

の値をもつ．

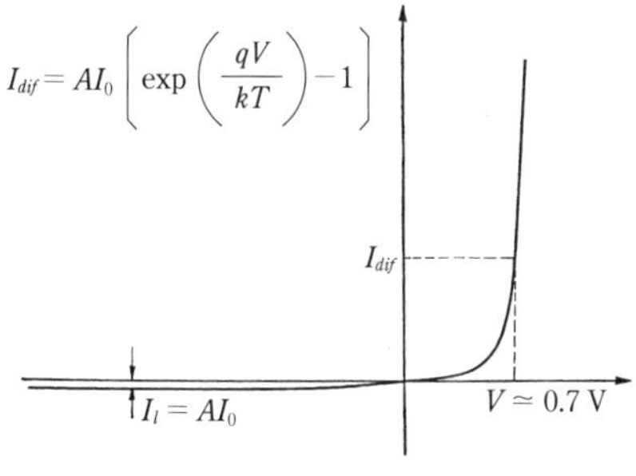

式 (4.14) を印加電圧 V の関数として描くと図 4.10 のようになり，順バイアス時のコレクタンス g と立上り電圧 V および逆バイアス時の**逆方向飽和電流** I_l は次式で与えられる．

図 4.10 pn 接合の電圧・電流特性（少数キャリヤ成分）

$$\left.\begin{array}{l} g \equiv \dfrac{dI_{dif}}{dV} = A\dfrac{qI_0}{kT}\exp\left(\dfrac{qV}{kT}\right) \simeq \dfrac{qI_{dif}}{kT} \\[2mm] I_l \simeq AI_0 \end{array}\right\} \qquad (4.15)$$

ここに，$I_0 \equiv q\left(\dfrac{D_p}{L_p} p_n + \dfrac{D_n}{L_n} n_p\right)$ である。

また，電圧 V を電流 I_{dif} の関数としてかき直すと

$$V \simeq \frac{kT}{q} \ln \frac{I_{dif}}{AI_0} \qquad (4.16)$$

普通，図 4.10 で $V \simeq 0.7\,\mathrm{V}$ の付近の I_{dif} の値より式 (4.16) を用いて I_0 を計算すると，シリコンの場合 $10^{-10} \sim 10^{-12}\,\mathrm{A/cm^2}$ 程度の大きさになり，通常の回路動作で問題になる電流レベル ($10^{-8}\,\mathrm{A}$ 以上) に比して無視しうる程度に小さい。また，I_0 は p_n と n_p が温度依存性の高い量であるので，温度によって著しく変化する。すなわち

$$\left.\begin{aligned} p_n &\simeq \frac{n_i^2}{N_D} \qquad n_p \simeq \frac{n_i^2}{N_A} \\[4pt] \text{より}& \\[4pt] I_0 &\simeq q n_i^2 \left(\frac{D_p}{L_p}\cdot\frac{1}{N_D} + \frac{D_n}{L_n}\cdot\frac{1}{N_A}\right) \\[4pt] \text{室温付近では}& \\[4pt] I_0 &\simeq 2.4\times 10^{14}\left(\frac{D_p}{L_p}\cdot\frac{1}{N_D} + \frac{D_n}{L_n}\cdot\frac{1}{N_A}\right) T^3 \exp\left(-\frac{14\,000}{T}\right) \end{aligned}\right\}$$

$$(4.17\,a)$$

また，電圧 V は式 (4.16) で示されるように対数の形になっているので，電流が大幅に変わっても変化は少なく，普通 $0.7\,\mathrm{V}$ 程度の値をもつ。

〔数値例 **4.4 a**〕

　　$D_p = 10\,\mathrm{cm^2/s}$, $D_n = 25\,\mathrm{cm^2/s}$, $\tau_p = \tau_n = 0.1\,\mu\mathrm{s}$
また，$N_D = 1\times 10^{20}\,\mathrm{atoms/cm^3}$, $N_A = 1\times 10^{18}\,\mathrm{atoms/cm^3}$ とすれば

$$\frac{D_p}{L_p}\cdot\frac{1}{N_D} = \frac{10}{\sqrt{10\times 0.1\times 10^{-6}}}\times\frac{1}{10^{20}} = 10^{-16}$$

$$\frac{D_n}{L_n}\cdot\frac{1}{N_A} = \frac{25}{\sqrt{25\times 0.1\times 10^{-6}}}\times\frac{1}{10^{18}} = 1.56\times 10^{-14}$$

$$I_0 = 1.6\times 10^{-19}\times(1.5\times 10^{10})^2\,(1+156)\times 10^{-16} = 5.6\times 10^{-13}\,\mathrm{A/cm^2}$$

また，$\mathrm{A} = 100\,\mu\mathrm{m}\times 100\,\mu\mathrm{m} = 10^{-4}\,\mathrm{cm^2}$, $I_{dif} = 1\,\mathrm{mA}$ とすれば

$$V = \frac{kT}{q}\ln\frac{10^{-3}}{5.6\times 10^{-17}} = 0.79\,\mathrm{V}$$

比較的電流レベルの大きい順方向電流域では式（4.14）はよく成立するが，逆方向電流は通常，式（4.15）で求められる I_l よりもかなり大きい値を示す．また順方向でも低電圧領域では式（4.14）で求められる値よりも大きい電流が流れる．その理由は表 4.1 の（B）と（D）の電流があるからである．いま広がり幅 X の空乏層を考えると，その中ではわずかであるが温度によるキャリヤ発生，再結合現象（recombination generation effect）のため**再結合電流**（generation recombination current）といわれる電流 I_{gen} が流れる．その値は次式の形で与えられている．

$$I_{gen} = qA \frac{n_i}{\tau_{eff}} X \qquad (4.17\,b)$$

ここに，τ_{eff} は空乏層におけるキャリヤの等価ライフタイム（詳しくは，本章末の『補足事項 4』を参照）である．したがって，式（4.14）は正確には右辺に式（4.17 b）を加える必要がある．式（4.17 a）では I_0 は n_i^2 に比例し，式（4.17 b）の I_{gen} は n_i に比例する．したがって，n_i が小さいとき（温度が低いとき），低電流域のときほど，I_{gen} の影響が大きくなる．すなわち，順方向特性は式（4.14）で与えられるが，逆方向飽和電流は式（4.17 b）に近い値になる点，注意が必要である．

つぎに，I_{gen} の電圧依存性について考えてみる．順方向では外部から印加される電圧が低くても拡散電位 ϕ によって空乏層 $X(\phi)$ ができており I_{gen} が生じている．電圧依存性はつぎのように導かれている．

$$I_{gen} = qA \frac{n_i}{\tau_{eff}} X(\phi) \left\{ \exp\left(\frac{qV}{2kT}\right) - 1 \right\} \qquad (4.17\,c)$$

これが表 4.1 の（B）の成分である．

逆方向では空乏層は $\sqrt{V+\phi}$ の形で広がるため

$$I_{gen} = qA \frac{n_i}{\tau_{eff}} X_0 (\sqrt{V+\phi} - \sqrt{\phi}) \qquad (4.17\,d)$$

の形となる．これが表 4.1 の（D）の成分である．

全電流は式（4.14）に，順方向では式（4.17 c）を，逆方向では（4.17 d）を加えて得られる．この関係を図 4.11 に示した．各成分の寄与をわかり

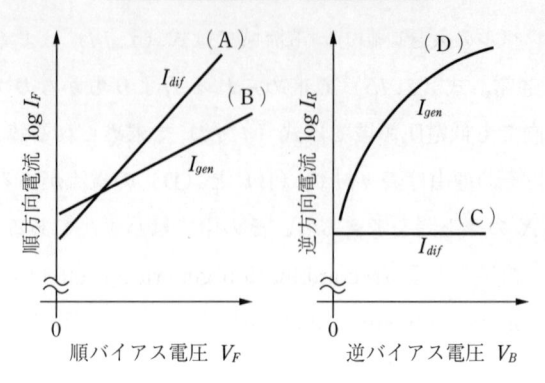

図 4.11 pn 接合に流れる電流成分

やすくするため電流軸は対数でとってある。

ここで特につぎの 2 点に注意したい。（1）順方向の電流電圧特性を対数関係の式（4.16）で結びつける電流 I_0 は式（4.14）で電圧 V を数百 mV 以上にしたときの順方向電流値から求めねばならないこと。（2）逆方向電流と順方向でも低電流域では I_{gen} 成分が支配的で式（4.14）は成立しないこと。アイソレーション領域の電流はこれが支配的になっていることが多い。

〔数値例 **4.4 b**〕

$\tau_{eff} = 0.1\,\mu\mathrm{s}$, $X = 3\,\mu\mathrm{m}$ とすれば，室温における単位面積当りの再結合電流は

$$\frac{I_{gen}}{A} = \frac{q n_i X}{\tau_{eff}} = \frac{1.6 \times 10^{-19} \times 1.5 \times 10^{10} \times 3 \times 10^{-4}}{10^{-7}} = 10^{-6}\,\mathrm{A/cm^2}$$

この値は〔数値例 4.4 a〕の I_0 の値と比較すると，はるかに大きい。
接合面積が $10\,\mu\mathrm{m} \times 10\,\mu\mathrm{m}$ であれば，逆方向飽和電流は

$$I_l \simeq I_{gen} = 10^{-12}\,\mathrm{A}$$

4.3.4 耐圧特性および降伏電圧

pn 接合に逆バイアス電圧 V を加えていくと，逆方向電流 I_l がわずかに流れながら空乏層が広がっていく。印加された電圧は空乏層でささえられ，電圧 V の増加に伴ってこの間の電界強度 E が増していく。電界強度が増すと，逆方向電流を構成している電子または正孔が加速されて空乏層内の原子に衝突し，電子と正孔の対を発生させ逆方向電流を増加させる。電界強度が大きくなるとこの繰り返しが激しくなり，ついに電流が著しく増加して降伏現象を生じ

る。これを**電子なだれ**（avalanche multiplication）効果による降伏という。その条件は

$$\int_0^X \alpha(E)\mathrm{d}x = 1 \qquad (4.18\,a)$$

で与えられる。X は空乏層幅，$\alpha(E)$ はイオン化率（ionization rate）といわれる量で，電子と正孔の対を発生させる割合を示し，単位は cm^{-1} である†。α は電界強度によって大幅に変わり，実験的におよそ次式の関係がある。

$$\alpha \simeq \alpha_0 \left(\frac{E}{E_0}\right)^n \qquad (4.18\,b)$$

ここで，$n=3 \sim 9$，α_0，E_0 は定数。

例えばシリコン中の電子の場合，$E = 3\times 10^5$ V/cm で $\alpha \simeq 10^4$/cm，$E = 5\times 10^5$ V/cm で $\alpha \simeq 10^5$/cm であり，$n \simeq 4.5$ となる。これは，式（$4.18\,a$）と式（$4.18\,b$）を考え合せるとつぎのようにいえる。例えば図 4.6（c）で電界強度が 3×10^5 V/cm 以上の部分が $1/\alpha = 1$ μm，または 5×10^5 V/cm 以上の部分が 0.1 μm あれば，電子なだれ効果による降伏（avalanche breakdown）が生じる。$1/\alpha$ は $1 \sim 0.1$ μm というきわめて短い距離であるので，実質的には電界強度の最大値がある臨界値 E_c に達すると，電子なだれ効果のため降伏現象が生じ急激に電流が増加すると考えてよい。E_c の値はシリコンではおよそ

$$E_c \simeq 3\times 10^5 \text{ V/cm} = 30 \text{ V}/\mu\text{m}$$

と考えてよいといわれている。例えば，階段接合の場合には式（4.3）より最大電界は平均電界の 2 倍であり，〔数値例 4.1〕の場合には

$$E_{\max} = 2\times (5 \text{ V}/2.87 \text{ }\mu\text{m}) = 3.51 \text{ V}/\mu\text{m}$$

なので降伏現象は生じない。しかし電圧が 100 倍になると，空乏層の広がりは 10 倍にしかならないので，電界強度は 10 倍になり E_c を超えて降伏現象を生じ始める。pn 接合が降伏現象を起こし始める電圧，つまり pn 接合の耐圧はやはり pn 接合の不純物濃度分布によってきまる。この関係を式（4.18）の考

---

† 正確には電子と正孔で異なり，したがって式（4.18）も少し異なってくるが，ここでは簡単のため等しいとして説明を進める。

え方に従って階段接合と傾斜接合の場合について計算された結果を図 4.12 (a), (b) に示す. 実際に集積回路の内部でみられる pn 接合は, これらの理想形とはやや異なっており, もっと詳しい計算が必要である. 図 4.13 と図 4.14 はその例である. 図 4.13 は図 4.8 に近い不純物濃度分布をもつ拡散接合の場合である. 基板濃度 N_{BC} が十分大きいときは傾斜接合に近い値をとることがわかる. 図 4.14 は pn 接合が図 4.4 のベース-コレクタ接合のように端部で丸みをもっている場合で, 接合深さ x_j が小さいと端部での空乏層の広がりがせまくなり, **電界集中**のため耐圧が低くなる. 図 4.14 中の実線は円

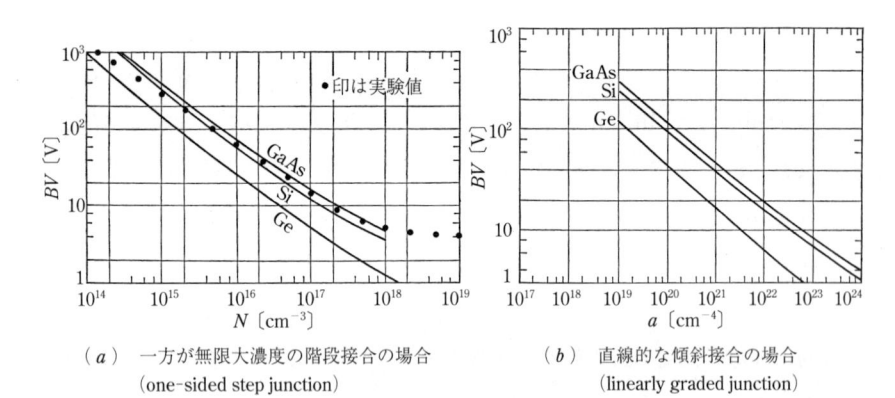

(a) 一方が無限大濃度の階段接合の場合　　　　(b) 直線的な傾斜接合の場合
　　　(one-sided step junction)　　　　　　　　　(linearly graded junction)

図 4.12　pn 接合の降伏電圧 BV

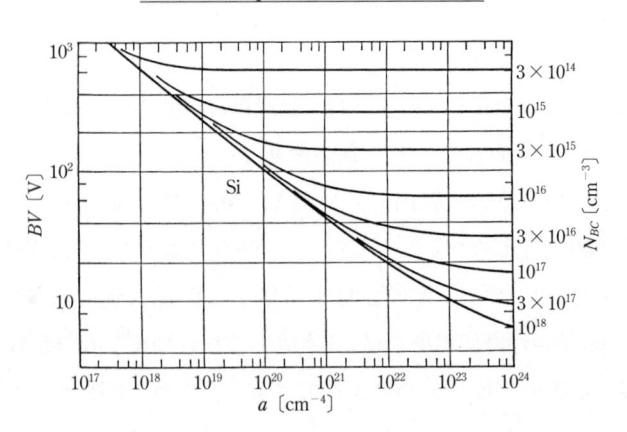

図 4.13　熱拡散によって作られた pn 接合の降伏電圧 BV (補誤差関数分布の場合)

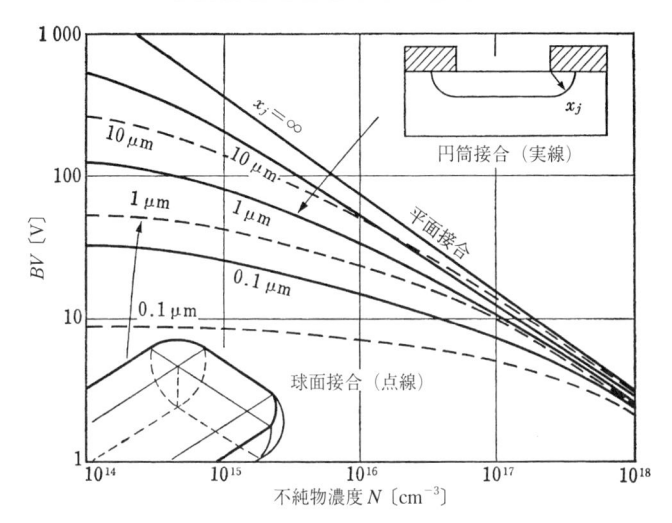

図 4.14 接合端部の曲がりを考慮した場合の降伏電圧（一方が無限大濃度の階段接合の場合）

筒形の階段接合を想定して計算されたもので，接合深さ x_j が $1\ \mu\mathrm{m}$ 以下になると，平面接合に比して数分の1に低下してしまうことがわかる。さらに拡散領域の四角の部分では球面の形状の接合となり，いっそうこの現象が著しくなる。同図の点線はその例で，接合深さが $0.1\ \mu\mathrm{m}$ になると，10 V の耐圧を得るのも難しくなる。これは微細化されていく超 LSI の実用上の問題点の一つであって注意が必要である。これらの図は IC の各部の耐圧を知る上で有用なものでよく利用される。

〔数値例 **4.5**〕
図 4.4 で n 形エピタキシャル層と p 形基板の間の耐圧を 50 V 以上としたい。まず底部は階段接合とみてよいから図 4.12（a）より
$$N \leqq 1.3 \times 10^{16}\ \mathrm{cm}^{-3}$$
つぎに側部は n 形エピタキシャル層の中にアイソレーション拡散が行われて，できあがっているので，傾斜接合と考えると，図 4.12（b）より
$$a \leqq 4 \times 10^{20}\ \mathrm{cm}^{-4}$$
とする必要がある。ただし，接合部の深さは十分大きいものとする。

4.4 pn 接合とバイポーラトランジスタ

集積回路における重要な部品であるバイポーラトランジスタは，図 4.4 に示したように三つの pn 接合で作られている．エミッタ，ベース，コレクタおよび基板の四つの電極間に加えられる電圧と電流あるいは静電容量などの関係は，大部分すでに述べた pn 接合の諸特性で説明できる．さらに，トランジスタ効果に特有の現象としてはつぎの二つを考えに入れる必要がある．

① **少数キャリヤ**（minority carrier）**の注入**（injection）
② **少数キャリヤの再結合**（recombination）

トランジスタ効果が顕著に生じるためには，①の現象が効率よく行われ，②の現象が小さくて少数キャリヤが効率よく輸送される必要がある．そのために，不純物濃度分布と構造はつぎのようにする必要がある．

①に対しては：エミッタ領域の不純物濃度 ≫ ベース領域の不純物濃度
②に対しては：ベース幅 W_B ≪ ベース中の少数キャリヤの拡散長 L_B

バイポーラトランジスタの動作については，すでに半導体デバイス関連の講義で学んでいると思うので，本書ではその要点のみを略記するにとどめる．

まず，トランジスタの重要なパラメータである**電流増幅率**は，キャリヤの**注入効率と輸送効率**の積できまり，次式で与えられる．

$$\alpha = \frac{\beta}{\beta+1} = \gamma \beta^* \tag{4.19}$$

ここに，α：ベース接地の直流電流増幅率 I_C/I_E
β：エミッタ接地の直流電流増幅率 I_C/I_E
γ：エミッタ接合での少数キャリヤの注入効率（injection efficiency）
β^*：ベース領域での少数キャリヤの輸送効率（transport factor）

注入効率は

$$\gamma \simeq \frac{1}{1+(\rho_E/\rho_B)(W_B/L_E)} \tag{4.20}$$

4.4 pn接合とバイポーラトランジスタ

輸送効率は

$$\beta^* = \mathrm{sech}\left(\frac{W_B}{L_B}\right) \simeq 1 - \frac{1}{2}\left(\frac{W_B}{L_B}\right)^2 \tag{4.21}$$

ここに, ρ_E と ρ_B はエミッタ, ベースの抵抗率, L_E と L_B はエミッタまたはベースにおける少数キャリヤの拡散長である。

したがって

$$\alpha \simeq \frac{1}{1+(\rho_E/\rho_B)(W_B/L_E)}\left(1-\frac{W_B^2}{2L_B^2}\right) \tag{4.22}$$

α が1に非常に近いときは, $1/\beta \simeq 1-\alpha$ の近似により次式が得られる。

$$\frac{1}{\beta} \simeq \frac{\rho_E W_B}{\rho_B L_E} + \frac{W_B^2}{2L_B^2} \tag{4.23}$$

現在のICプロセスでは〔数値例 4.6〕に示すように, L_B は10 μm前後で, W_B は 1 μm より小さい。したがって, 式 (4.22) の第2項が無視できて, α は注入効率できまってしまう場合が多い。注入効率に関しては, エミッタ領域の不純物濃度が非常に高い場合には高濃度効果といわれる現象を考慮する必要がある。また L_B が大きいため数 μm 離れたところに pnp または npn の3層構造があると寄生トランジスタができ, 思わぬ不良現象に悩まされることがある。C-MOS回路における**ラッチアップ現象**はその例である。

つぎにトランジスタの耐圧のうちエミッタ-コレクタ間の耐圧 BV_{CEO} は, 上記のトランジスタ作用によって影響を受け, 次式のようになる。

$$BV_{CEO} \simeq \frac{BV_{CBO}}{\sqrt[n]{\beta+1}} \tag{4.24}$$

n は定数で3〜5の値をとる。ここで, BV_{CBO} はエミッタ開放時のコレクタ-ベース間の耐圧で, ベースとコレクタのpn接合の耐圧に等しい。BV_{CEO} はベース開放時のコレクタ-エミッタ間の耐圧で, 通常の回路設計上重要な耐圧であるが, 式 (4.24) のとおり BV_{CBO} よりかなり低くなる。

〔**数値例 4.6**〕

npnトランジスタではベース中の少数キャリヤは電子である。したがって

$$L_B = L_n = \sqrt{D_n \tau_n}$$

とすれば

$$L_B = \sqrt{20 \times 10^{-7}} = 1.4 \times 10^{-3} \text{ cm} = 14 \text{ μm}$$

つまり，トランジスタのベース幅 W は 14 μm よりも十分小さくする必要がある．

〔数値例 **4.7**〕

npn トランジスタにおいて，$\rho_E/L_E = 2\ \Omega$, $\rho_B/W_B = 200\ \Omega$, $W_B/L_B = 1/20$ とすれば

$$\frac{1}{\beta} = \frac{2}{200} + \frac{1}{2} \times \left(\frac{1}{20}\right)^2 = \frac{4.5}{400} \qquad \beta = 89$$

また，$BV_{CBO} = 100\text{ V}$, $n = 4$ とすれば

$$BV_{CBO} \simeq \frac{100}{\sqrt[4]{89+1}} = \frac{100}{3.08} = 32.5\text{ V}$$

4.5 MOS 構造とその形成

MOS 構造は図 4.1 (*b*) に示したように，アルミニウム（Al）などの金属（metal），SiO_2 などの酸化物（oxide）およびシリコンなどの半導体（semi-conductor）がこの順で重なり合ってできる構造である．その特性は金属の仕事関数 ϕ_M, 酸化物の厚み T_{ox} とその誘電率 ε_r, および半導体の不純物濃度（N_A または N_D）によって支配されるほか，酸化物内部の電荷量や酸化物と半導体の界面の性質によっても影響を受ける．

MOS 構造は半導体基板の表面に酸化物膜と金属の薄層を形成させて作られる．図 4.15 はその一例で，n 形または p 形のシリコン単結晶の基板を酸素雰囲気中で 900～1 100°C 程度の温度で加熱して表面を酸化させる．つぎにその上に真空蒸着やスパッタ，CVD などの方法

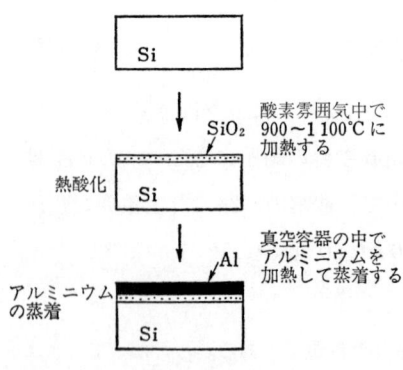

図 4.15 MOS 構造の形成（Al/SiO_2/Si の例）

(詳しくは5章で述べる)で金属膜を付着させる。普通のモノリシック集積回路で使われるMOS構造は，金属は主としてAlが多く，場合によっては，Cu, Mo, W, Auなどが用いられ，その厚さは0.2〜3μm程度である。なおSiゲート構造では多結晶シリコンが金属の代わりに用いられる。酸化物は酸化シリコン（SiO_2）が多い。場合によっては窒化シリコン（Si_3N_4），アルミナ（Al_2O_3）などの絶縁物の薄膜あるいはそれらの組合せが用いられる。それらの膜の厚さは0.01〜1μm程度である。酸化膜とその半導体との界面の性質がMOS構造の特性に最も敏感に影響を与えるので，半導体板基板の表面処理と酸化膜の形成はICの製造工程の中でも細心の注意が払われる工程の一つである。

4.6 MOS構造の特性

MOS構造の特性として理解しておく必要があるのは，(1) 酸化膜と半導体界面における**表面電位のふるまい**，(2) **MOS容量**とその**C-V特性**，および (3) **チャネルの形成**（チャネルコンダクタンスや**しきい値電圧**など）である。

4.6.1 電圧印加時の表面電位のふるまい

図4.16 (a) に示すようにMOS構造に電圧 V_G が印加されると，その大きさと極性によってつぎに述べるような変化が生じる。ここでは説明の便宜上，半導体はp形のシリコンとし，簡単のため†に金属とシリコンの間の仕事関数の差はないものとし，また酸化膜の中や酸化膜とシリコン界面には電荷はないものとする。印加電圧が零の場合のエネルギー準位図は電子エネルギーを上向きにとれば図 (b) に示すようになる。電圧が零であるから半導体，酸化膜および金属のフェルミ準位（Fermi level）は一致している。

〔1〕 **V_G が負の場合**（蓄積層の形成）　　金属電極がp形半導体に対して

---

† 詳しい議論は本章末尾の補足事項を参照のこと。

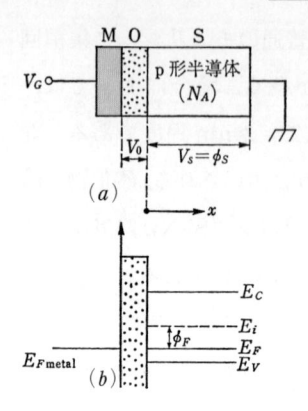

図4.16 電圧を印加されたMOS構造（a）とそのエネルギー準位図（b）（印加電圧 $V_G=0$ の場合）

負電位の場合には，半導体中の多数キャリヤである正孔（hole；ホール）は電界にひかれて酸化膜と半導体の界面に集まり，p形半導体の表面は正孔の蓄積により，より強いp形，つまり p^+ になる。この状態を**多数キャリヤの蓄積**（majority carrier accumulation）という。多数キャリヤの蓄積によって半導体表面の導電率は増加する。エネルギー準位図は図4.17のようになっており，正孔が表面に集まるため表面付近の準位は上側に曲がっている。

〔2〕 V_G が正の場合（空乏層の形成）

金属電極の電圧を正にしていくと，多数キャリヤである正孔は電界によって界面から遠ざけられ，半導体の表面はp形化しキャリヤのない空乏層が生じる。これはpn接合を逆バイアスしたときに似ている。表面には動きにくいアクセプタイオンのみが残り，導電率は下がる。この場合のエネルギー準位図は図4.18のとおりで，半導体の表面電位は印加電圧によって ϕ_S だけ押し下げられ，その影響は x_d の距離だけ半導体内部に及んでいる。x_d は空乏層の厚さである。この表面

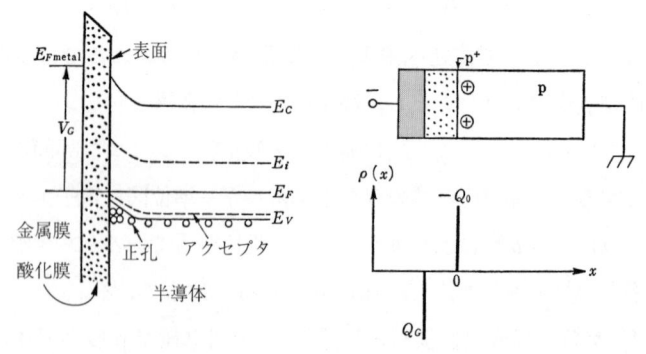

図4.17 蓄積層が形成されているときのエネルギー準位図と電荷の関係（$V_G<0$ の場合）

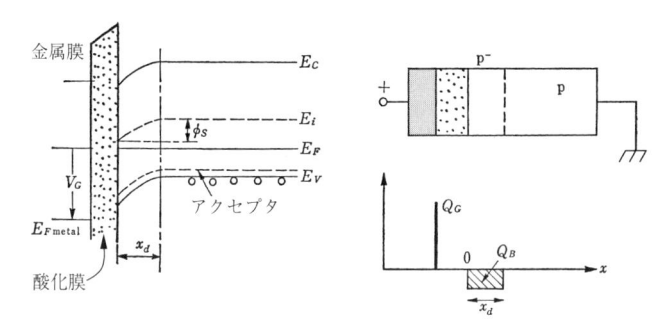

図 4.18 空乏層が形成されているときのエネルギー準位図と電荷の関係（$V_G>0$ の場合）

に生じた空乏層にかかる電位差 ϕ_S は，印加電圧，V_G から酸化膜にかかる電圧 V_{ox} をさし引いたものであり，p 形半導体のアクセプタ密度を N_A とすれば，つぎのようにして求められる。まだ，4.3.1 項で用いた空乏層近似を用いて

単位面積当りの表面電荷　　$Q_S = -qN_A x_d$ 　　　　　(4.25)

ここで Q_S は基板にできた空乏層の電荷 Q_B に等しく，また金属電極に惹起される電極電荷 Q_G とつり合っている。

表面近傍のポテンシャル $\phi(x)$ はポアソン方程式に $-qN_A$ を代入し，$x=0$ の表面電位 $\phi(0) = \phi_S$，空乏層の端 $x = x_d$ で $\phi = 0$，$d\phi/dx = 0$ とおくことにより求められる。

$$\phi(x) = \phi_S \left(1 - \frac{x}{x_d}\right)^2 \tag{4.26}$$

$$\phi_S = \frac{qN_A x_d{}^2}{2\varepsilon_{si}\varepsilon_0} \tag{4.27}$$

この空乏層は pn 接合の場合と同様にコンデンサとして作用する。MOS 構造の場合には，酸化膜そのものもコンデンサを形成するため，等価的には次節の図 4.20 に示すように二つの容量の直列接続とみなすことができる。空乏層の容量は印加電圧が増加するに従って減少していく。

〔3〕　**V_G が正で大きい場合**（反転層の形成）　　印加電圧をさらに正で大きくしていくと，半導体表面の電位はさらに押し下げられ，空乏層は広がって

いく。この様子を図 4.19 に示す。表面電位が押し下げられた結果，禁制帯の中央レベル E_i がフェルミレベル E_F を超えている。つまり，この状態の表面は E_F が E_i の上にあり，E_F が E_c に近づいている。これは空乏層で熱的に励起される電子により，p 形半導体の表面が n 形化していることにほかならない。この p 形から n 形に反転した層を**反転層**（inversion layer）という。ここでは図 4.19 に示すように伝導帯 E_c に少数キャリヤ（この場合は電子）が惹起され，表面は n 形の薄い伝導層となる。

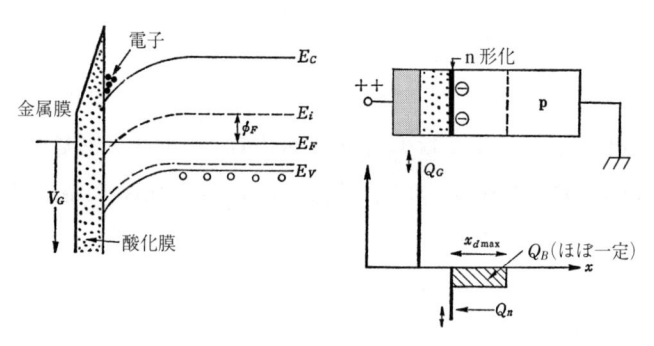

図 4.19　反転層が形成されたときのエネルギー準位図と電荷の関係

さて，どの時点で反転層が生じたと定義するかは多少任意性があるが，普通つぎのように考える。表面電位がフェルミレベルと同じかまたはわずかに下になっている場合は，惹起された電子の量はアクセプタイオンの量に比べて小さいので，まだ空乏層の状態にあると考えてよい。しかし，表面電位 ϕ_S とフェルミレベルとの差が ϕ_F（半導体基板の十分内部におけるフェルミレベルと禁制帯中央レベルとの差）を超えると，半導体内部の状態と表面の状態がちょうど入れ変わった形になり，もはや表面の電子の影響は無視できなくなる。つまり ϕ_S が ϕ_F の 2 倍になったときが反転層（inversion layer）ができ始める表面電位と考えてよい。これを

$$\phi_S(\mathrm{inv}) = 2\phi_F \tag{4.28}$$

とかく。ここに ϕ_F は，半導体の不純物濃度できまり

4.6 MOS 構造の特性

$$\phi_F = \frac{kT}{q} \ln \frac{N_A}{n_i} \text{ (p形)} \quad \text{または} \quad -\frac{kT}{q} \ln \frac{N_D}{n_i} \text{ (n形)} \tag{4.29}^\dagger$$

で与えられる。反転層が形成され始めたときの空乏層の広がりは，式（4.27）で，x_d を $x_d(\text{inv})$，ϕ_S を $\phi_S(\text{inv})$ として次式で与えられる。

$$x_d(\text{inv}) = \sqrt{\frac{2\varepsilon_{si}\varepsilon_0 \phi_S(\text{inv})}{qN_A}} \tag{4.30}$$

反転層が形成されると，電圧を加えても空乏層の広がりはほとんど生じなくなる。印加電圧の増加分に比例して表面電子密度 n は増加するが，その関係は

$$n = n_i \exp\left[\frac{q(\phi_S - \phi_F)}{kT}\right] \tag{4.31}$$

の形になっているため，n が大幅に増加しても表面電位 ϕ_S そのものはあまり変化せず，したがって式（4.27）より空乏層の広がり x_d も変化せず，ほとんど式（4.30）で与えられる $x_d(\text{inv})$ の値に固定される。つまり x_d の最大値 $x_{d\max}$ は式（4.30）で与えられる。

ここで単位面積当りの表面電荷 Q_S の**総量**を考えてみる。反転層が生じると Q_S には空乏層の単位面積当りの電荷 Q_B に反転層の単位面積当りの電荷 Q_n が加わる。

$$Q_S = Q_B + Q_n \tag{4.32}$$

このうち Q_B は空乏層の電荷であるから $-qN_Ax_d$ に等しいが，反転層が形成された後は $x_d = x_d(\text{inv})$ 以上には増加せず，ほぼつぎの一定値となる。

$$Q_B = -qN_A x_d(\text{inv}) = -2\sqrt{q\varepsilon_{si}\varepsilon_0 N_A \phi_F} \tag{4.33}$$

一方，表面電荷の総量 Q_S は印加電圧 V_G によって金属電荷と酸化膜界面に惹起される電荷量 Q_G とつり合っている。Q_G は V_G が増加すると増加する。したがって，印加電圧によって Q_S が増すと，反転層の電荷 Q_n は印加電圧の増加に伴って増加する。つまり酸化膜に接した半導体表面の導電率が金属電極に加えられた電圧 V_G によって制御されるようになる。これが MOS トランジスタの動作原理である。

---

† n_i は真性キャリヤ濃度とよばれ真性半導体における電子濃度で（$n_i = \sqrt{np} = \sqrt{N_c N_v} e^{-E_g/2kT}$）シリコンの場合には 39 ページに示した式で与えられる。

4.6.2 MOS容量の C-V 特性としきい値電圧

MOS構造は，図 4.20 に示すように酸化膜という誘電体を介在させているため静電容量として働く．蓄積層が形成される電圧条件下では，空乏層がないのでコンデンサとしては容量 C_{ox} のみで電圧依存性のない容量となる．しかしその他の場合は，前節に述べたように金属電極の電圧によって半導体表面に空乏層や反転層が形成されるため，その容量値は特徴的な電圧依存性を示す．つぎにこれについて説明しよう．まず，反転層が生じる前には図 4.20 に示すように MOS 構造のもつ単位面積当りの静電容量は，酸化膜のもつ静電容量 C_{ox} と，シリコン半導体の表面空乏層に生じる静電容量 C_{si} との直列合成容量 C と考えることができる（C_{ox}, C_{si}, C はすべて単位面積当りの容量値）．

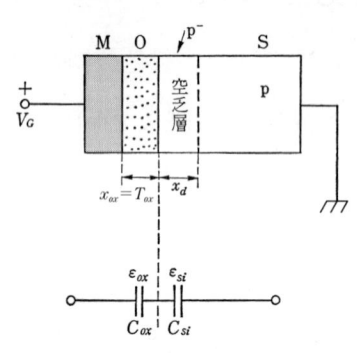

図 4.20　MOS 構造の静電容量

$$\frac{1}{C} = \frac{1}{C_{ox}} + \frac{1}{C_{si}} \tag{4.34}$$

ここに

$$C_{ox} = \frac{\varepsilon_{ox}\varepsilon_0}{x_{ox}} \quad \text{または} \frac{\varepsilon_{ox}\varepsilon_0}{T_{ox}} \tag{4.35}$$

$$C_{si} = \frac{\varepsilon_{si}\varepsilon_0}{x_d} \tag{4.36}$$

金属電極に加えられる印加電圧 V_G は酸化膜とシリコン半導体にかかるので

$$V_G = V_{ox} + \phi_S \tag{4.37}$$

また，この状態では $Q_n = 0$ で

$$C_{ox}V_{ox} = -Q_S \tag{4.38}$$

$$\therefore \quad V_G = -\frac{Q_S}{C_{ox}} + \phi_S \tag{4.39}$$

一方，式 (4.25) と式 (4.27) より Q_S と ϕ_S が x_d の関数として与えられ

4.6 MOS 構造の特性

るから,式 (4.39) を変形することにより,合成容量 C と印加電圧 V_G の関係が求められる.すなわち式 (4.39) に式 (4.25) の Q_S,式 (4.35) の C_{ox} および式 (4.27) の ϕ_S を代入し,両辺に $2\varepsilon_{ox}^2\varepsilon_0/qN_A\varepsilon_{si},\ x_{ox}^2$ を掛けて整理すると

$$\frac{2\varepsilon_{ox}^2\varepsilon_0}{qN_A\varepsilon_{si}x_{ox}^2}V_G = 2\frac{C_{ox}}{C_{si}} + \left(\frac{C_{ox}}{C_{si}}\right)^2 = \left(\frac{C_{ox}}{C}\right)^2 - 1$$

ゆえに

$$\frac{1}{C} = \frac{1}{C_{ox}}\sqrt{1+\frac{2\varepsilon_{ox}^2\varepsilon_0}{qN_A\varepsilon_{si}x_{ox}^2}V_G} \qquad (4.40)$$

この関係式は半導体表面に空乏層のある場合,つまり蓄積層が消滅してから反転層が形成される間に成り立つ関係である.V_G が増加して $x_d \geqq x_d(\mathrm{inv})$ になると変化の様子が変わる.つまり前節で説明したように $x_d = x_d(\mathrm{inv})$ に達すると x_d の変化はほとんどなくなり,したがって C_{si} の値も C の値も一定値になる.この境目の電圧は,反転層が形成されて,表面に伝導層が生じるときの印加電圧 V_G であり,非常に重要な意味をもっている.これを**しきい値電圧** (threshold voltage) とよび,V_T とかく.すなわち

$$V_T = V_G(\phi(x) = \phi_S(\mathrm{inv}) = 2\phi_F) = V_G(x_d = x_d(\mathrm{inv})) \qquad (4.41)$$

以上の関係を図示すると図 4.21 のように表せる.この図は MOS 容量の **C-V 特性曲線**とよばれ,MOS 構造の特性を示す重要な特性曲線である.V_T は式 (4.39) と式 (4.41) より

$$V_T = -\frac{Q_B(x_d(\mathrm{inv}))}{C_{ox}} + \phi_S(\mathrm{inv}) \qquad (4.42)$$

$$= \sqrt{\frac{4qN_A\phi_F\varepsilon_{si}}{\varepsilon_{ox}^2\varepsilon_0}}\,x_{ox} + 2\phi_F \qquad (4.43)$$

つまり,しきい値電圧は $x_{ox}\sqrt{N_A}$ に比例する項と $2\phi_F$ との和で与えられる.

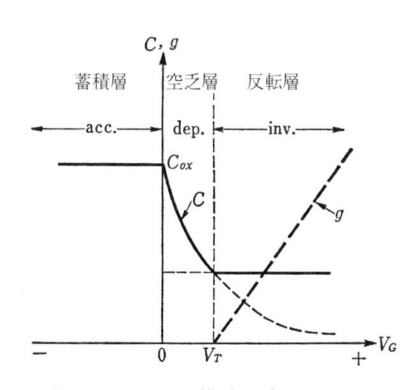

図 4.21 MOS 構造の容量 C とコンダクタンス g の電圧依存性(半導体が p 形で酸化膜中の電荷などがない場合)

C-V 曲線としきい値電圧 V_T は MOS 構造および MOS-FET で非常に重要なものであるから，その意味づけを十分理解してほしい．

〔**数値例 4.8**〕

しきい値電圧の数値例として $N_A = 10^{16}\,\text{cm}^{-3}$ の p 形シリコンに，$T_{ox} = x_{ox} = 10\,\text{nm}$ の SiO_2 をつけた場合を考えてみる．式 (4.29) より室温 ($T = 300\,\text{K}$) 付近では

$$\phi_F = \frac{1.38 \times 10^{-23} \times 300}{1.60 \times 10^{-19}} \times \ln \frac{10^{16}}{1.5 \times 10^{10}}$$

$$= 0.025\,9 \times 13.4 = 0.347\,\text{V}$$

$$V_T = \sqrt{\frac{4 \times 1.6 \times 10^{-19} \times 10^{16} \times 0.347 \times 12}{4^2 \times 8.85 \times 10^{-14}}} \times (1 \times 10^{-6}) + 2 \times 0.347$$

$$= 0.137 + 0.694 = 0.831\,〔\text{V}〕$$

この場合，V_T は正であり，式 (4.43) の第 2 項のほうが大きい．

〔**数値例 4.9**〕

$N_D = 10^{19}\,\text{cm}^{-3}$ の n 形シリコンで，$T_{ox} = x_{ox} = 50\,\text{nm}$ の場合について，式 (4.42) からしきい値電圧を計算してみよう．

$$\phi_S(\text{inv}) = 2\phi_F = 2 \times (-0.025\,9) \times 20.3 = -1.05\,\text{V}$$

$$x_d(\text{inv}) = \sqrt{\frac{2 \times 12 \times 8.85 \times 10^{-14}(-1.05)}{1.6 \times 10^{-19} \times (-10^{19})}} = 1.18 \times 10^{-6}\,\text{cm}$$

$$Q_B(x_d(\text{inv})) = -1.6 \times 10^{-19} \times (-10^{19}) \times 1.18 \times 10^{-6} = 1.89 \times 10^{-6}\,\text{C/cm}^2$$

$$C_{ox} = \frac{4 \times 8.85 \times 10^{-14}}{500 \times 10^{-8}} = 7.08 \times 10^{-8}\,\text{F/cm}^2$$

$$\therefore\quad V_T = \frac{-1.89 \times 10^{-6}}{7.08 \times 10^{-8}} - 1.05 = -26.69 - 1.05 = 27.7\,\text{V}$$

この場合，V_T は負となり，式 (4.43) の第 1 項のほうが大きい．N_D が大きいからである．

〔**数値例 4.10**〕

〔数値例 4.8〕の MOS 構造のもつ静電容量値の最大値と最小値を求める．図 4.21, 図 4.22 を参照して

最大値は $V_G = 0$ のときで

$$C_{\text{max}} = \frac{\varepsilon_{ox}\varepsilon_0}{x_{ox}} = \frac{4 \times 8.85 \times 10^{-12}}{10 \times 10^{-9} \times 10^{-2}} = 3.54 \times 10^{-3}\,\text{F/m}^2$$

$$= 3.54 \times 10^5\,\text{pF/cm}^2$$

最小値は $V_G = V_T$ のときで

4.6 MOS構造の特性

$$\frac{2\varepsilon_{ox}{}^2\varepsilon_0}{qN_A\varepsilon_{si}x_{ox}{}^2}V_T = \frac{2\times 4^2\times 8.85\times 10^{-12}\times 0.831}{1.6\times 10^{-19}\times 10^{16}\times 10^6\times 12\times (10\times 10^{-9})^2}$$
$$= 122.6$$
$$\therefore\ C_{\min} = \frac{C_{\max}}{\sqrt{1+122.6}} = \frac{C_{\max}}{11.1} = 0.319\times 10^{-3}\,\mathrm{F/m^2}$$
$$= 0.319\times 10^5\,\mathrm{pF/cm^2}$$

つまり,約10分の1になる。

さて,図4.21は説明をわかりやすくするために空乏層近似を行って得たものであるが,実際のMOS構造について直流バイアスを加えながら容量を測定してみると図4.22(a)のような曲線が得られる。ここで①は高周波(例えば,1 MHz),②は低周波(例えば,10 Hz)の場合である。なお,点線は図4.21の空乏層近似の場合である。空乏層近似では$V_G = 0$のときCはC_{ox}に等しくなるがより詳しい理論によると$V_G = 0$でも拡散電位ϕによる空乏層の広がりがあり,C_{si}の値は有限になり,CはC_{ox}より小さい値になるのである。

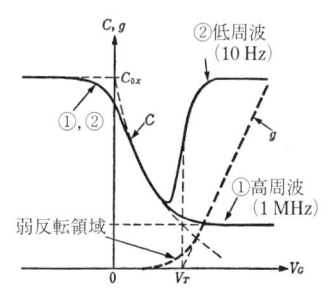

(a) MOS構造の容量とコンダクタンスgの電圧依圧性(図4.21に対応した詳細図)

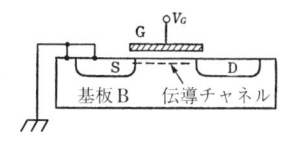

(b) ソース領域が基板に接続された場合(容量はすべての周波数で図(a)の②の形をとる)

図4.22 実際のMOS構造に直流バイアスを加えながら測定した容量

V_Gが大きくなったときは,直流バイアスがV_T以上ではx_dはほぼ一定となるため,高周波信号に対してはCも曲線①のように一定値に近づく。ところが信号の周波数が十分低いと,反転層を作る少数キャリヤの発生時定数(4.3.3項のτ_{eff})がこれに追従してゲート電極に加わる信号電荷を充放電さ

せる。このため C は再び酸化膜部分の C_{ox} の値に近づいていくのである。この現象は反転層へのキャリヤの供給がある場合，例えば，図 4.22（b）のように MOS-FET でソース電極 S と基板が接地されている場合にも起こり，図（b）のゲート電極からみた C-V 曲線は高周波でも低周波でも②の曲線のようになる。これは，MOS トランジスタの回路を設計する場合重要な点である。

図 4.22（a）で C の最小値はしきい値電圧 V_T よりも少し手前で生じている。チャネルのコンダクタンス g も V_T の少し手前からわずかずつ生じる。この領域を**弱反転領域**（weak inversion region）という。詳しくは本章末尾の〚補足事項 3〛を参照していただきたい。

しきい値電圧 V_T や電極間容量については，いままでは理想化された条件で議論を進めてきた。実際には（1）ゲート電極と基板の間の仕事関数の差，（2）酸化膜中や半導体界面にある電荷の影響等々があり，詳しくは，本章末尾の〚補足事項〛1 と 2 を参照して理解を深めていただきたい。

4.6.3 チャネルの形成とチャネルコンダクタンス

MOS 構造の半導体表面に反転層ができていると表面に沿って電流を流すことができる。これを表面に**伝導性のチャネル**（conductive channel）**が形成さ**れたとよぶ。図 4.19 に相当する図を図 4.23（a）に再掲載した。この場合には表面に n 形のチャネルが形成されるから，図に示したような位置に金属または n 形半導体の電極をつけると，その間に電流が流れることになる。図（b）は n チャネル形の MOS トランジスタであるが，いま述べた原理をその

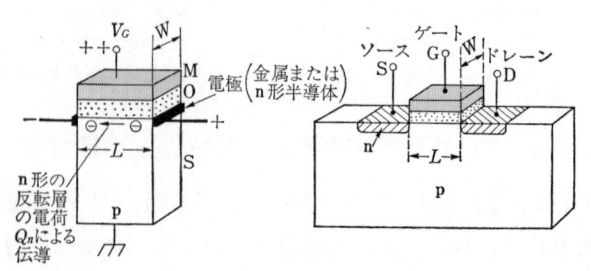

（a）反転層をもつ MOS 構造 　　（b）n チャネル MOS トランジスタ

図 4.23　チャネルの形成と MOS トランジスタ

4.6 MOS 構造の特性

まま使用した構造になっていることがわかるであろう。

さて,チャネルの導電率つまりチャネルコンダクタンスは反転層に惹起されたキャリヤの濃度に比例する。その値は式（4.32）を参照してつぎのようにかける。

$$Q_n(\text{inv}) = Q_S - Q_B(\text{inv}) \tag{4.44}$$

これを金属電極に加える電圧の関数として表現するために,式（4.39）と式（4.42）を用いて次式が得られる。

$$-Q_n(\text{inv}) = C_{ox}(V_G - V_T) \tag{4.45}$$

ただし

$$V_G > V_T \quad (\text{反転層形成後}) \tag{4.46}$$

ここで Q_n に負号がついているのは電子が惹起されているからである。

図 4.23 で寸法 L, W を図示のようにとれば,反転層形成後の電極 S と電極 D の間の**コンダクタンス** g は,式（4.45）より

$$g = \frac{W}{L}\mu_n C_{ox}(V_G - V_T) \tag{4.47}$$

μ_n：電子の移動度〔cm²/V・s〕

となり,C_{ox} と $(V_G - V_T)$ に比例し,L に反比例する。$V_G < V_T$ では反転層は生じないので,コンダクタンスも零である。この関係を C-V 曲線と合わせて図 4.21 に点線で示した。**しきい値電圧** V_T は**電流が流れ始める点**を与える重要な数値であることがわかるであろう。

〔**数値例 4.11**〕
〔数値例 4.8〕の MOS 構造で,$L = 1\,\mu\text{m}$,$W = 10\,\mu\text{m}$,$\mu_n = 700\,\text{cm}^2/\text{V·s}$ とした場合の図 4.22（a）の点線の傾き g を求めよう。
〔数値例 4.10〕より,$C_{ox} = 3.54 \times 10^5\,\text{pF/cm}^2$ であるから

$$\frac{W}{L}\mu_n C_{ox} = 2.48 \times 10^{-3}\,\text{S/V}\ [\text{℧/V}]$$

すなわち,$V_G - V_T = 1.0\,\text{V}$ のとき $2.48\,\text{mS}$（m℧）のコンダクタンスあるいは $404\,\Omega$ の抵抗値をもつ。

4.7 MOSトランジスタ

MOSトランジスタは図4.23（b）に示したように，ソース電極Sとドレーン電極Dの間のチャネルのコンダクタンスをMOS構造の金属電極の電圧で制御する素子である。その電圧・電流特性はつぎのようにして求められる。

図4.24を参照して，反転チャネルの位置 (x, y) の点に流れている電流の電流密度を J_D とすれば

$$J_D = q\mu_n n(x, y) \frac{-dV}{dy} \tag{4.48}$$

ここに，$n(x, y)$ はチャネル中の位置 (x, y) における電子の密度である。図4.24と図4.23（b）との差は，図4.24ではソース電極Sとドレーン電極Dとの間に電圧 V_D が加えられており，したがって，ゲート電極Gとシリコン表面の間に加わる電圧が位置 y によって変わる点である。式（4.48）を x 方向に積分すればチャネルを流れる電流 I_D が次式で与えられる。

$$I_D = -W \int_0^{x_c(y)} q\mu_n n(x, y) \frac{-dV}{dy} dx \tag{4.49}$$

一方，定義により y における電子の量は

$$Q_n(y) = \int_0^{x_c(y)} -qn(x, y) dx \tag{4.50}$$

であるから，これを用いて式（4.49）を変形すると

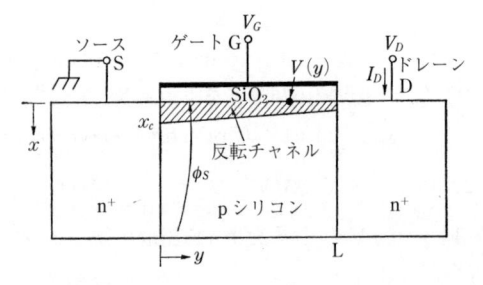

図4.24 nチャネルMOS-FETの動作

$$I_D = -W\mu_n Q_n(y)\frac{dV}{dy} \tag{4.51}$$

また，$Q_n(y)$ は式 (4.32) と式 (4.39) で Q_S, ϕ_S および Q_B が y の関数であることを考えて式 (4.39) を変形して

$$V_G = -\frac{Q_B(y)+Q_n(y)}{C_{ox}} + \phi_S(y) \tag{4.52}$$

ここで，$\phi_S(y)$ は y の関数で $y=0$ の点の ϕ_S に $V(y)$ を加えたものになる。すなわち

$$\phi_S(y) = \phi_S(y=0) + V(y) \tag{4.53}$$

とかける。つぎに，反転層が形成されているので，$Q_B(y)$ はいずれも $Q_B(\mathrm{inv})$ と考えてよく（詳しい扱いは『補足事項 3』を参照），$\phi_S(y=0)$ も $\phi_S(\mathrm{inv})$ と考えてよい。したがって，式 (4.42) を参照して

$$V_G = V_T - \frac{Q_n(y)}{C_{ox}} + V(y) \tag{4.54}$$

式 (4.54) を式 (4.51) に代入し，両辺を積分すれば

$$I_D\int_0^{y=L}dy = W\mu_n C_{ox}\int_{V=0}^{V=V_D}[V_G - V_T - V(y)]dV \tag{4.55}$$

ゆえに

$$I_D = \frac{W}{L}\mu_n C_{ox}\Big[(V_G - V_T)V_D - \frac{1}{2}V_D^2\Big] \tag{4.56}$$

これがよく知られている MOS トランジスタの電圧と電流の関係式であり，V_D が (V_G-V_T) より低い範囲で成り立つ。もちろん，ドレーンに加わる電圧 V_D が十分小さい場合のコンダクタンスは，式 (4.47) と一致している。

式 (4.56) は図 4.25 の形をとる。なお，$V_D \geq V_G - V_T$ では，チャネルはピンチオフして，I_D は一定値となり

$$I_D = \frac{1}{2}\cdot\frac{W}{L}\mu_n C_{ox}(V_G - V_T)^2 \tag{4.57}$$

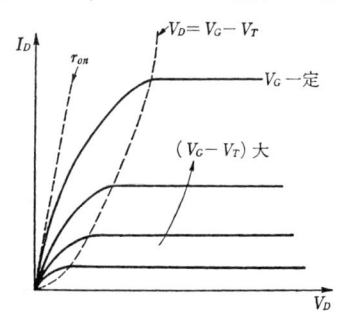

図 4.25 MOS-FET の電圧・電流特性

以上の関係式はMOS回路の設計の基本となる式である。例えば，MOSディジタル回路の設計で重要なオン抵抗 r_{on} は上式よりつぎのように計算できる。

$$r_{on} \equiv \frac{1}{\left.\frac{\partial I_D}{\partial V_D}\right|_{\substack{V_G \\ (V_D \to 0)}}} = \frac{1}{\frac{W}{L}\mu_n C_{ox}(V_G - V_T)} \tag{4.58}$$

〚補足事項 *1*〛 しきい値電圧

以上の説明では理解を容易にするため，(*1*) 半導体と金属電極との仕事関数の差を考えず，(*2*) 酸化膜や酸化膜と半導体の界面には電荷は存在しないこととし，(*3*) MOSトランジスタのソース電極は基板と同一電位においた。現実にはこれらの条件は必ずしも成立せず，つぎのような補正が必要である。

【*1*】 仕事関数の影響

金属はそれぞれ固有の仕事関数 ϕ_M をもっている。例えば表 *4.2* のようにである。

表 *4.2* 金属の仕事関数（単位：eV）

	ϕ_M
Al	3.2
Au	4.0
Cu	3.7
Ni	3.7

半導体も同じく仕事関数をもつが，不純物濃度によって若干変化する。シリコンの場合には

$$\phi_{Si} \simeq 3.8 + \phi_F \;[\mathrm{eV}] \tag{4.59}$$

である。金属と半導体の間に仕事関数の差があるとMOS構造を形成した場合，印加電圧を加えなくてもバンドの曲がりが生じる。なぜならば，フェルミレベルは全体を通じて一致しなければならないからである。

逆に，仕事関数の差を

$$\phi_{MS} = \phi_M - \phi_{Si} \tag{4.60}$$

とすれば，金属電極に $V_G = \phi_{MS}$ の電圧を加えることにより，バンドの曲がりを平たんにもどすことができる。したがって，この影響は V_G に ϕ_{MS} の下駄をはかせた形で表現できて，*4.6.2* 項以下の V_T すべて ϕ_{MS} だけ大きくすればよい。すなわち

$$V_T = -\frac{Q_B(x_d(\mathrm{inv}))}{C_{ox}} + 2\phi_F + \phi_{MS} \tag{4.61}$$

【*2*】 酸化膜や半導体界面の電荷の影響

シリコンと SiO_2 の界面には実験的に表 *4.3* に示すような等価的な電荷 Q_{SS} が（SiO_2 側に）存在していることが知られている。その大きさは結晶軸のとり方，酸化膜の形成条件などによって異なるが，つねに正の値をもっている。この電荷の影響は式 (*4.25*) の Q_S を助ける（シリコン表面をn形化する）方向に作用し，結果として

$$Q_S \to Q_S + Q_{SS} \tag{4.62}$$

の形にいままでの関係式をかき直す必要がある。この効果を含めたしきい値電圧 V_T はつぎのようになる。すなわち，バンドの曲がりを平たんにするのに要する電圧 V_{FB}（これを flat band voltage という）は

表 4.3　表面電荷の数値例
(Car and Mize のデータ。この値は MOS 構造の形成条件により変わる。)

結晶面	Q_{ss}/q 〔cm^{-2}〕
〈111〉	約 5×10^{11}
〈110〉	約 2×10^{11}
〈100〉	約 9×10^{9}

$$V_{FB} = \frac{Q_{SS}}{C_{ox}} + \phi_{MS} \qquad (4.63)$$

ゆえに

$$\begin{aligned}V_T &= -\frac{Q_B(x_d(\text{inv}))}{C_{ox}} + 2\phi_F + V_{FB} \\ &= -\frac{Q_B(x_d(\text{inv}))}{C_{ox}} - \frac{Q_{SS}}{C_{ox}} + 2\phi_F + \phi_{MS}\end{aligned} \qquad (4.64)$$

また，酸化膜の中にもナトリウムイオンなどの電荷が存在することがあり，同様にして V_T に影響を与える。これらの電荷は酸化膜の中を動き，V_T の不安定性の原因となることがある。

【3】 基板電圧の影響（基板バイアス効果）

いままでの説明では，p 形シリコン基板はソース電極と同じく接地電位に接続されていた。もし基板が電位に接続されたとすると，例えば，図 4.17〜図 4.19 で右端の基板電位が V_B だけ変化することになる。そのため，例えば図 4.18 の例では V_B が負ならば空乏層の広がりは強調され，電荷 Q_B の量は増大する。V_B の影響は式 (4.28) で

$$2\phi_F \to 2\phi_F - V_B \qquad (4.65)$$

とすることによってとり入れることができる。例えば，式 (4.30) は

$$\begin{aligned}x_d(\text{inv}) &\to \sqrt{\frac{2\varepsilon_{Si}\varepsilon_0}{qN_A}(2\phi_F - V_B)} \\ &= x_d(\text{inv}) \times \sqrt{1 - \frac{V_B}{2\phi_F}}\end{aligned} \qquad (4.66)$$

となる。この効果を考慮したしきい値電圧は次式で与えられる。

$$V_T = -\frac{Q_B}{C_{ox}}\sqrt{1 - \frac{V_B}{2\phi_F}} - \frac{Q_{SS}}{C_{ox}} + 2\phi_F + \phi_{MS} \qquad (4.67\,a)$$

ここに

$$Q_B = -2\sqrt{q\varepsilon_{Si}\varepsilon_0 N_A \phi_F} \qquad (4.67\,b)$$

このように，しきい値電圧 V_T は種々の要因に影響され，しかも MOS 構造では重要な役割を演じるので十分理解しておく必要がある。式 (4.67 a) の各項の大小関係は基板が n 形か p 形か，その不純物濃度の大小，酸化膜の厚さと誘電率の大きさ，電極材料の種類などによって異なってくる。

〔数値例 **4.12**〕

基板の半導体が $N_D = 10^{15}\,\text{cm}^{-3}$ の n 形シリコンで，ゲート電極の金属がアルミニウムの場合を考えてみよう．いま酸化膜として 500Å の SiO_2 を用いた場合には

$V_T = -0.77\,\text{V}$

しかるに

$\phi_M(\text{Al}) = 3.2\,\text{eV}$
$\phi_{Si} = 3.8 + (-0.29) = 3.51\,\text{eV}$
∴ $\phi_{MS} = -0.31\,\text{eV}$
$V_T = -0.77 + (-0.31) = -1.08\,\text{V}$

つぎに，結晶軸が〈100〉の基板であるとすれば，Q_{SS} の影響を考慮に入れると

$$\frac{Q_{SS}}{C_{ox}} = \frac{9 \times 10^9 \times 1.6 \times 10^{-19}}{4 \times 8.85 \times 10^{-14}/500 \times 10^{-8}} = 0.02\,\text{V}$$

∴ $V_T = -1.08 - 0.02 = -1.10\,\text{V}$

【4】 短チャネル効果

最近の高集積化の進んだ微細構造の MOS トランジスタでは，チャネル長 L が小さくなるに従って，しきい値電圧 V_T が図 4.26 のように変化する現象が生じる．(n チャネル形では低下，p チャネル形では上昇) これは短チャネル効果といわれ，回路を設計するとき大きな問題となる．式 (4.42) で Q_B はゲート電圧 V_G によって生じた空乏層の幅 $x_d(\text{inv})$ に現れる電荷量を示している．いままでは図 4.19 のように 1 次元で考えたので Q_B はすべて V_G によって生じる成分であった．しかし詳しくみると図 4.27 に示すように 2 次元的にはゲート電極の下の空乏層はソース電圧 V_S，ドレイン電圧 V_D によっても生じ，それぞれに対応した電荷 Q_{BS}，Q_{BD} の成分もある．ゲート電圧 V_G による空乏層電荷 Q_{BG} はチャネル長 L でできるよりも少し短い部分しか関与しえない．このため式 (4.42) の Q_B は実効的に小さくなり，しきい値電圧が低下する．この効果はソース S とドレイン D の距離つまりチャネル長 L

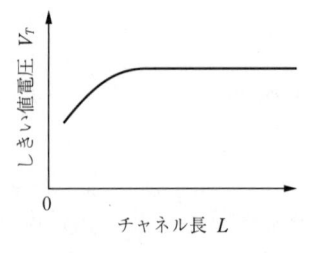

図 4.26 短チャネル効果
 (n チャネル MOS トランジスタの例)

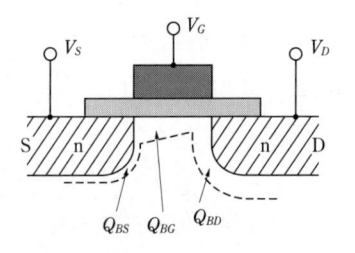

図 4.27 短チャネルの時の
 空乏層電荷の成分

が短いほど著しくなり,図 4.26 のような特性を示すのである。この効果を定量的に表すのは 2 次元の形状であり,不純物分布が関係するので簡単ではない。しかし,図からわかるようにソース領域,ドレイン領域の深さを浅くすれば Q_{BS}, Q_{BD} が減って短チャネル効果が軽減される。逆にドレイン電界が強いと強調される。詳しくは 2 巻の 12 章を参照していただきたい。

〚補足事項 2〛 **MOS トランジスタの端子間容量**

MOS 構造の容量については,図 4.21,図 4.22 で説明した。理解を容易にするためソース S と基板 B を短絡し,ゲート電極との間の容量 C_{gs} についてのみ記述した。実際には図 4.28 に示すように三つの電極間容量を考える必要がある。

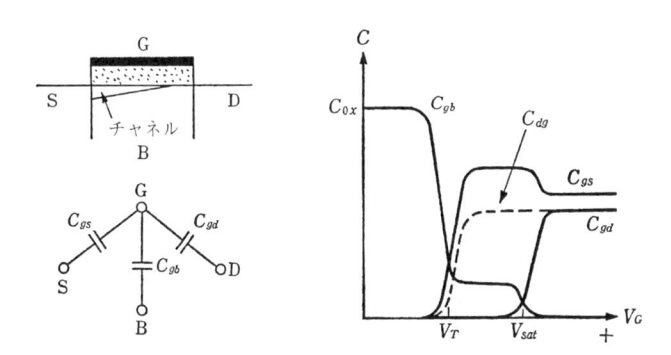

図 4.28 MOS-FET の電極間容量

【1】 **ゲート‐基板間容量 C_{gb}**

しきい値電圧以下ではチャネル形成がないので,酸化膜の容量 C_{ox} に等しいが,しきい値電圧以下でチャネルが形成されると,それにシールドされて減少する。しかし,$V_G \leq V_D + V_T$ では,チャネルは途中でピンチオフしているので C_{gb} は零にならない。$V_G \geq V_D + V_T = V_{sat}$ になるとチャネルはソース-ドレイン間全域につながり C_{gb} はみえなくなる。

【2】 **ゲート‐ソース間容量 C_{gs}**

しきい値電圧を超えてチャネルが形成されると C_{gs} が生じる。その値は C_{ox} の 60 〜 80 % 程度となる。

【3】 **ゲート‐ドレイン間容量 C_{gd}**

$V_G \geq V_D + V_T = V_{sat}$ によるとチャネルがソース-トレーン間全域にひろがり,C_{ox} の容量成分は C_{gs} と C_{gd} にほぼ等分に配分される。ここで注意すべきは,この C_{gd} は,ゲート電極よりみた値で,ドレイン電極からみると,しきい値電圧を超えた時点で V_D の影響がドレイン電流に現れ,点線のように考えなければならない。すな

わち，詳しくみると

$$C_{gd} \neq C_{dg} \qquad (4.68)$$

という特異な関係がある．この特異な関係は MOS トランジスタをアナログスイッチとして用いるときに注意が必要となってくる．

〚補足事項 3〛 ドレーン電流
【1】 弱反転効果とサブスレッショルド電流

本文ではゲート電圧 V_G がしきい値電圧 V_T を超えると反転層が生じ，図 4.21 の点線で示すようにコンダクタンス g が生じ，その値は式 (4.47) となると説明した．しかし詳しくみると図 4.22 (a) の点線で示すように，V_T の前後ですでに小さいながらコンダクタンス成分が生じ，電流が少しずつ流れ始めるのである．式 (4.28) を説明したときに"どの時点で反転層が生じたと定義するかは多少任意性がある"と述べ，また式 (4.31) のため n が大幅に変っても ϕ_s はあまり変化せず，x_d も固定されると述べた．しかし，詳しくみると式 (4.31) の表面電子密度 n が関与する形で V_T（ここでは，式 (4.42) や式 (4.43) で示された値）よりも低いゲート電圧で電流が流れ始める．この現象を**弱反転**効果といい，しきい値（threshold）電圧以下で流れるので**サブスレッショルド電流**，あるいは電流がすそを引いて流れるので**テール電流**などとよばれている．この領域の特性は図 4.29 で I_D を対数でとると直線になる．また傾きは I_D が 1 桁変化するのに必要な電圧 S で表現される．理想的な条件では

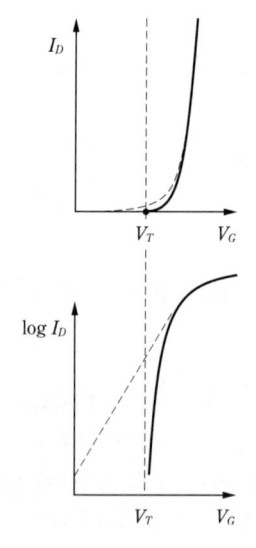

図 4.29 弱反転領域における電流（点線部分）

4.7 MOSトランジスタ

$$S = \frac{kT}{q} \ln 10 \simeq 60 \text{ mV} \tag{4.69 a}$$

である。この領域の電流を表す式としては，例えばつぎの式が導かれている。いずれもゲート電圧 V_{GS} の指数関数となっており，V_T 以下でも電流が流れてしまうので，大量の MOS トランジスタを集積した場合には大きい電力を消費してしまい，問題になる。

$$I_D = \frac{W}{L} I_t \exp\left(\frac{V_{GS} - V_T}{nkT/q}\right)\left\{1 - \exp\left(-\frac{V_{DS}}{kT/q}\right)\right\} \tag{4.69 b}$$

ここに，I_t は係数で，$W/L=1$ で $V_{GS}=V_T$，$V_{DS} \gg kT/q$ のときドレイン電流 I_D に相当する。また n は $1 \sim 2$ の定数である。
または

$$I_D = \frac{W}{L} I_s \exp\left(\frac{qV_{GS}}{kT}\gamma\right) \tag{4.69 c}$$

ここに $\gamma = \dfrac{C_{ox}}{C_{ox}+C_D}$ と I_s は構造できまる定数であり，C_{ox} はゲート酸化膜による容量，C_D はゲート領域の空乏層の容量である。

【2】 ドレーン電流の別の表現式

式 (4.56) を導く場合に，式 (4.52) で $Q_B(y)$ を $Q_B(\text{inv})$ で近似した。この近似は y 方向の電位変化が小さい場合には正確で，グラジュアル (gradual) チャネル近似とよばれている。もう少し一般的な場合には，$V(y)$ による空乏層幅の変化を考慮に入れた空乏近似の式を用いる必要がある。すなわち，式 (4.52)，(4.53) より

$$-Q_n(y) = C_{ox}[V_G - V(y) - \phi_S(y=0)] + Q_B(y) \tag{4.70}$$

ここで，$Q_B(y)$ は式 (4.27) で，ϕ_S を $\phi_S(y) = \phi_S(y=0) + V(y)$ として計算できて

$$Q_B(y) = -qN_A\sqrt{2\varepsilon_{Si}\varepsilon_0[\phi_S(y=0)+V(y)]/qN_A} \tag{4.71}$$

$\phi_S(y=0)$ は，$\phi_S(\text{inv}) = 2\phi_F$ と考えてよいから以上の式より

$$-Q_n(y) = C_{ox}[V_G - 2\phi_F - V(y)] - \sqrt{2\varepsilon_{Si}\varepsilon_0 qN_A[V(y)+2\phi_F]} \tag{4.72}$$

これを式 (4.51) に代入して式 (4.55) に相当する積分を行うと，式 (4.56) に相当する式として次式が得られる。

$$I_D = \frac{W}{L}\mu_n C_{ox}\left\{(V_G - 2\phi_F)V_D - \frac{1}{2}V_D{}^2\right.$$
$$\left. - 2\frac{\sqrt{2\varepsilon_{Si}\varepsilon_0 qN_A}}{3C_{ox}}[(V_D+2\phi_F)^{3/2} - (2\phi_F)^{3/2}]\right\} \tag{4.73}$$

これが，求める式である。この式は C. T. Sah と H. C. Pao によって導かれたので，Sah-Pao モデルとよばれている。ここで

$$V_{TH} = 2\frac{\sqrt{2\varepsilon_{Si}\varepsilon_0 q N_A}}{3C_{ox}} \cdot \frac{(V_D + 2\phi_F)^{3/2}}{V_D} - (2\phi_F)^{3/2} + 2\phi_F \qquad (4.74)$$

とおくと

$$I_D = \frac{W}{L}\mu_n C_{ox}\left[(V_G - V_{TH})V_D - \frac{1}{2}V_D^2\right] \qquad (4.75)$$

となり，式（4.56）の形になる。

〚補足事項 4〛 空乏層内のキャリヤの発生と再結合

空乏層内のキャリヤの発生と再結合は，半導体の禁制帯内に再結合中心（recombination center）または捕獲中心（トラップ，trap）といわれるものが存在すると次式の形で行われる。すなわち，電子・正孔対の発生率 U は

$$U = -\left[\frac{\sigma_p \sigma_n v_t N_t}{\sigma_n \exp\left(\frac{E_t - E_i}{kT}\right) + \sigma_p \exp\left(\frac{E_i - E_t}{kT}\right)}\right]n_i \qquad (4.76)$$

ここに，σ_p と σ_n は，それぞれ正孔と電子の捕獲断面積（capture cross section），v_t はキャリヤの熱平衡速度（carrier thermal velocity），N_t は再結合または捕獲中心の密度，E_t はそのエネルギー準位，E_i は半導体の真性フェルミ準位（intrinsic Felmi-level）である。キャリヤの等価ライフタイム（effective lifetime）τ_{eff} は次式で定義されている。

$$U \equiv \frac{n_i}{\tau_{eff}} \qquad (4.77)$$

τ_{eff} は結晶の条件，プロセスの条件で大幅に変わり $10^{-9} \sim 10^{-5}$ s 前後の値をとる。〔数値例 4.4a〕では 10^{-7} s としたが，この値が大きくなれば，I_{geny} は小さくなる。

演 習 問 題

〔1〕〔数値例 4.1〕の pn 接合において，つぎの場合の値を求めよ。
（1） 高濃度側の不純物濃度が 2 倍および 1/2 になったときの空乏層の広がり〔μm〕と 1 cm² 当りの静電容量値〔pF〕。
（2） 低濃度側の不純物濃度が 2 倍および 1/2 になったときの上記の値。
（3） 空乏層の広がりと 1 cm² 当りの静電容量を 0 V，1 V，5 V，20 V について求めよ。

〔2〕〔数値例 4.1〕と同じ空乏層の広がりをもつ傾斜接合の a の値はいくらか。ただし，$V = 5$ V，ϕ の値は等しいものとする。またこの場合の 1 cm² 当りの静電容

演 習 問 題　　　　　　　　　　　　75

量値を 0 V, 1 V, 5 V, 20 V について求めよ．この接合の降伏電圧はいくらか．

〔3〕〔数値例 4.2〕のトランジスタで，n 形エピタキシャル層の不純物濃度が 2 倍になったとすると，空乏層の広がりと単位面積当りの容量はどう変化するか．さらに，電圧が 5 V のときはどうか．そのとき pn 接合にかかる平均の電界強度を求めよ．その値は臨界値 E_c に対してどの程度ゆとりがあるか．

〔4〕ある pn 接合ダイオードの順方向電流を測定したところ，室温（300 K）で 0.8 V において 400 mA であった．接合の断面積 A が直径 200 μm の円に等しいとしてつぎの値を求めよ．ただし，$mkT/q = 0.025$ V とせよ．

(1) 単位面積当りの逆方向飽和電流．
(2) 電圧 0.6 および 0.7 V のときの電流値．
(3) 電流が 1 mA および 0.1 mA のときの電圧値．
(4) 温度が 20°C 上昇したとき，(1)〜(3) はどうなるか．ただし，温度変化によって変化するのは n_i^2 のみであるとする．

〔5〕〔数値例 4.7〕の npn トランジスタにおいて，ベース幅 W_B が 10 % 増加したら α と BV_{CEO} はどれだけ変化するか．またベース幅が半分になったら BV_{CEO} はいくらになるか．

〔6〕$N_A = 10^{16}$ cm^{-3} の p 形シリコンに 80 nm の SiO$_2$ をつけた MOS 構造がある．反転層ができ始めるときの表面電位，そのとき空乏層の広がり，空乏層の電荷量およびしきい値電圧を計算せよ．ただし，$n_i = 1.5 \times 10^{10}$/cm^3 とせよ．

〔7〕前問の MOS 構造について C-V 曲線を描け．容量の最大値と最小値はそれぞれいくらか．ただし，断面積は 100 μm × 100 μm とする．

〔8〕ある MOS-FET についてしきい値電圧 V_T とオン抵抗 r_{on} を測定したところ前者は 1.2 V，後者は $V_G = 3$ V で 10 kΩ であった．この MOS-FET の電圧・電流特性を計算しグラフに描け．ただし，$V_G = 2, 3, 4, 5$ V とし，V_D は 0〜5 V の範囲とする．

〔9〕ゲート電極がシリコンで作られている MOS-FET では，そのシリコンに $N_A = 10^{18}$ cm^{-3} の不純物をドープした場合と，$N_D = 10^{19}$ cm^{-3} の不純物をドープした場合とでは，しきい値電圧はどれだけ差が生じるか．

5

半導体モノリシック IC の製造技術

前章では，モノリシック IC の基礎となる pn 接合と MOS 構造について学んだ。本章ではモノリシック IC 製造法の基礎となる個々の要素プロセスについて学ぶことにしよう。

5.1　は　じ　め　に

　モノリシック IC の製造プロセスの概要については，すでに 3 章 3.2 節で学んだ。3 章の図 3.7～図 3.9 で説明したように，モノリシック IC は，(1) **ウェーハの準備**から始まって，(2) **酸化**，(3) **ホトレジスト加工**，(4) **拡散**や**イオン打込み**などの**不純物ドープ**，(5) **エピタキシャル成長**や **CVD 法**による**薄膜の形成**，(6) **蒸着**や**スパッタリング**などによる**金属電極づけ**などの各プロセスをくり返しながら作り上げられていく，ホトレジスト加工にはホトマスク（photo mask）が用いられ，図 3.2 の上半に示したような様々な形の平面パターンを形成する。これらの基本プロセスのくり返しの様子を図 3.7 の例をとって示すと図 5.1 のようになる。この例では，ホトレジスト加工が 6 回，拡散が 4 回，酸化が 2 回，エピタキシャル成長と蒸着，スパッタリングが各 1 回ずつとなっている。ホトレジスト加工のところに丸印と番号

がついているのはホトマスクを示したもので，この例では6枚のマスクが使用されている。あるICを作るのに必要なマスクの枚数の多少で製造プロセスの複雑さがだいたい見当がつく。図3.9のMOS-ICでは必要なマスク数は4枚であ

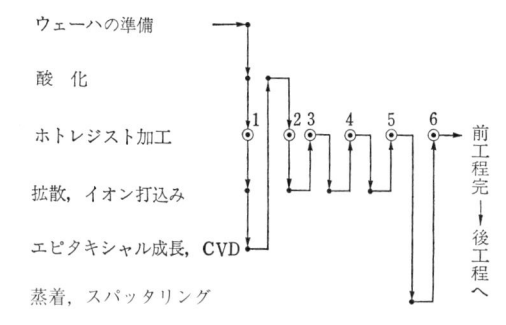

図5.1 モノリシックIC製造プロセスと基本プロセスの例（図3.7のバイポーラICの場合）

る。最近のLSIでは20〜40枚という複雑な工程のものが多い。特に，配線が複雑になるとその多層化が進み，蒸着やスパッタリングとそれに伴うホトレジスト加工の工程のくり返しが多くなってきている。

以下，それぞれの製造プロセスについて項目別に学ぶことにしよう。各プロセスはそれだけで1冊の本になるだけの内容をもっており，また日進月歩を続けているので，本書では基本的事項に限ることにする。

5.2 シリコン単結晶とウェーハ

5.2.1 シリコンの性質

現在のモノリシックICの大部分は，単結晶のシリコンを基板材料としている。よいICを作るためには，良質な結晶性をもったウェーハを準備することがまず必要である。**シリコン**（Si）は原子番号14，Ⅳ族の元素で表5.1に示すように普通の金属に比べると軽く，高い融点をもち，熱膨張率が小さく，熱伝導率は鉄と同程度の値をもつ。表5.2の周期表に示すように，金属と絶縁物の中間の性質をもち，金属的な色，光沢をもつ反面ダイヤモンドやセラミックスのようにかたくてもろい性質をもつ。比誘電率は約12でシリコンの酸化膜（約4）よりも大きい。表5.2では左下が金属的，右上が絶縁物的な性質が強く，またⅣ族の半導体には**Ⅲ族元素をアクセプタ，Ⅴ族元素をドナー**とし

5. 半導体モノリシックICの製造技術

表5.1 シリコンと他の物質との比較　　*300 K

	Si	Ge	Al	Cu	Fe	SiO$_2$	単位
原子番号	14	32	13	29	26	—	
結晶構造	ダイヤモンド	ダイヤモンド	—	—	—	—	
原子密度	5.0×10^{22}	4.4×10^{22}	—	—	—	2.3×10^{22}	cm^{-3}
格子定数	0.543	0.566	—	—	—	—	nm
エネルギーギャップ*	1.106	0.67	—	—	—	〜8	eV
比誘電率	11.7	16.3	—	—	—	3.9	
比重	2.33	5.32	2.7	8.9	7.9	2.27	
融点	1 417	937	659	1 083	1 530	〜1 700	°C
熱伝導率	1.57	0.60	3.5	7.2	1.3	0.014	W/cm·°C
熱膨張率	2.33	5.75	23.8	16.3	12.	0.56	$\times 10^{-6}$/°C
降伏電界	30〜40	〜8	—	—	—	600〜1 000	V/μm

表5.2 周期表の一部とICに用いられる主要なドナー, アクセプタ（○印）

	Ⅲ	Ⅳ	Ⅴ	
金属元素（導体）	Ⓑ	C	N	非金属元素（絶縁物）
	Al	Si	Ⓟ	
	Ga	Ge	Ⓐs	
	In	Sn	Ⓢb	

て添加してそれぞれ**p形, n形**半導体とすることができる。

モノリシックICのプロセスで, シリコンをp形にするアクセプタ元素としてよく用いられるのは**ほう素**（B；**ボロン**）である。n形のドナー元素としては**りん**（P）, **ひ素**（As）, **アンチモン**（Sb）が用いられる。純粋なシリコンの理論的な電気抵抗率は室温で100 kΩ·cm以上あり非常に高いが, アクセプタやドナー不純物を添加すると動きやすいホールや電子が生じて抵抗率が下がる。すなわち

$$抵抗率 \quad \rho = \frac{1}{q(\mu_p p + \mu_n n)} \tag{5.1}$$

$$\simeq \frac{1}{q\mu_p p} \quad (\text{p形半導体の場合})$$

$$\simeq \frac{1}{q\mu_n n} \quad (\text{n形半導体の場合})$$

ここに, pとnは**正孔**（hole；**ホール**）と**電子**の**濃度**〔cm^{-3}〕で, それぞれ添加された不純物元素の濃度によってきまる。図5.2は300 Kにおける**不純物濃度と抵抗率の関係**で, 100 Ω·cm以上から0.001 Ω·cm以下まで大幅に変えられることがわかる。不純物濃度が10^{16} cm^{-3}の場合, p形シリコンでは約

5.2 シリコン単結晶とウェーハ

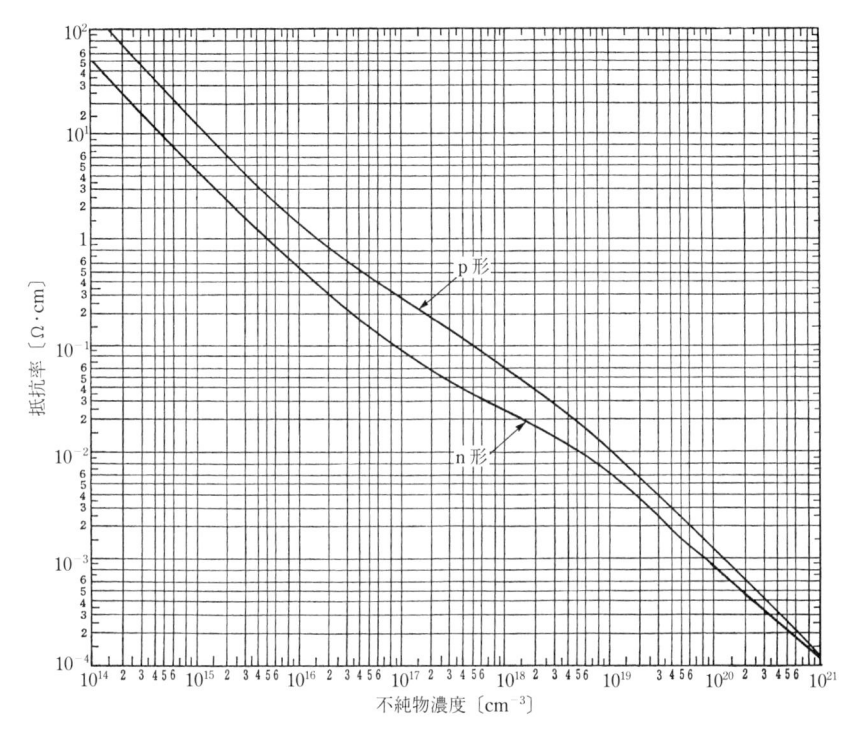

図5.2 抵抗率と不純物濃度との関係(300 K)(J.C. Irvinおよび Thurberほかによる)

1.4 Ω·cm，n形シリコンで約 0.53 Ω·cm である。μ_p と μ_n はそれぞれ正孔（ホール）と電子の**移動度**（mobility）〔cm²/V·s〕とよばれるもので，不純物濃度や温度によってきまり，図 5.3 のような値をとる．上の例では，$\mu_p \simeq 450$ cm²/V·s, $\mu_n \simeq 1\,200$ cm²/V·s である．移動度はトランジスタを設計する場合に非常に重要なパラメータで，電界強度，表面の条件などでも変化する．本章末尾の〚補足事項 1〛を参照していただきたい．

5.2.2 シリコンウェーハの作製

モノリシック IC は 3 章で学んだように，図 3.1（a）に示したウェーハとよばれる単結晶の円形状の薄片の上に作られる．ウェーハは図 5.4（a）に示すようにインゴットとよばれる単結晶の棒を輪切りにして作られる．IC の高集積度化が進むにつれて結晶は高度の均一性，欠陥の減少，大口径化が要求

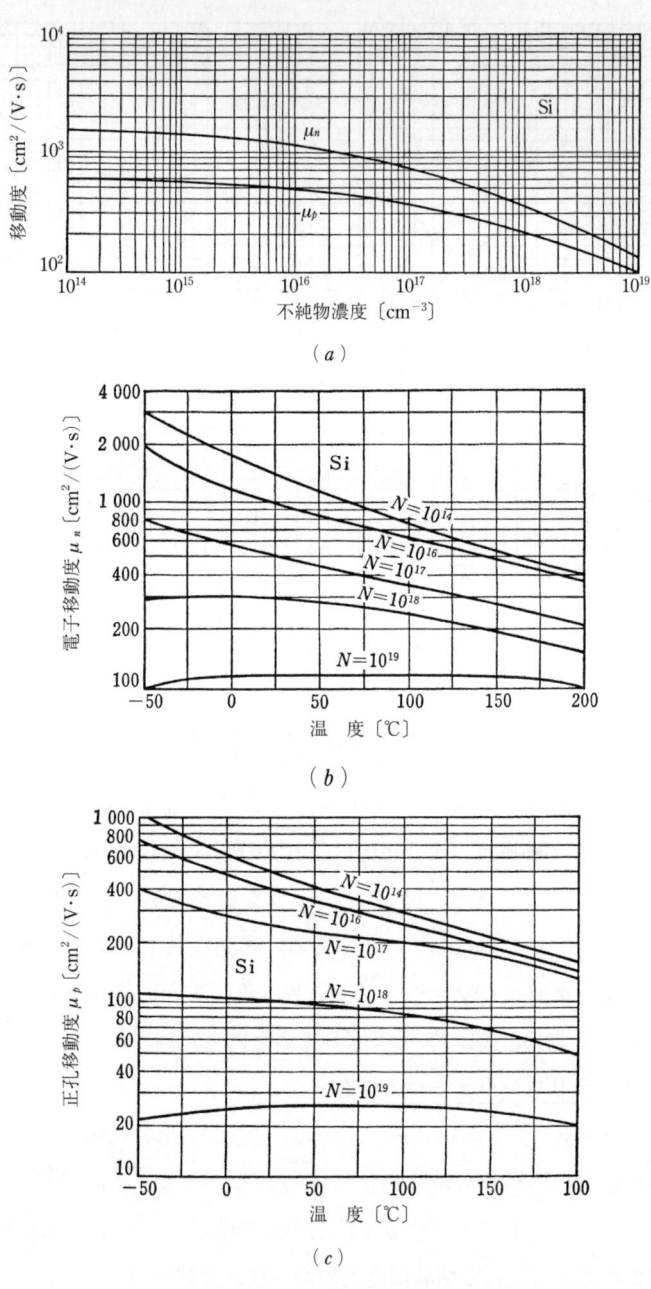

図5.3 移動度の不純物濃度，温度との関係

5.2 シリコン単結晶とウェーハ

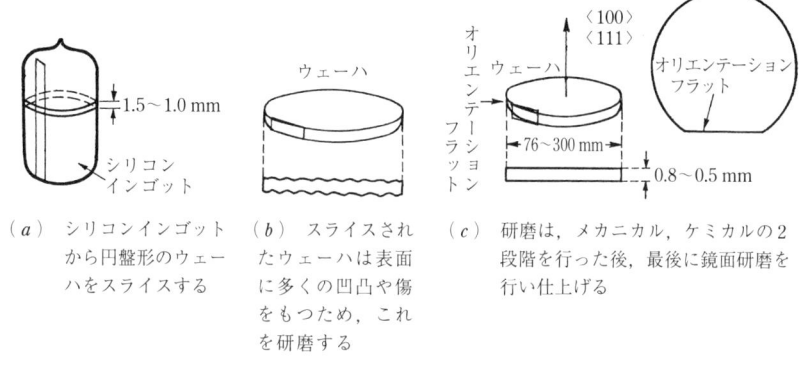

(a) シリコンインゴットから円盤形のウェーハをスライスする

(b) スライスされたウェーハは表面に多くの凹凸や傷をもつため,これを研磨する

(c) 研磨は,メカニカル,ケミカルの2段階を行った後,最後に鏡面研磨を行い仕上げる

図 5.4 シリコンウェーハの作製

されていく。例えば,抵抗率の均一性は不純物濃度のバラツキで生じ,pn 接合の深さや耐圧,MOS 構造のしきい値電圧などを変動させる。また,IC チップの寸法が 10 mm 角の場合,直径 76 mm(3 インチ)ウェーハでは約 30 個のチップしかとれないが,150 mm(6 インチ)になると 150 個以上のチップが,300 mm(12 インチ)になると 700 個近いチップがとれる。それだけ生産性が向上する。

シリコンの単結晶インゴットを製作するには,引上法すなわち CZ (Czochralski) 法とフロートゾーン(浮遊帯域溶解)法,すなわち FZ (floating zone) 法の二つがある。CZ 法は石英るつぼの中で多結晶シリコンを溶かし,単結晶の種をつけて引き上げるもので,大口径化に適している。一方,るつぼからの不純物が入りやすく高抵抗率のものが作りにくく,通常 100 Ω·cm 程度が上限である。また融液の凝固の際の不純物の偏析のため抵抗値を均一にすることがむずかしい。FZ 法は一端に単結晶の種をつけた多結晶シリコンの棒を両端を固定して垂直に立てた状態で,一部を加熱溶融しそのゾーンを移動することによって単結晶に精製する。汚染を受ける機会が少なく,高純度の結晶ができるが大口径化がむずかしい。CZ 法と FZ 法の比較を表 5.3 に示した。直径 200 mm あるいはそれ以上の大きな単結晶が工業的に使われているのは IC 工業以外には例が少ない。

表5.3 CZ結晶とFZ結晶の特性比較

項　目	結晶		CZ		FZ	
方　位			⟨111⟩	⟨100⟩	⟨111⟩	⟨100⟩
最大直径〔mm〕			150		125	
抵抗率範囲〔Ω·cm〕		n	0.005 (Sb, As) $\sim$ 35 (P)		1 $\sim$ 500 (P)	
		p	0.001 $\sim$ 50 (B)		1 $\sim$ 3 000 (B)	
成長方向抵抗率変化		n	大きい		非常に小さい	
		p	小さい		非常に小さい	
ウェーハ内抵抗率変化[*1]〔%〕		n	10 $\sim$ 30	5 $\sim$ 15	10 $\sim$ 40	5 $\sim$ 15
		p	$\sim$ 10	$\sim$ 10	$\sim$ 10	$\sim$ 10
転位密度[*2]〔cm^{-2}〕			約 3×10^3		約 40×10^3	
ライフタイム〔μs〕			30 $\sim$ 300 (3 Ω·cm 以上)		有転位 50 $\sim$ 500 無転位 500 以上(10 Ω·cm 以上)	
酸素濃度〔ppma〕			10 $\sim$ 30		0.1 $\sim$ 2	

注) [*1]：4点法による (1直径方向, 1.0 mm 間隔)。
　　[*2]：直径とともに増大するが, ここでは直径 40 mm の場合。

ウェーハは図 5.4 (b) のように単結晶インゴットから薄板状に切断される。その際，表面に傷などができ結晶面が荒れるので表面を機械的，化学的に**研磨**し，加工変質層を除き平坦な面に仕上げる。切断時の加工変質層は 30 $\sim$ 60 μm の深さまで達しているので，まず粒径 10 $\sim$ 20 μm の研磨材で機械的にラッピングし，加工変質層を数 μm 以下にし，さらに粒径 1 μm 以下の研磨材でみがいて（ポリッシング）**鏡面仕上げ**すると加工変質層は 0.1 μm 以下になる。研磨材にアルカリなどの化学溶液を併用して化学研磨を行うこともある。裏面は適当に加工変質層を残したり，周辺は角をとったりすることもある。完成されたウェーハは図 5.4 (c) のように表面が鏡面で，一部に方向性を示すためオリエンテーションフラット（orientation flat, 略して OF）と称する切込みがつけられている。厚みは切断時よりかなり薄く半分くらいになっている。表面の平坦さは数 μm 以下にする必要がある。直径 150 $\sim$ 300 mm に及ぶ面の平坦度がこれだけきびしく要求されるのは工業製品の中でも例が少ない。表 5.4 に MOS-IC に使用されるウェーハの仕様の一例を示した。抵抗率バラツキはプロセス設計で，その範囲を考慮しておく必要がある。

5.3 酸化と酸化膜の性質

表5.4 シリコン結晶ウェーハの仕様例

CZ結晶〈100〉　p形　125 mm

不純物元素	B（ほう素）
抵抗率範囲	$1 \sim 80\,\Omega\cdot\text{cm}$ で指定
抵抗率バラツキ	max 6 % (type 2 %)／max 20 % (type 8 %)　条件による
結晶面方位	〈100〉に1°以内
直径	125.0 ± 0.8 mm
厚み	$625 \pm 20\,\mu\text{m}$
曲り	max $50\,\mu\text{m}$ (type $20\,\mu\text{m}$)
平坦さ	max $5\,\mu\text{m}$
欠陥密度	100個/cm² 以下（dislocation密度）

モノリシックICはウェーハの表面に沿って作られるので，結晶の表面の状態は非常に重要である．また，表面と単結晶の結晶軸との関係も重要で，普通〈111〉または〈100〉の結晶面に±1°以内の精度で切断される．〈100〉面のウェーハは表面準位が少ないので，MOS-ICによく用いられる．

5.3 酸化と酸化膜の性質

シリコンは酸化することにより，良質の絶縁物である**酸化シリコン膜**を表面に作ることができる．この膜は，シリコン表面を外気に対してしゃへいし，またその表面の不確定現象を除く保護安定化膜となるほか，**絶縁物**として素子と配線の絶縁に，**誘電体**としてコンデンサに，**MOS構造**としてMOSトランジスタのゲート部分に用いられる．またこれは後述するように，ドナーやアクセプタ不純物を特定の場所に選択的拡散させるときの**拡散防止マスク**としても使用される重要な表面皮膜である．本節では酸化膜の**形成法**とできた**膜の性質**について学ぶ．

5.3.1 酸化膜の形成法と酸化速度

シリコンの酸化膜は，基本的にはシリコンウェーハを高温（通常800〜1200℃前後が多い）にして酸素を送り込んで**熱酸化**（thermal oxidation）させればよい．このほか，化学的な反応を用いて酸化物を作ってウェーハ表面に

付着させる方法（CVD法）もあるが，ここでは最も広く利用されている熱酸化法について説明する。送り込む酸素としては乾燥した純粋なO_2を用いる方法（ドライ酸化）と水蒸気（H_2O）を用いる方法（水蒸気酸化）またその混合法がある。さらに膜の質や厚さを制御するために，塩酸を加えたり，気圧を変えたりするなどの工夫もされている。

〔**1**〕**ドライ酸化** 乾燥したO_2の雰囲気中で高温加熱する方法で，図5.5（a）のような装置で行う。乾燥器は，コールドトラップ，化学乾燥剤，その他の水分を除くためのもので，フィルタはガス中の細かいごみを除くために用いる。乾燥O_2中での酸化時間tと生成される熱酸化膜の厚さT_{ox}の関係は図5.5（b）のとおりで，およそ

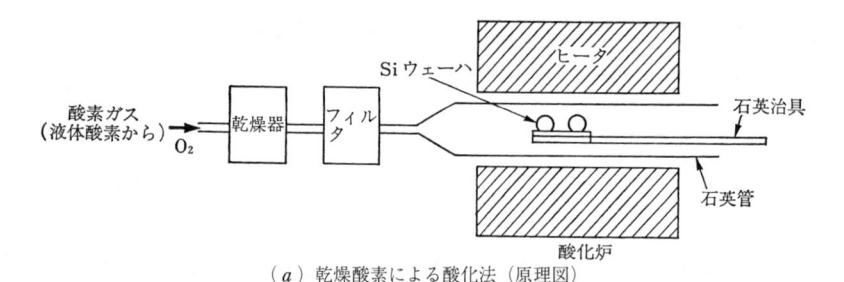

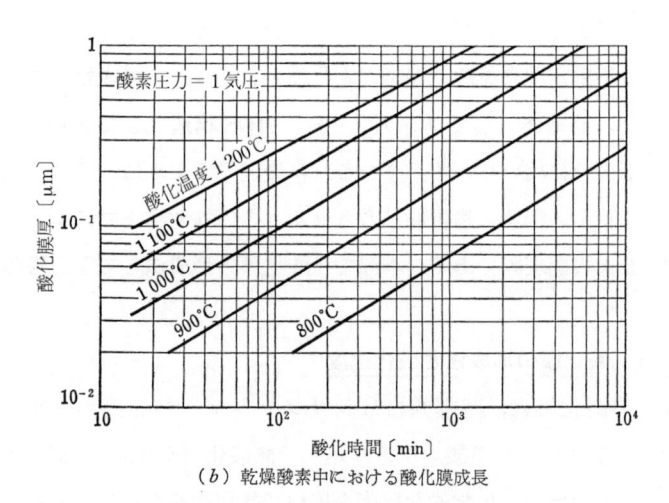

（a）乾燥酸素による酸化法（原理図）

（b）乾燥酸素中における酸化膜成長

図5.5 ドライ酸化と酸化膜の成長速度

$$T_{ox}^2 = c_1 t \quad (c_1 は定数) \tag{5.2}$$

の関係がある。$T \geq 1\,100°C$ では次式で計算できる。

$$T_{ox}^2 = 21.2 t \exp\left(-\frac{E_a}{kT}\right) \tag{5.3}$$

ここに,T_{ox} は酸化膜厚〔μm〕,t は酸化時間〔min〕,E_a は活性化エネルギーであり,この場合 $E_a = 1.33\,\mathrm{eV}$ となる。

ドライ酸化は酸化速度は遅いが,良質の膜が得られるのでMOSトランジスタのゲート部分に用いられる。

〔2〕 **水蒸気酸化(スチーム酸化)**　水蒸気 H_2O を送り込んで高温加熱する方法で,ウェット酸化ともよばれる。原理的には図 5.6 (a) の装置で行う。この図では高純度の水をヒータで加速し沸騰させ,1気圧の分圧の水蒸気を作ってシリコンにあてている。水の純度は生成された膜質を左右するので重要であり,このため純粋な酸素ガスと水素ガスを反応させて純度の高い水蒸気を作るパイロジェニック酸化がよく使われる。酸化時間と膜厚の関係は図 5.6 (b) のとおりで,特に低温以外はやはり式 (5.2) の関係がみられる。$T \geq 1\,100°C$,$t > 5$ 分の範囲では次式が成り立つ。

$$T_{ox}^2 = 7.6 t \exp\left(-\frac{E_a}{kT}\right) \tag{5.4}$$

ここに,$E_a = 0.80\,\mathrm{eV}$ である。

水蒸気酸化は酸化速度が速いので,厚い膜が必要な場合に利用される。膜質は,水などに含まれるナトリウムイオンが原因で,表面電荷密度 Q_{ss} が大きくなりやすい。このため,所望の厚さに膜を作った後で,乾燥酸素や不活性ガス(乾燥 N_2 や Ar)中で熱処理を行って Q_{ss} をへらすこともある。

〔**数値例　5.1**〕
シリコン基板の表面に 0.5 μm 酸化膜を作る場合には,ドライ酸化では図 5.5 (b) より

$$1\,100°C で 700 分$$

の処理が必要である。しかし,水蒸気酸化では,図 5.6 (b) より,同じ $1\,100°C$ で 35 分の処理でできる。

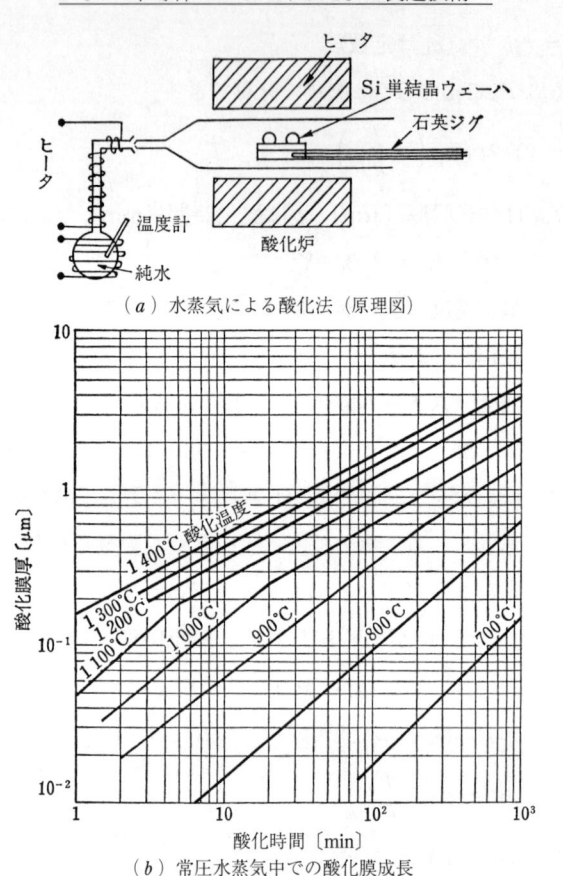

(a) 水蒸気による酸化法(原理図)

(b) 常圧水蒸気中での酸化膜成長

図5.6 水蒸気酸化と酸化膜の生成速度

〔3〕 **酸化のメカニズム** 酸化のメカニズムはつぎのように考えられている。

① 酸化種(O_2またはH_2O)が表面で反応もしくはSiO_2に吸着される。

② 吸着されたO_2またはH_2Oが酸化膜SiO_2の中を拡散してシリコンとの界面に達する。

③ シリコンとの界面でシリコンと反応してSiO_2になる。

したがって,酸化速度は酸化膜SiO_2が薄いときは③の化学反応によって律速(反応律速)され,時間に比例して成長する。そして膜厚が厚くなると②

の酸化種の拡散によって律速(供給律速)され,一般に式(5.2)のように時間の平方根に比例する。このため全体の反応はつぎの形でかき表される。

$$T_{ox}^2 + AT_{ox} = B(t+\tau_0) \qquad (5.5\,a)$$

ここに,A,B は温度と酸化条件できまる定数,τ_0 は初期膜厚に対応する定数である。酸化時間 t が長くて,T_{ox} が厚いときには

$$T_{ox}^2 \simeq Bt \qquad (5.5\,b)$$

となり,式(5.2)となる。逆の場合には

$$T_{ox} \simeq \frac{B}{A}(t+\tau_0) \qquad (5.5\,c)$$

となる。図5.6(b)の低温の場合にはこの形になっていることがわかる。酸化定数 A,B,τ_0 の数値例を表5.5に示した。

表5.5 シリコンの酸化定数

酸化温度 T〔℃〕	水蒸気酸化(wet oxidation)			ドライ酸化(dry oxidation)		
	A〔μm〕	B〔μm²/h〕	τ_0〔h〕	A〔μm〕	B〔μm²/h〕	τ_0〔h〕
1200	0.05	0.720	0	0.040	0.045	0.027
1100	0.11	0.510	0	0.090	0.027	0.076
1000	0.226	0.287	0	0.165	0.0117	0.37
920	0.50	0.203	0	0.235	0.0049	1.40
800	—	—	—	0.370	0.0011	9.0

最近,不揮発性メモリ素子や微細化構造のMOS素子で10 nm以下の酸化膜が要求されることが多くなった。このような場合には**希釈酸化**といって,高純度の不活性ガス(Ar;アルゴン)で酸素濃度を薄める方法が用いられている。図5.7(a)はそのような薄い酸化膜を形成した実験例であるが,式(5.5c)に従っていることと,初期酸化膜1.8 nm(18 Å)があることがわかる。

これと逆に,厚い酸化膜を短時間で作りたいときには**高圧酸化法**といって10気圧程度の高い気圧の下で水蒸気酸化する方法もある。図5.7(b)はその1例で10気圧で3〜4倍の厚さが得られている。

5.3.2 酸化膜の性質

熱酸化された酸化膜は主として SiO_2 の組成をもつが,SiO もまざってい

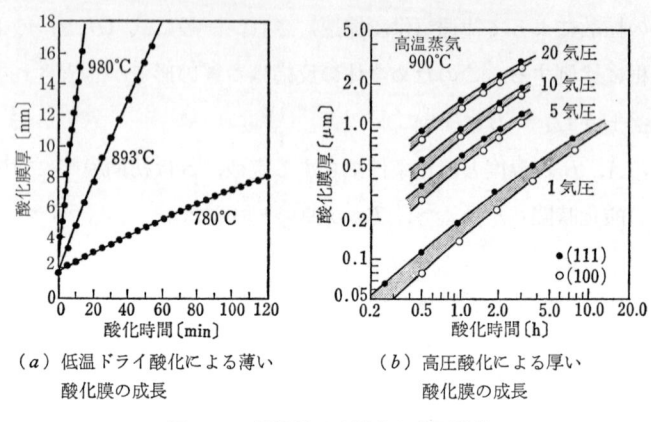

(a) 低温ドライ酸化による薄い
酸化膜の成長

(b) 高圧酸化による厚い
酸化膜の成長

図5.7 低温ドライ酸化と高圧酸化

る。SiO_2 は石英と同じ組成で透明で良質の絶縁物で,比誘電率は 3.8～4.0,屈折率 1.4～1.5,熱膨張係数 $5.6 \times 10^{-7}/℃$,抵抗率は 10^{15} Ω·cm 程度である。また,その絶縁耐圧は欠陥のない場合,$8 \sim 10 \times 10^6$〔V/cm〕で図 5.8 (a) のような分布をする。この電界以下でも図 5.8 (b) に示すように,Fowler-Nordheim 電流とよばれる電流が流れる。この特性は超 LSI に使用される微細構造の MOS トランジスタの信頼性や特に酸化膜を使用する不揮発性メモリ用の MOS トランジスタの特性に関連して重要である。

また,こうした耐圧や電流のほかに酸化膜に一定の**高電圧を印加し続けると絶縁破壊に至る**現象がある。この特性を **TDDB**(time dependent dielectric-breakdown)とよび,酸化膜の信頼性を評価する基本になる。TDDB は,酸化膜に加える電界と測定温度による。TDDB のデータから信頼性を測定するには,そのデータを対数正規分布あるいはワイブル分布関数で記述し,故障率を求める。図 5.8 (c) は,50 % 累積故障に要する時間とストレス電界との関係である。絶縁耐圧よりも低い電圧でも時間が経過すると不良が生じるので注意が必要である。

モノリシック IC における SiO_2 の電気的性質は SiO_2 に含まれてくる微量のイオンや不純物,あるいは処理プロセスによって微妙に変わる。したがって,酸化技術の研究は酸化雰囲気およびウェーハ表面から不純物汚染を徹底的に除

5.3 酸化と酸化膜の性質

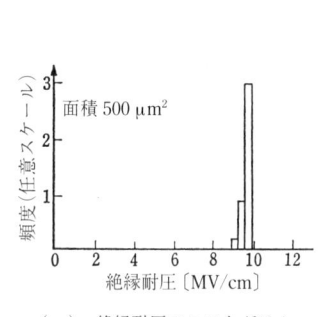

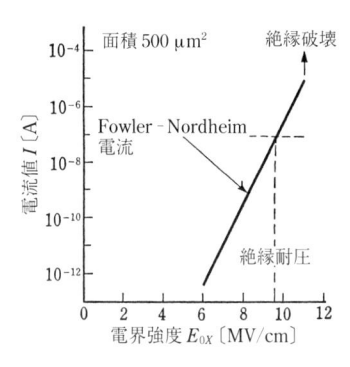

(a) 絶縁耐圧のヒストグラム

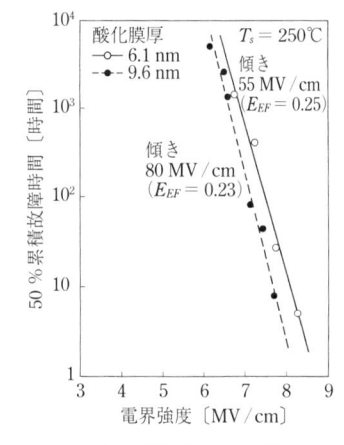

(b) 酸化膜の I-V 特性

(c) 50％累積故障時間の電界強度依存性

図 5.8 酸化膜の耐圧特性

去するのが基本で，用いるガス中の微粒子，ウェーハ表面の有機物や重金属原子，さらに石英管や石英治具からの汚染を除去する洗浄薬品などの超クリーン化技術が開発され，効果を挙げてきた．そして目的に応じた酸化法がとられている．例えば，MOSトランジスタのゲート酸化には，ドライ（H_2O を含まない）酸素中での高温熱酸化法が用いられる．均一性に優れ，ゲート耐圧が高く，また，膜中に含まれるナトリウムイオンなどの可動性イオンが少ないため，しきい値電圧 V_T の変動が少ない信頼性の高い膜が得られるからである．酸化膜の評価には 4.6.2 項で述べた C-V 曲線が利用される．C-V 曲線の

横方向へのずれから界面電荷の量，その形状のくずれから膜厚の良否が判定できる。

しきい値電圧 V_T に影響する SiO_2-Si の界面電荷 Q_{ss} は，酸化時の雰囲気とともにその後の**熱処理条件**に大きく依存する。図5.9は Q_{ss} と酸化・熱処理条件との関係を表したものである。矢印は可逆性を示したものである。この図よりドライ酸化では高温ほど Q_{ss} は小さくなること，低温で酸化しても，その後不活性ガス中で熱処理すれば Q_{ss} をへらすことができることがわかる。Q_{ss} はまたウェーハの面方位にも依存し，〈100〉面のほうが〈111〉面より小さく，また安定である。このため MOS-IC では，〈100〉基板がよく用いられる。このほか，酸化雰囲気に数％の HCl または Cl_2 を添加すると SiO_2 の可動性イオン（Na^+ など）が減少することも知られており，良質の膜を作る手段として利用される。

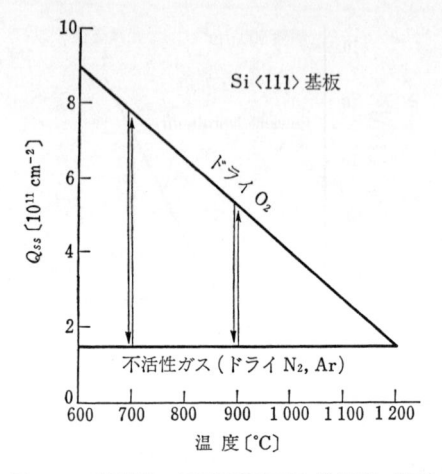

図5.9 酸化膜の界面電荷密度と熱処理の関係

なお，酸化のプロセスで考えねばならないことに，**不純物の再分布現象**がある。これは，Si-SiO_2 界面における不純物の偏析係数，不純物のシリコンおよび SiO_2 中の拡散の速度の大小などによって酸化時に基板表面近くで不純物の濃度分布が変化する現象である。図5.10に示すように，基板の不純物がほう素（B）の場合には偏析係数が小さい（酸化膜に入りやすい）ので，酸化によって表面近くの濃度は減少し，りん（P）の場合には偏析係数が大きい（シリコン側に入りやすい）ので濃度が高くなる。IC の場合，トランジスタや抵抗などの部品はすべて表面近くに作られるので，この現象を考えに入れて設計を行わなければならない場合が少なくない。例えば p 形の高抵抗層は表面が n 形に反転する恐れがあるし，MOS-FET のしきい値電圧もこの影響を受ける。

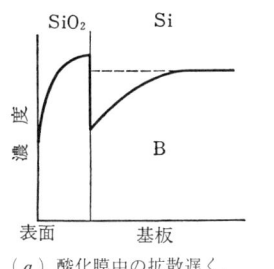

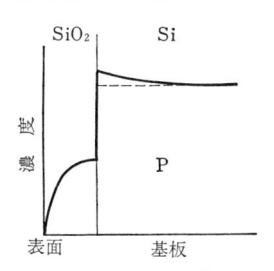

5.3 酸化と酸化膜の性質

図 5.10 熱酸化による不純物の再分布現象（点線は酸化前の不純物濃度分布）

(a) 酸化膜中の拡散遅く，偏析係数 $m<1$

(b) 酸化膜中の拡散遅く，偏析係数 $m>1$

5.3.3 熱酸化による表面形状の変化（段差）

シリコンウェーハを局部的に熱酸化させると，凹凸が生じて**段差**ができ，ホトレジスト加工や，配線金属の蒸着などの際，悪影響を及ぼす。例えば，いま，図 5.11 (a) のように，T_{ox1} の厚さの熱酸化膜を作り，つぎにその一部を除去した後，再び酸化雰囲気中で熱処理して図 (b) のように T_{ox2} と T_{ox3} の厚さの膜を作ったとする。式 (5.2) または式 (5.5 b) が成り立つと仮定すれば，T_{ox1}，T_{ox2}，T_{ox3} の間の関係は次式で与えられる。

$$(T_{ox1}+T_{ox3})^2 = T_{ox1}^2+T_{ox2}^2 \qquad (5.6)$$

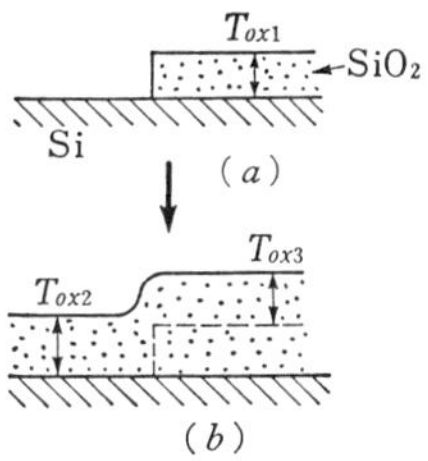

図 5.11 多重酸化による段差

厚さ 1.0 μm の酸化を図 5.11 のようにして 2 回行ったときには，約 0.4 μm の段差ができる。また酸化の場合には O_2 が Si と結合して SiO_2 を形成するので，全体の厚さのうち約 45 ％がもとの表面以下にでき，残りの約 55 ％分がもとの表面の上に出る。この関係を図 5.12 に示した。シリコンウェーハの表面の一部に O_2 を通さない窒化膜 Si_3N_4 をつけて局部的に酸化すると図 (b) のようになり，複雑な凹凸を作る。このウェーハの一部を選択的に酸化する方法は，**Isoplanar** 法や **LOCOS** 法といって高性能のバイポーラ IC や MOS-IC の製造に利用される。特に，図 5.13 のように，シリコン面をエッチングしてから選択酸化をすると，酸化後の表面の盛り上が

図5.12 選択酸化による
表面の凹凸

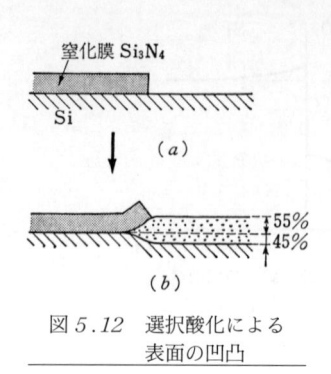

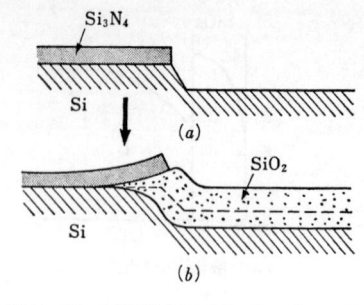

図5.13 選択酸化によるバーズヘッド,
バーズビークの形成

りが少なくなるのでしばしば利用される。この場合,シリコンと窒化膜の界面にSiO₂がくい込んで鳥の頭あるいはくちばし状を呈するのでバーズヘッド (bird's head) とか,バーズビーク (bird's beak) とよばれている。

5.4 ホトレジスト加工

図3.2で説明したモノリシックICの構造において,深さ方向にp形やn形の領域を作るには拡散,イオン打込み,エピタキシャル成長などの技術を使うが,平面方向に種々の領域を形成するには**ホトレジスト加工**という技術が用いられる。3章で述べたように,ICの構造は μm を単位にした微細な構造である。このため,微細パターンの転写に有効な写真技術が活用されたのがホトレジスト加工なのである。ホトレジスト加工は,ホトレジスト材料とよばれる感光性有機材料を用い,ホトレジスト材料の塗布,露光,現像を行い,現像後に残ったホトレジスト材料を保護マスクとしてIC基板をエッチングによって所望の形に加工する一連の工程である。

5.4.1 ホトレジスト材料

ホトレジスト (Photo-Resist) は**感光性**の有機材料であって,光(主として紫外線)によって反応を起こして科学溶剤への溶解度が変化する性質をもっている。このためウェーハ表面に塗布して,局部的に露光させた後,溶剤で洗浄

（これを現像とよぶ）すると光の当たったパターンに従ってウェーハ上にホトレジスト膜の像が残る。

ホトレジストとしては光に対する反応の差によって**ネガ型**の材料と**ポジ型**の材料とがある。ネガ型はポリイソプレンを主成分とする環化ゴムにビスアジドが光架橋剤として加えられ，有機溶剤に溶かした液状の物質である。感光するとビスアジドが活性なナイトレンラジカルに変わり，環化ゴムと反応して硬化し不溶性になる。したがって，現像すると光の当った部分が残るので，写真のネガにたとえネガ型のレジストとよぶ。ポジ型のレジストは，ノボラック樹脂にキノンアジドを光分解剤として加えたもので，光が当たるとキノンアジドが変化し，アルカリに可溶となる。アルカリ溶液で現像すると感光しなかった部分が残る。最近の微細加工ではポジ型が広く用いられている。

5.4.2 ホトレジスト加工の手順

ホトレジスト加工の一例として，酸化によって表面を酸化膜で覆われたウェーハの**酸化膜の一部分を除去**する手順をネガ型のホトレジスト材料を用いた場合を例にとって，図 5.14 について説明しよう。

① ホトレジスト膜塗布：加工しようとするウェーハの表面に均一な厚さにホトレジストを塗布する。ウェーハを回転させながらホトレジストを滴下させ回転速度とレジスト液の粘度で所望の膜厚とする。膜厚が薄いとピンホールが生じ，厚いと加工精度が悪くなる。$0.3 \sim 1.5 \mu m$ の厚さがよく用いられる。

② プリベーキング：塗布されたレジスト膜に残っている有機溶剤を除き，乾燥させ適当に硬化させるため $80 \sim 120°C$ くらいの温度に上げてベーキングを行う。

③ ホトマスク合せと露光：必要な部分に光を当てるために，IC の平面パターンを焼きつけたホトマスクを図 5.14 ③のように表面に合わせて，紫外線の光によって露光を行う。露光の方法の詳細は 7 章で説明する。露光時間は重要なプロセスパラメータで加工精度を左右する。

④ 現 像：溶剤で洗浄して可溶部分をとり去る。ホトマスクにあったパターンがレジストに転写される。

酸化された Si ウェーハ
（被加工物）

① ホトレジスト膜塗布
（回転塗布装置を用いる）
↓
② プリベーキング
↓

③ ホトマスク合せおよび露光
↓
④ 現像
↓
⑤ ポストベーク
↓
⑥ SiO₂ エッチ（HFを用いる）
↓
⑦ ホトレジスト除去
（焼却，プラズマアッシャー，クロム硫酸でこすり取るなどの方法を用いる）

図 5.14 ホトレジスト加工の手順
（酸化膜のホトエッチングの例）

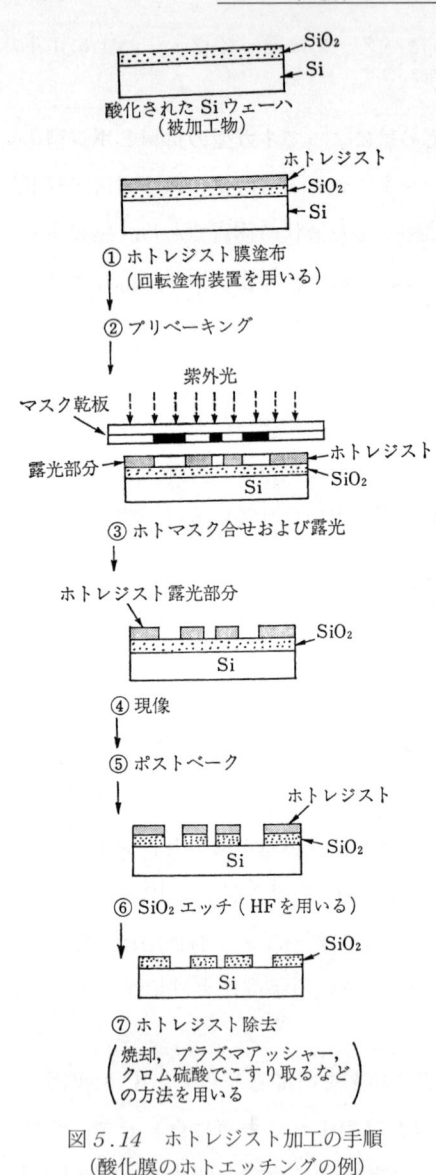

⑤ ポストベーク：洗浄により柔らかくなったレジスト膜を乾燥硬化させ基板との密着性を良くし，つぎのエッチングに耐えられるようにするため 120～150°Cの温度でポストベーキングを行う。

⑥ エッチング：化学エッチング液によって，残ったホトレジスト膜を保護マスクとしてウェーハ表面をエッチング除去する。ホトレジスト膜で覆われていない基板部分が選択的に化学薬品で溶解除去される。図 5.14 ではふっ酸（HF）系の溶液（例えば，$HF : NH_4F = 1 : 6$ の混合液：バッファドふっ酸（BHF）で酸化膜を溶かす。この場合，レジスト膜と基板の密着性が悪いとエッチング液が入りこんでパターンの精度が悪くなるので注意が必要である。ポジ型レジストの場合も大筋は同様である[†]。最近では加工精度を良くするため化学エッチング液の代わりに，反応ガスをプラズマ化して使用することが多い。これをドライエッチングという。これに対して液体を用いたものをウェットエッチン

[†] ポジ型レジストの場合は③でマスク乾板の白黒部分を反対にし，その結果，露光部分が反転してレジストが残る。

グとよぶ。

⑦　ホトレジスト除去，洗浄：硬化したホトレジスト膜を除去用の溶剤やプラズマアッシャーなどの方法で除去し，ウェーハを十分洗浄する。シリコン基板の上には，ホトマスクのパターンどおりにエッチングされた酸化膜が残り，他の部分のシリコン表面はむき出しとなる。

以上で，酸化膜のホトエッチング加工が終わる。

5.4.3　ホトレジスト加工の精度

ホトレジスト加工はIC構造の寸法精度を左右する重要なプロセスである。しかも1回のIC製造プロセスの中に数回以上くり返され，また前項①〜⑦のように手順も多く，ICの歩どまりにも大きい影響を与える。このため清浄な雰囲気中で注意深く行われる。空気中の微細なごみを除くためエアーフィルタを装備したクリーンベンチが使用され，ホトレジスト材料の感光特性の関係から黄色系の照明の下で作業が行われる。パターン転写のときの変形，マスク合せ不良，ごみの付着などはICの構造上の欠陥となり，不良品の原因となりICの歩どまりを低下させる。ICを高集積化しようとすれば，ますます構造は微細になり，ホトレジスト加工の精度が要求される。精度を左右する要因は大別して，（i）ホトマスク自身のパターン精度，（ii）転写の場合に生じるマスク合せ精度，（iii）レジスト材自身の解像度，（iv）露光，現像の精度，（v）エッチングの精度および（vi）ごみによる欠陥の発生などである。

（i）　ホトマスクは白黒写真のネガと同じ働きをするものであるが，寸法精度を良くするためフィルムの代わりに良質の石英ガラス板の上に超微粒子の写真乳剤を塗ったもの，あるいはクロム（Cr）を $0.1\mu m$ 程度スパッタでつけたものが用いられている。解像度，寸法精度などはもちろん $1\mu m$ 以下，場合によっては $0.1\mu m$ 以下にまで制御される。ホトマスクのパターンは直接ICの回路設計，素子寸法，レイアウトにかかわりをもってくるので，7章で詳しく説明する。

（ii）　マスク合せの精度は装置の機械的精度，作業者の熟練度に左右される。大口径のウェーハ全体で合せを行うのは高度な技術が要求される。

(iii) レジスト材自身の解像度は有機樹脂材料分子の大きさ，塗布膜厚できまるが，前者は1μmより十分小さく制御要素になっていない。むしろ後者による副次的な効果が支配的である。塗布，露光，現像の作業条件が適切であれば他の誤差に比して小さい。

(iv) 露光，現像の条件は精度に関係が深いので，最適値を求めて行う必要がある。パターン転写の方法は密着露光（contact printing）が広く用いられていたがホトマスクとレジスト膜が直接ぶつかるので，傷が生じやすく歩どまり低下の原因となっていた。光学レンズを用いて結像を行う投影露光法（projection printing）はこの点有利であり，最近では広く用いられている。これらの方法で得られる転写パターンの精度は，最終的には使用する光の波長で制約され，最小線幅にして可視光では0.5μm前後，短波長の紫外線（波長$0.249\,\mu m$や$0.193\,\mu m$）を用いると$0.1\,\mu m$以下の加工も可能となってきた。

(v) エッチングの精度はホトレジスト膜の基板への密着性と加工される深さ寸法によって左右される。密着性はポストベークの条件やホトレジスト塗布前の基板の表面処理条件で変わる。また，たとえ密着性が完全であっても化学エッチングの進み具合が等方的（方向によってエッチング速度が変わらない）であると，図5.15(a)のようにアンダーカットが生じ，エッチングされる膜厚と同じ程度の誤差が生じる。これを防ぐため図(b)のように，方向性のあるエッチング法（**異方性エッチ**）も工夫されている。これには，化学エッチング液の代わりにプラズマ化された反応ガスが使用されドライエッチ法とよばれている。これに対してエッチング液を使用するものをウエットエッチ法とよぶ。

(a) 等方性エッチングとアンダーカット

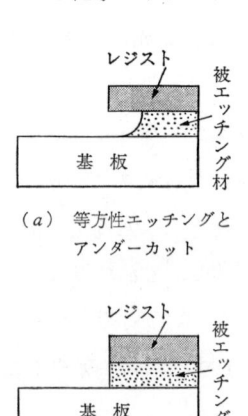

(b) 異方性エッチング

図5.15 エッチングの特性

ホトレジスト加工を行う場合には対象とする加工物に合わせてエッチング液や反応ガスとホトレジスト材料を選定し，それぞれに適したエッチング条件とホトレジスト加工条件（5.4.2項①～⑦の各工程の条件）を注意深くきめる必要がある。

以上述べたように，ホトレジスト加工はIC構造の平面方向の寸法精度を規定する重要な工程であり，ICパターンの設計はこれらの誤差をあらかじめ計算に入れてレイアウト設計を行わなければならない。これらについては次章以下でIC部品の設計法（6章），レイアウト設計法（7章）を学ぶ際に詳しく述べよう。

5.4.4 微細加工とドライプロセス

ウエットエッチングは薬品の溶液を用いた化学反応であり，種々の薬品を使用する。例えば，SiO_2に対してはバッファドHF溶液，窒化膜に対しては熱りん酸，Siや多結晶シリコンに対しては氷酢酸（ふっ酸，硝酸，氷酢酸の混合液），Alに対してはりん酸（りん酸，硝酸，氷酢酸の混合液）などのエッチング液が用いられる。後のプロセス工程に汚染を残さないため，エッチング終了後十分に洗い落とす必要がある。このため高純度の純水が使用され，注意深い洗浄工程が設けられている。水洗に用いられる純水は脱イオン化した高抵抗率のもので，かつ水に溶解しない微粒子やバクテリアをフィルタで除去してある[†]。最近，溶液を用いない加工法，いわゆるドライプロセスの研究が進んでより精度の良いエッチング技術が開発されている。

化学薬品の溶液を用いる加工法を**ウェットエッチング**とよぶのに対し，**ドライエッチング**はガスを用いる加工法である。ハロゲン元素を含む反応ガスをグロー放電させて低温ガスプラズマを作り，その中で化学的な反応および物理的なイオン衝撃によりエッチングを行う方法が最も広く用いられている。化学的に活性な反応ガスを利用するためエッチング速度が高く，被加工物を選択的に

[†] 集積回路の製造に要求される超純水の品質は，一般に室温で$18\ M\Omega cm$以上の抵抗率で，かつ$0.1\ \mu m$以上の微粒子が完全に除去されており，バクテリアの含有量が1個/ℓといわれている。

エッチングできる。ドライエッチングの最大の特徴は，ウェットエッチングが等方性であるのに対し，異方的なエッチングができることである。図5.15(b)のようにアンダーカットがなく寸法精度が高い加工ができる。ICの高集積化に伴って加工精度向上が不可欠であり，エッチング装置や反応ガスの改良が進み，現在ではドライエッチング技術が主流になっている。

〔1〕 **ドライエッチングの原理と装置** ドライエッチングを行う代表的な装置として，反応性イオンエッチング（reactive ion etch，略してRIE）装置の概略を図5.16に示す。反応容器内を真空排気した後，反応ガスを導入し，電極に高周波電力を印加し低温ガスプラズマを発生させる。プラズマ中でガス分子は電子との衝突により解離やイオン化し，化学的に活性な原子や分子となる。中性粒子は拡散により，また，イオンは電界で加速されてウェーハ上に達する。被加工物表面では，イオン衝撃による物理的なスパッタ現象と同時に活性粒子と被加工物の化学反応が起こる。化学反応で生成された揮発性化合物は表面から脱離する。このように，物理的，化学的な過程でエッチングが進行する。物理的なエッチングはすべての材料で可能であるが，化学反応によるエッチングは揮発性化合物を作る材料に限られる。

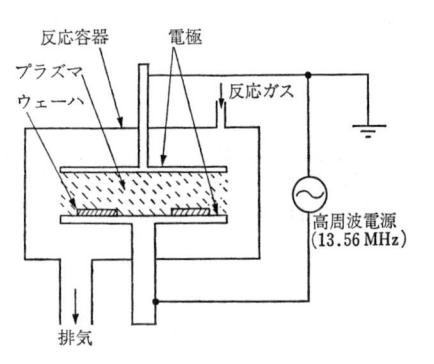

図5.16 反応性イオンエッチング装置の概略図

ドライエッチングには，基本的には図5.16のような，グロー放電によるプラズマの発生装置を用いるが，エッチング速度およびその均一性，選択性，加工形状の制御性などの加工性能を向上させるため，装置は種々改良され多種多様なものが実用に供され，微細加工技術の要点の一つとなっている。

〔2〕 **反応ガスと選択性** ホトレジスト加工では，SiO_2やAlなど特定の材料のみを選択的にエッチングする必要がある。そのため加工材料に適した反

応ガスを選定する。反応ガスはFやClなどのハロゲン元素を含むもので揮発性のハロゲン化合物を形成する材料が選択的にエッチングされる。各種の材料のエッチング用ガスをまとめて表5.6に示す。選択性を高めるためには，反応ガスの選定が重要となる。具体的なエッチング速度を表5.7に示した。Siの加工にSF_6が，SiO_2の加工にCHF_3が，またAlの加工にCCl_4の各ガスが利用される理由がわかるであろう。

表5.6 ドライエッチングに用いられる反応ガス

被加工材料	分 類	反 応 ガ ス
Si	F系	CF_4, SF_6, HBr
多結晶Si	Cl系	CCl_4, Cl_2
SiO_2	F-H系	CF_4+H_2, CHF_3, C_4H_8
Si_3N_4	F系	CF_4, SF_6
Al	Cl系	CCl_4, BCl_3+Cl_2
高融点金属, シリサイド	F系	CF_4, SF_6
	Cl系	CCl_4

表5.7 ドライエッチングのエッチング速度〔nm/分〕

反応ガス \ 被加工材料	Si	SiO_2	Si_3N_4	Al
SF_6	100	10以下	10以下	0.1以下
CHF_3	10以下	100	100	0.1以下
CCl_4	100	10以下	—	100〜200

〔3〕 **加工精度** ドライエッチングはホトレジスト加工で加工精度が高いことが特徴である。加工精度は寸法シフト量（ホトレジスト寸法とエッチングパターン寸法の差）と加工寸法分布の標準偏差値との二つで評価し値が小さいほど高精度である。前者はアンダーカット量に，後者はエッチング速度の均一性や再現性に左右される。一例としてSi上に形成した膜厚$0.5\mu m$のSiO_2膜のホトレジスト加工を取り上げる。ウェットエッチングでは寸法シフトが約1μm程度となるのに対し，ドライエッチングでは$0.1〜0.2\mu m$である。またドライエッチングではエッチングの自動化等により標準偏差値も小さくできる。

〔**4**〕**ドライエッチングによる損傷**　ドライエッチングでは，プラズマが直接ウェーハや反応容器と接するので，不純物原子による汚染，イオン衝撃による結晶の非晶質化，イオンや電子のチャージアップの三つが損傷として起こる。これらは，ICの電気的特性の低下を引き起こす。このためこれらの損傷の防止や回復が必要となる。汚染防止には，反応容器内壁や電極表面に高純度の石英やカーボンを用いる。またイオン衝撃エネルギーを低くし，洗浄により除去する。非晶質化は熱処理により回復できる。チャージアップを防ぐには，ウェーハをプラズマに直接接触させないこと，プラズマの発生方法を工夫する。

5.5　熱拡散とイオン打込み

　熱拡散は，高温熱処理によって不純物元素を半導体基板中に添加し，p形やn形半導体を作る技術で，古くからトランジスタの製造に使用されてきた。シリコン酸化膜を利用した選択拡散技術の進歩により，熱拡散はICの基本プロセスの一つになっている。また，イオン打込みは熱エネルギーの代わりに電気エネルギーによって不純物元素を半導体中に導入する方法で，精度が良いため広く利用されている。本節では，これらの技術によってシリコン基板中にどのような不純物濃度分布が得られるかを学ぶ。これは次章で学ぶIC用部品を設計する場合の基礎事項の一つである。

5.5.1　不純物元素のドーピング

　モノリシックICでは，ドナーやアクセプタなどの不純物元素をシリコン基板中に添加してp形やn形領域を作る。これを**不純物ドーピング**（impurity doping）という。**熱拡散**（thermal diffusion）と**イオン打込み**（ion implantation）はそのための技術であり，ICプロセスの中では最も重要なプロセスの一つである。単結晶シリコン基板に不純物をドープする方法としては，このほかにエピタキシャル成長（epitaxial growth）という技術がある。これについては次節で学ぶが，ここではまずこの三つの技術を簡単に比較しておこう。

5.5 熱拡散とイオン打込み

図 5.17 に三つの不純物ドーピング技術の概念図と，それらによってできる基板の不純物分布の例を示した。熱拡散法は図 (a) に示すように，基板を添加しようとする不純物の雰囲気中（または表面に付着させて）で高温（1 000～1 300℃ 程度）に加熱し，不純物元素を熱エネルギーで基板中にしみ込ませる方法である。元素は濃度の高いほうから低いほうへ濃度差によって拡散移動するので，基板中の不純物濃度分布は表面が高く深さが深くなると減少していく。この現象は 6 章のモノリシック IC 構成要素の設計上，いろいろな制限を与える。

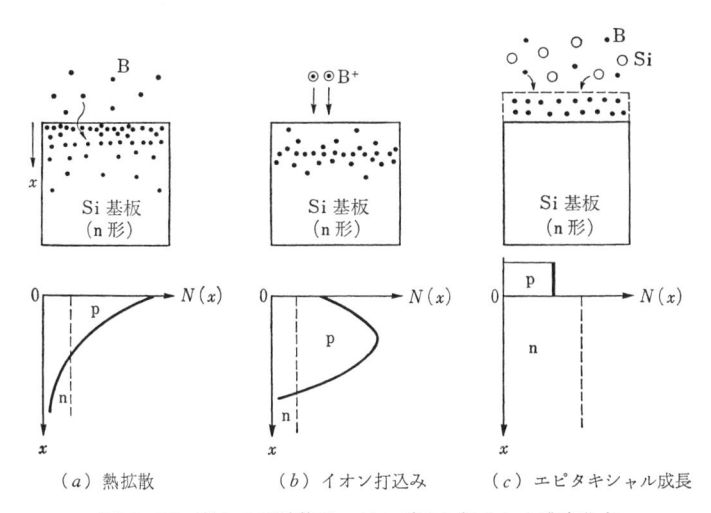

図 5.17　種々の不純物ドーピング法と得られる濃度分布
(a) 熱拡散　　(b) イオン打込み　　(c) エピタキシャル成長

イオン打込みでは図 (b) に示すように，不純物元素のイオンを作り，これを高電圧（10～200 kV 程度）で加速し基板にぶつけて導入する方法である。加速電圧によって得たエネルギーできまる深さまでイオンが入り込む。この場合，基板に入ったイオンは基板の原子と衝突をくり返しつつエネルギーを失って静止するので，衝突の方向によって静止する深さが異なってくる。このため不純物濃度分布は図示したような極大値をもつ。

エピタキシャル成長は高温処理という点では熱拡散に似ているが，一種の結晶成長法である。シリコンを含む化合物を熱分解させ，シリコン基板の上に熱

分解したシリコンを結晶成長させる。この場合，不純物元素をまぜておくと，それを取り込みながら結晶成長するので，でき上がった層に含まれる不純物濃度はまぜ工合によって変えることができる。例えば一定量まぜておくと，不純物分布は図 (c) のように深さに関係なく一定にすることができる。

以上の方法は必要な不純物濃度分布，精度，許容される熱処理条件などに応じて使い分けられている。

5.5.2 熱拡散の方法

〔1〕 **拡散装置と不純物源**　熱拡散を行うには，**拡散炉**を用いる。図 5.18 がその原理図である。高温に耐える石英管を電気炉で加熱し，例えば 800〜1200℃で温度制御され，この中に石英治具の上にシリコンウェーハを配列し，そう入する。不純物の添加方法は不純物源の種類によって異なる。代表的な不純物源を表 5.8 に示す。初期のころは P_2O_5，B_2O_3 などの固体酸化物が使用されたが，しだいに純度が高く制御の容易な液体，気体に変わってきて現在では，気体を用いる気相拡散が最も一般的である。一方，BN や P_3N_5 のようなセラミックス状の固体を用いたり，SiO_2 や多結晶シリコンに不純物をドープしたもの (doped oxide や doped poly Si) を表面に付着させて拡散を行う方法もあり，それぞれの特徴に応じて使い分けられている。

ドナー不純物としては，りん (P)，アンチモン (Sb)，ひ素 (As) が用いられる。このうち，P は古くから広く用いられており，Sb は埋込層，As は浅

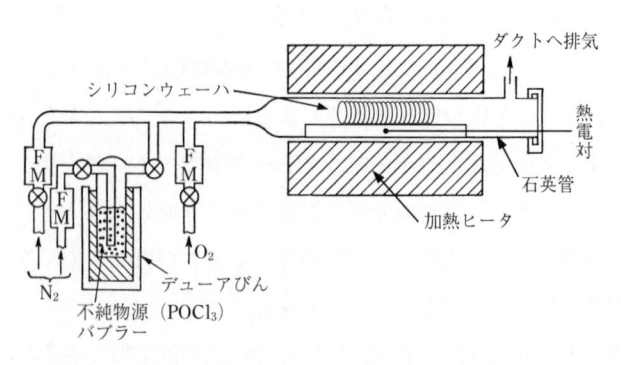

図 5.18　横型拡散の原理図（液相拡散）

5.5 熱拡散とイオン打込み

表 5.8 熱拡散に用いられる不純物源

	p 形	n 形	
	ほう素（B）	りん（P）	ひ素（As）
固　　体 （セラミックス） （ドープ法）	B_2O_3 BN doped oxide（BSG） doped poly Si	P_2O_5 P_3N_5 doped oxide（PSG） doped poly Si	As_2O_3
液　　体	BCl_3	$POCl_3$, PCl_3	
気　　体	B_2H_6, BF_3	PH_3	AsH_3

い高濃度層（高速バイポーラのエミッタや超 LSI 用 MOS-FET のソースとドレーン）を必要とする拡散に用いられる。**アクセプタ不純物**としては，ほう素/ボロン（B），ガリウム（Ga），アルミニウム（Al）などがあるが，IC では主として B が広く用いられている。

　固体不純物源のうち，BN や P_3N_5 はウェーハと同様な円形のウェーハ状にしてシリコンウェーハと交互に配置して使用する。$POCl_3$，BCl などの液体のものは N_2 や O_2 などのキャリヤガスを通して運ばせる。PH_3，B_2H_6，AsH_3 などの気体のものは希釈されてガスボンベに入っているものを N_2 や Ar などの不活性なキャリヤガスに希釈混合して運ばせる。図 5.19 は量産性の高い

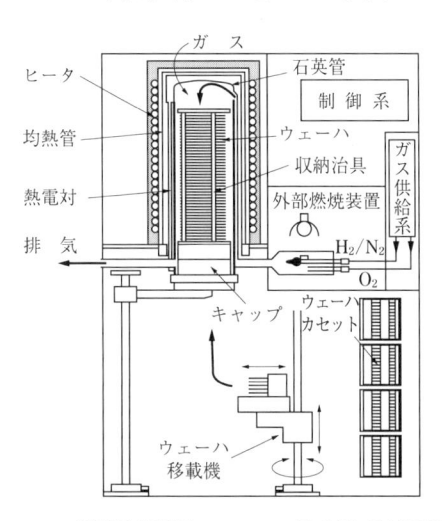

図 5.19　縦型拡散装置のシステム構成例（気相拡散）

自動化の進んだ縦型拡散装置である。大口径のウェーハを大量に，気相拡散することができる。なお，この装置では O_2，H_2，N_2 を用いてドライ酸化，スチーム酸化，酸窒化なども行える。

〔2〕**拡散マスクと選択拡散**　モノリシックICでは3章で述べたように部分的に異なった不純物元素を異なった濃度でドープする必要がある。そのためには不純物を**選択的に拡散**させなければならない。選択拡散はホトエッチングで作られた酸化膜マスクを用いて行われる。すなわち，図5.17（a）のSi基板の代わりに，図5.14⑦のホトレジスト加工を施したSi基板をもってくれば，拡散はSiのむき出しになった部分に対してのみ行われるようになる。もちろん，不純物元素は酸化膜にも入るが，B，P，Sb，Asなどではその速度がSiに比較して遅いので，適当な厚さの膜をつけておけば事実上不純物のSi中へ侵入を防止できる。Ca，Alではこの速度がSi中よりも速いので，酸化膜による選択拡散はできない。マスクの効果を保つのに必要な最小の酸化膜の厚さは，不純物元素の種類，拡散の温度と時間で異なる。図5.20と図5.21は代表的なアクセプタとドナーであるBとPについて測定されたデータである。選択拡散を行うには，こうしたデータをもとに必要な膜厚をあらかじめつけておく準備が必要である。

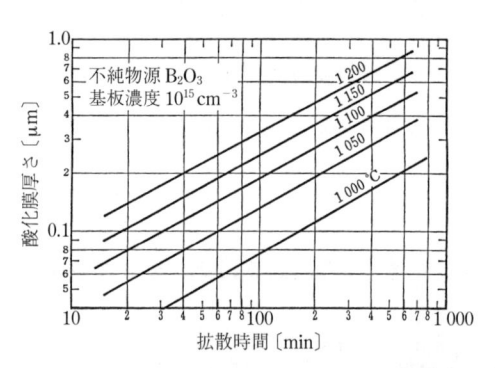

図5.20　ほう素（B）拡散のマスクに必要な酸化膜厚さ

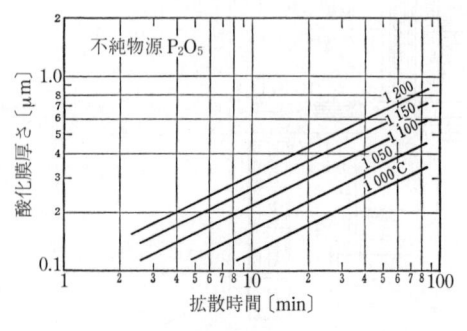

図5.21　りん（P）拡散のマスクに必要な酸化膜厚さ

〔**数値例 5.2**〕
アイソレーション拡散としてほう素（ボロン）Bを1200℃で1時間拡散を行うとき，選択拡散マスクとして必要な酸化膜を作ることを考えてみよう。

まず，図5.20より最小限0.26μmの膜厚が必要であることがわかる。余裕をみて0.5μmの酸化膜を水蒸気酸化で作るものとすれば，図5.6（b）より，1100℃で約35分酸化すればよい。

酸化膜をマスクにして選択拡散を行った後の不純物のドープの様子を模式的に描くと図5.22のようになる。n形基板にほう素（ボロン）を拡散すると基板中にpn接合ができ，酸化膜の表面はほう素（ボロン）を含んだガラス（borosilicateglass）になる。拡散は酸化膜を除いた窓から横方向にも進み，深さの80％程度侵入する。このためpn接合は曲面になる。前章の図4.14のところで述べたように，この曲面はpn接合の耐圧を下げる要因となる。浅い選択拡散では曲率半径が小さくなり，電界集中が強くなるため耐圧は高くとりにくく，超LSIでは大きい問題となっている。

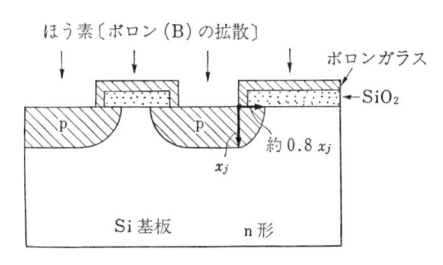

図5.22 選択拡散によるpn接合と不純物のドープ状態

5.5.3 熱拡散の理論

熱拡散によってできる不純物濃度分布は，図5.17に示したように表面で高く，深さ方向に減少していく。その形は，拡散温度Tと拡散時間tに依存する。定性的には図5.23（a）のように温度が高いほど，全体的に濃度が高くなり，図（b）のように時間が長いほど，深い部分の濃度が増す。ここでは不純物濃度Nの分布すなわち，深さ（表面からの距離）xの関数$N(x)$をTとtをパラメータとして定量的に扱ってみよう。

〔**1**〕 **拡散方程式** 図5.23（a）において，不純物の流れJを考える。熱拡散現象ではJは物質の濃度こう配に比例すると考えられるから

$$J = -D\frac{dN}{dx} \tag{5.7}$$

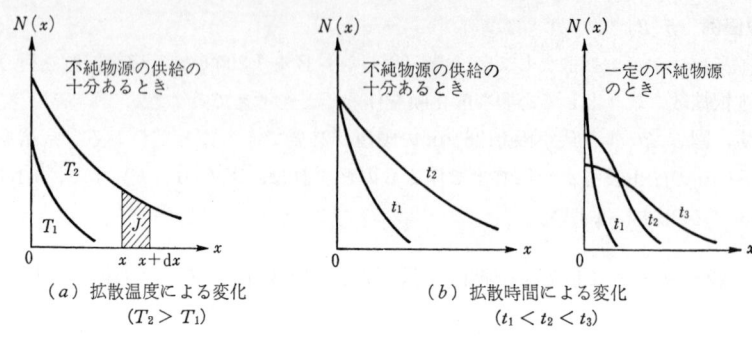

図5.23 熱拡散による不純物の濃度分布

(a) 拡散温度による変化 ($T_2 > T_1$)

(b) 拡散時間による変化 ($t_1 < t_2 < t_3$)

D は比例定数で，**拡散定数**（diffusion constant）とよばれる。符号が負なのは濃度の高いほうから低いほうへ流れることを示したものである。つぎに同図で $x \sim x+dx$ の間にある不純物の時間変化 dJ を考えると

$$\frac{d}{dt}(N \cdot dx) = -dJ \tag{5.8}$$

となる。以上の2式より

$$\frac{dN}{dt} = D\frac{d^2N}{dx^2} \tag{5.9}$$

が得られる。式（5.9）は一次元の**拡散方程式**（diffusion equation）とよばれるもので，不純物分布はこの式を境界条件を与えて解けば求められる。拡散定数 D は物質の種類（例えば Si への B の拡散）と温度 T によって変わる。また，詳しくは不純物や基板表面の濃度 N_B によっても変化する。普通は物質の組合わせごとに温度 T の関数として実験データを整理する。図5.24 は IC製作に用いられているドナー，アクセプタ不純物のシリコン中への拡散データをまとめたものである。この図より拡散定数 D は次式の形で表されることがわかる。

$$D = D_0 \exp\left(-\frac{E_a}{kT}\right) \tag{5.10}$$

ここに，E_a〔eV〕は**活性化エネルギー**（activation energy）である。

図5.24 より同じドナー不純物でも Sb や As は P に比較して大部遅いことがわかる。また，例えば B についてみると，1050℃で $D = 5 \times 10^{-14}$ cm^2/s に

5.5 熱拡散とイオン打込み

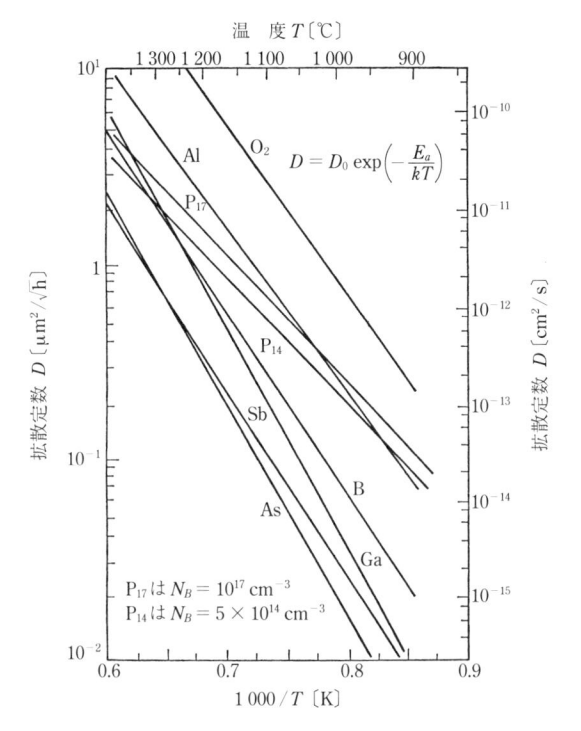

図 5.24 主要な元素のシリコン中への拡散定数
(面方位 ⟨111⟩)

対して 1200°C で 1.3×10^{-12} cm²/s となっており,約 2 桁の差がある。つまり D は温度に対して敏感であり,拡散工程ではきびしい温度の制御が必要であることがわかる。現在の拡散炉では ±1.0°C 以下に制御できる。

〔2〕 **代表的な不純物分布**　式 (5.9) の解をいくつかの代表的な拡散条件の下で求めた例を示そう。

(ⅰ) 不純物源の供給が十分あって,**表面濃度が一定値を保っている場合**, $x=0$ で $N = Ns$ (一定値:表面濃度) なる環境条件で解くと,つぎの**補誤差関数分布**が得られる。

$$N(x,\ t) = Ns\,\mathrm{erfc}\left(\frac{x}{2\sqrt{Dt}}\right) \tag{5.11}$$

ここに,erfc は**補誤差関数** (complementary error function) といわれる関

数で,次式で定義される[†]。

$$\mathrm{erfc}(y) = \frac{2}{\sqrt{\pi}} \int_y^\infty \exp(-u^2) \mathrm{d}u \qquad (5.12)$$

その形は図 5.25 に示すとおりである。

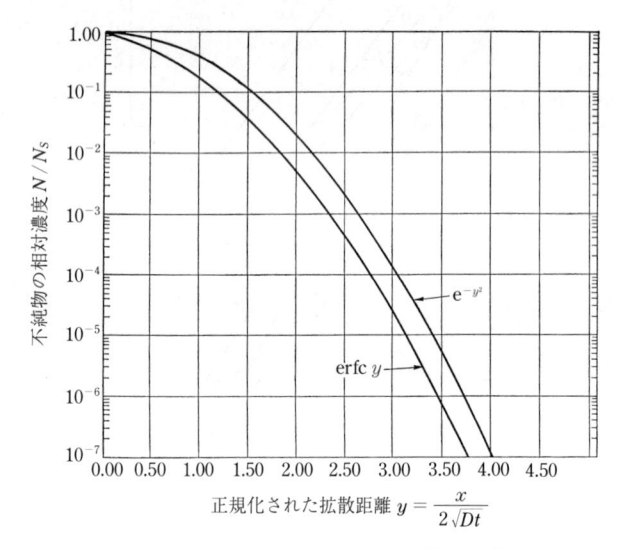

図 5.25　erfc (y) および $\exp(-y^2)$ の関数形

表面濃度 N_S は不純物源の供給が十分にあれば,基板物質中への不純物元素の**固溶限**(solid solubility;固体の中への溶解度の上限値)できまる。図 5.26 はシリコン中へのドナー,アクセプタの固溶限のデータである(このデータは電気抵抗の測定から求めた値であるが,不純物濃度が高くなると完全にイオン化しない場合もあるので,注意が必要である)。

(ⅱ)　不純物源を**基板表面に一定量**だけ置いて,その他は供給なしとして拡散を行う場合,$x=0$ で $\mathrm{d}N/\mathrm{d}x=0$ (表面を通っての不純物の供給がない)なる境界条件で解くと,つぎの**ガウス分布**が得られる。

[†] 誤差関数 $\mathrm{erf}(y) = \frac{2}{\sqrt{\pi}} \int_0^y \exp(-u^2)\mathrm{d}u$ を用いると,$\mathrm{erfc}(y) = 1 - \mathrm{erf}(y)$ である。$\mathrm{erf}(y)$ の性質としては,$\mathrm{erf}(0)=0$, $\mathrm{erf}(\infty)=1$, $\frac{\mathrm{d}}{\mathrm{d}y}\mathrm{erf}(y) = \frac{2}{\sqrt{\pi}}\exp(-u^2)$

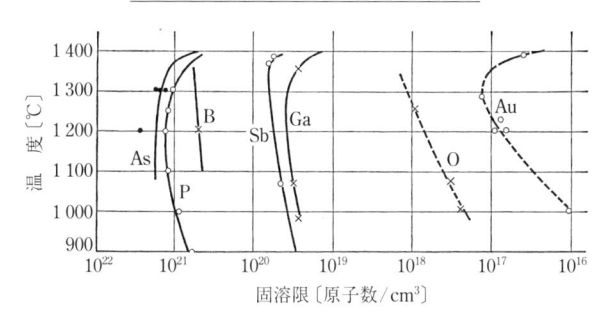

図 5.26　シリコンに対する固溶限と温度の関係

$$N(x,\ t) = \frac{Q_0}{\sqrt{\pi D t}} \exp\left(-\frac{x^2}{4Dt}\right) \tag{5.13}$$

これに，Q_0 は最初に表面につけられた不純物の総量である。

この分布の形も図 5.25 に併記してある。このときの表面濃度は

$$N_S = N(0,\ t) = \frac{Q_0}{\sqrt{\pi D t}} \tag{5.14}$$

となる。

　表面に不純物量 Q_0 をつけるには，（ⅰ）の表面濃度一定の拡散を短時間行えばよい。この操作を**プレデポジション**（pre-deposition）または単に**デポジション**（deposition）という†。このとき Q_0 は式（5.11）を積分して求められて

$$Q_0 = \int_0^\infty N_{s1}\ \mathrm{erfc}\left(\frac{x}{2\sqrt{D_1 t_1}}\right) dx = \frac{2N_{s1}}{\sqrt{\pi}}\sqrt{D_1 t_1} \tag{5.15}$$

ここに，N_{s1}，D_1，t_1 はデポジションのときの値である。

　このデポジションまたはプレデポジションに対して（ⅱ）の拡散は**ドライブイン**（drive-in）とよばれることがある。

　図 5.23（a），（b）は，（ⅰ）と（ⅱ）の不純物分布が拡散温度と拡散時間でどのように変化するかを概念的に描いてある。温度を上げれば濃く深く，時間を長くすれば深く拡散が行われる。そしてこの二つの拡散を組合せ（すなわち deposition and drive-in）ることにより様々な不純物濃度の分布を作ることができる。

---

† イオン打込みがこれに適しているので，最近ではイオン打込みが広く用いられている。

5.5.4 拡散技術の応用

〔1〕 **pn 接合の形成** 多くの場合,不純物の拡散は pn 接合の形成のために行われる。この場合には拡散する基板の中には,すでに異種の不純物が含まれている。例えば,図 5.27 のように n 形シリコン基板に p 形の不純物を拡散した場合,両者の不純物濃度が等しくなったところ $x = x_j$ が接合となる。前項で述べた式 (5.11)〜(5.15) の諸関係と図 5.24〜図 5.26 を組み合わせて pn 接合の位置を求めることができる。

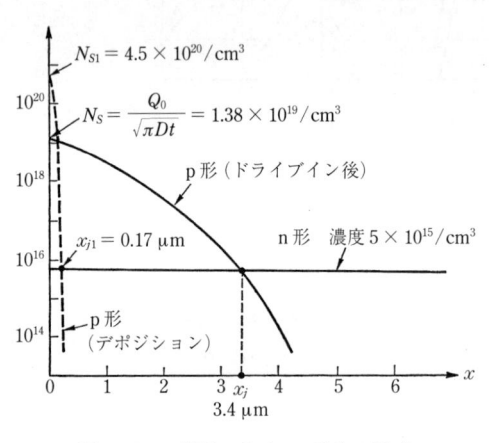

図 5.27 拡散による pn 接合の形成

つぎに,代表的なプレデポジションとドライブイン拡散の例であるほう素 (B) を用いた npn 形トランジスタのベース拡散を例にとって数値例を説明しよう。便宜上,図 5.24〜図 5.26 より使用する数値をぬき出して表 5.9 を作り,これと図 5.27 を参照しつつ計算を行う。

〔**数値例 5.3**〕

ほう素 (B) のプレデポジションとして $N_B = 5 \times 10^{15}$ cm^{-3} の n 形シリコンに 950℃で 30 分拡散した場合

表 5.9 ほう素とりんのシリコン中への拡散

T 〔℃〕	ほう素 (B)		りん (P)	
	N_0 〔cm^{-3}〕	D 〔μm^2/h〕	N_0 〔cm^{-3}〕	D 〔μm^2/h〕
950	4.5×10^{20}	1.6×10^{-3}	8.5×10^{20}	2.2×10^{-2}	1.7×10^{-3}
1 000		5.2×10^{-3}	1.0×10^{21}	6.0×10^{-2}	6.4×10^{-3}
1 050	5.0×10^{20}	1.7×10^{-2}	1.1×10^{21}	1.7×10^{-1}	2.0×10^{-2}
1 100		5.8×10^{-2}	1.2×10^{21}	3.7×10^{-1}	7.3×10^{-2}
1 150	5.2×10^{20}	1.6×10^{-1}	1.3×10^{21}	8.1×10^{-1}	1.8×10^{-1}
				$N_S \approx 1 \times 10^{21}$	$N_S \approx 1 \times 10^{19}$

N_0:固溶源〔cm^{-3}〕 N_S:表面濃度〔cm^{-3}〕

5.5 熱拡散とイオン打込み

$\sqrt{D_1 t_1} = \sqrt{1.6 \times 10^{-3} \times 0.5} = 2.8 \times 10^{-2}\,\mu\text{m}$

pn 接合の位置を求めると，$N_B/N_0 = 5 \times 10^{15}/4.5 \times 10^{20} = 1.1 \times 10^{-5}$ より erfc が 1.1×10^{-5} になる $x/2\sqrt{Dt}$ の値 3.1 を求め，これより

$x_{j1} = 3.1 \times 2\sqrt{D_1 t_1} = 0.17\,\mu\text{m}$

デポジットされた不純物原子の総量 Q_0 は

$Q_0 = \dfrac{2N_{S_1}}{\sqrt{\pi}}\sqrt{D_1 t} = \dfrac{2 \times 4.5 \times 10^{20}}{\sqrt{\pi}} \times 2.8 \times 10^{-2} \times 10^{-4} = 1.4 \times 10^{15}\,\text{cm}^{-2}$

つぎに，ドライブインとして 1150°C で 2 時間拡散を行った後の pn 接合の位置は，$\sqrt{Dt} = \sqrt{1.6 \times 10^{-1} \times 2} = 0.57\,\mu\text{m}$ と表面濃度 $N_S = Q_0/\sqrt{\pi Dt} = 1.38 \times 10^{19}\,\text{cm}^{-3}$ より，再び図 5.25 を用いて

$x_j = 2.8 \times 2\sqrt{Dt} = 3.2\,\mu\text{m}$

〔2〕 **拡散層の測定**　拡散によって pn 接合を行った場合，普通つぎの二つの量が比較的容易に測定できるので，プロセスのコントロールによく利用される。

① pn 接合の深さ x_j
② 拡散層のシート抵抗率（シート抵抗）ρ_s

接合深さ x_j は，図 5.28 のようなジグ（治具）を用いて，拡散されたウェーハを機械的に断面研磨し，ステイニングとよばれる化学処理を施した後，顕微鏡で寸法測定して求められる。すなわち，図 5.29 より

$$x_j = d \sin\theta \tag{5.16}$$

ここに，θ は研磨の角度，d は顕微鏡で測定した寸法である。

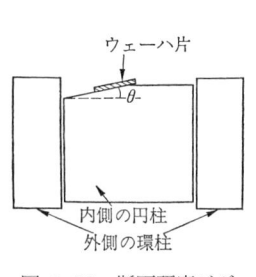

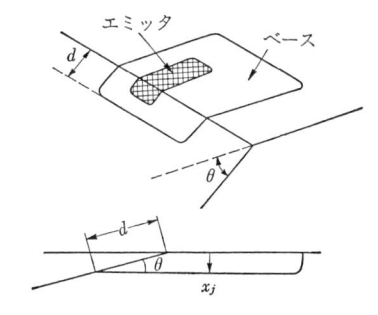

図 5.28　断面研磨ジグ　　図 5.29　断面研磨による接合深さ x_j の測定

最近ではウェーハを割り，その断面を直接電子顕微鏡で測定する方法もとられている。

シート抵抗 ρ_s は，図 5.30 (a) のように，ある層の正方形の面に直角に相対する二つの側面間の抵抗である。体積抵抗率が ρ のときは

$$\rho_s = \rho \frac{l}{lx} = \frac{\rho}{x}$$

ρ の単位は〔Ω・cm〕だから，ρ_s〔Ω〕の単位をもつ。また正方形の板一つ分の抵抗という意味で〔Ω/□〕ともかく，シート抵抗 ρ_s は図 5.30 (b) のような方法で電気的な 4 本の深針（four point probe）を立てて抵抗値を測定することによって求められる。

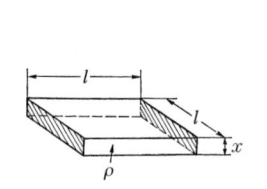

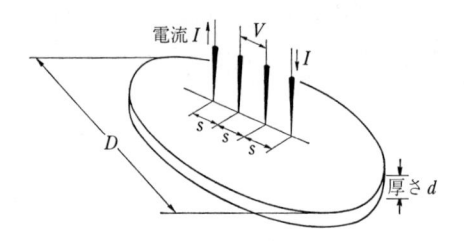

(a) シート抵抗 $\rho_s = \rho/x$　　(b) 四探針法（間隔 s の 4 本の探針を立て，両端の針の間に電流を流し，内側の針の間の電位を測定する）

図 5.30　拡散層のシート抵抗 ρ_2 と四深針法による測定

拡散層の場合，$d = x_j$ で非常に薄く，また均一ではないが，平均的な値は次式で与えられる。

$$\rho = \frac{\pi x_j}{\ln 2} \cdot \frac{V}{I} = 4.53 x_j \frac{V}{I} \qquad (5.17)$$

ゆえに

$$\rho_s = \frac{\rho}{x_j} = 4.53 \frac{V}{I} \qquad (5.18)$$

ただし，$D \gg S$，x_j である。

シート抵抗の測定は拡散層の抵抗率のほかにウェーハの抵抗率，エピタキシャル層の抵抗率などを知るうえからも大変重要な測定である。

〔3〕 **拡散の制御と実際**　　いままでの説明はわかりやすく行うために，理

想化された条件で行ってきた。現実の拡散プロセスでは以上の理論からはずれる場合が少なくない。その原因の大きいものをあげればつぎのとおりである。

① 拡散定数 D が一定値でなく濃度によって変わる。
② 表面に一定量の不純物源 Q_0 をつける精度。
③ 拡散は熱処理であり酸化が伴うため，基板の一部が酸化される。
④ 酸化によって表面の不純物密度が変化する。

例えば，①の例としてりん（P）の拡散定数のデータをみると，図 5.24 には基板濃度 N_B の差（図中の P_{17} と P_{14} の差）が，表 5.9 では拡散時の表面濃度による差（表中の $N_s = 1\times10^{21}$ と 1×10^{19} の差）が示されている。この現象は，浅い高濃度の拡散において著しい。例えば，高速バイポーラ IC のエミッタに使われる As の拡散は図 5.25 の形からかなりくずれてくることが知られている（As 不純物分布の実例を図 5.34（b）に示した）。また，②については式（5.13）の Q_0 は表面に付着された状態を考えて式が解かれているが，実際には図 5.27 の点線のような状態から出発することが多い。このためプレデポジション時の $\sqrt{Dt}$ 値がドライブイン時の $\sqrt{Dt}$ の値に比して十分小さくないと誤差が生じる。③と④については 5.2 節の酸化の項で述べたとおりである。

ところで，式（5.11），式（5.13）はともに

$$y \equiv \frac{x}{2\sqrt{Dt}} \tag{5.19}$$

とおくと

（i） $N(x, t) = N_s \,\mathrm{erfc}(y)$ （5.20）

（ii） $N(x, t) = \dfrac{Q_0}{\sqrt{\pi D t}} \exp(-y^2)$ （5.21）

の形になる。これは y が一定ならば分布の形は同じということを意味している。つまり，x と t と D（すなわち T）は式（5.19）の中でトレードオフできるわけで，実際に拡散を制御する手段としてよく利用される。例えば，T を一定にして 4 倍の時間拡散を行うと，（i）の場合には x 方向に 2 倍延びた

形になるし，(ii)の場合には2倍延ばした上に全体の濃度を1/2にした形になることがわかる．pn接合を必要な深さに作りたいときには予備的に**先行拡散**を行って，そのデータと上の関係式を参考にして補正を行う必要がある．

熱拡散技術は古くから用いられてきた技術であるが，(1) 装置構成が簡単であること，(2) 原理的にはいくらでも浅い拡散層が形成できること等の利点があり，多くの技術開発が進められ，いまでも広く用いられている．

5.5.5 イオン打込み（イオン注入）

イオン打込み技術は熱拡散技術とともに広く用いられている不純物ドーピング技術であり，ドープ量の精度，均一性，濃度分布の制御性など精度の点で優れている．pn接合の形成はもちろんのことMOS-LSIのチャネル領域のドーピングによるV_Tの制御，C-MOS用のウエル領域形成などに使用され，欠かせないプロセス技術となっている．反面，高濃度のドーピングには処理時間や欠陥の発生のため適用範囲に制限があったが，1980年頃から大電流（10 mA以上）打込み装置や高濃度（$10^{15}/cm^2$以上）打込み技術の進歩によって広く用いられるようになっている．

〔*1*〕 **イオン打込みの原理と装置**　図 *5.31* はイオン打込み装置の原理図である．イオン源で発生された，B^+，BF_2^+，P^+，As^+あるいはSb^+イオンはレンズ系で加速，収束されて，偏向用電磁石による質量分離器に入り，必要なイオンのみが偏向され，走査系に入る．ここでウェーハ全面にわたって均一な打込みが行われるようにX-Y方向に走査されウェーハ表面に衝突し，打ち込まれる．衝突の速度vと打込みエネルギーEは次式で与えられる．

$$E = \frac{1}{2}mv^2 = qV_a \tag{5.22}$$

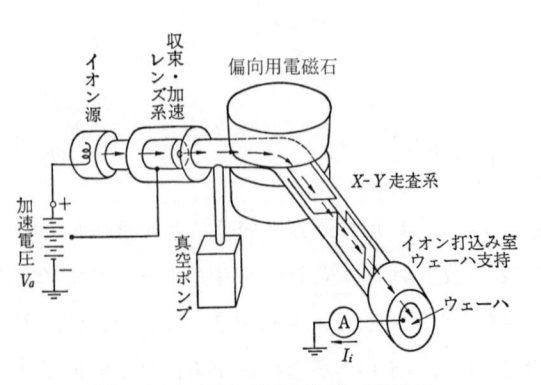

図 *5.31*　イオン打込み装置（原理図）

5.5 熱拡散とイオン打込み

ここに，m はイオンの質量，V_a は加速電圧である。

打ち込まれたイオンは基板の電子や原子核と衝突をくり返しつつ，しだいにエネルギーを失って停止する。イオンが基板のどの深さまで到達するかは，イオンの種類，加速エネルギーまたは加速電圧，基板の種類や面方位と温度などで左右される。衝突のためイオンの動きは乱れ，打ち込まれたイオンが濃度分布 $N(x)$ は，図 5.32 (a) のような形になる。衝突による動きが統計的過程†に従うものとすれば，近似的にガウス分布で示すことができ

$$N(x) = \frac{N_{DS}}{\sqrt{2\pi}\,\sigma} \exp\left[-\frac{(x-R_p)^2}{2\sigma^2}\right] \qquad (5.23)$$

で表現できるとされている。ここに，R_p は**投影飛程**（projected range）とよばれ，分布が極大値になる深さを，また σ は**投影分散**（projected deviation）とよばれ，分布の広がりを示し，N_{DS} は打ち込まれたイオンの単位面積当たり

(a) 打込みイオンの分布 (ガウス分布)

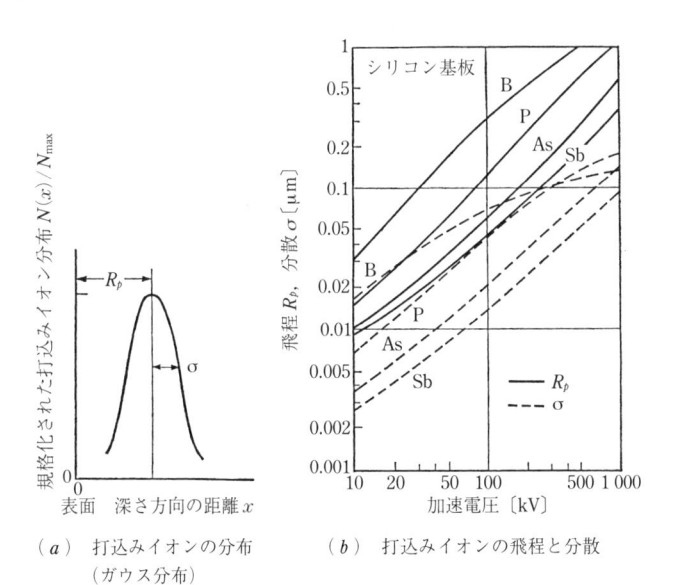

(b) 打込みイオンの飛程と分散

図 5.32　イオン打込みによる分布

---

† 統計的過程に従うとは，イオンの衝突がランダムに起こることであり，基板が単結晶であると結晶を構成する原子列の規則性から，この式の分布から外れてくる。結晶面の傾きを変えたり，表面を非晶質（アモルファス）化しておくとこの条件に良く合うようになる。

の総量で**ドーズ量**（dose）とよばれる。ドーズ量 N_{DS}〔個/cm^2〕はイオンビームの電流 I_i を測定すれば容易に知ることができる。すなわち

$$N_{DS} = I_i t / q \qquad (5.24)$$

ここに，I_i はイオン電流密度〔A/cm^2〕，t は打込み時間〔s〕である。

シリコン基板へ打込みを行った場合の R_p と σ は主たるドナー，アクセプタ元素について理論的に計算されている。図 5.32（b）はその例である。重い元素ほど R_p は短く，σ も小さい。σ/R_p は 15～30% 程度である。R_p はほぼ加速電圧 V_a に比例するが，重いひ素（As）を 10 keV で打ち込んだ場合に 0.01 μm 程度，軽いほう素（B）を 200 keV で打ち込んだ場合で 0.6 μm 程度である。前節で述べた拡散の深さに比べると小さい。最近 2～3 MeV という高エネルギーのイオン打込み装置が開発されて，1 μm を超える打込みも可能になっている。

以上のように，R_p, σ, N_{DS} などが V_a, I_i などの電気的測定で容易に測定され，制御できるのが，イオン打込み技術が高精度の不純物ドープ技術として広く用いられている理由である。

〔2〕 **チャネリングによる不純物分布のずれ**　式（5.23）はイオンの衝突が統計的過程に従う場合，つまり非晶質の材料にイオン打込みを行った場合に得られるものである。しかし実際に用いる Si は単結晶材料であり，このため結晶の主方位面，すなわち〈100〉，〈110〉，〈111〉等の方向からみると原子の存在しない領域，**チャネル**がみえる。チャネルの中に打ち込まれたイオンは衝突によるエネルギー損失を受けることが少なく，結晶中に深く貫入する。このため，図 5.32 の R_p よりもかなり深い部分に濃度の高い不純物分布を作ることがある。図 5.33 は

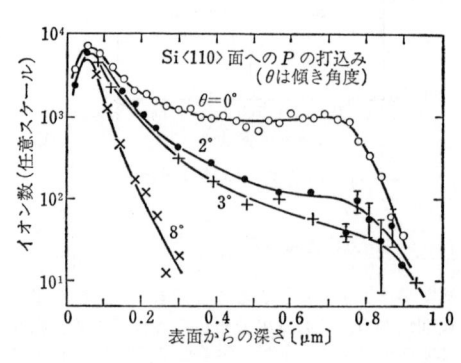

図 5.33　イオン打込みの分布とチャネリング現象

その例である。この現象は最近の超 LSI の MOS トランジスタのように浅いソース/ドレイン領域が必要な場合，大きな問題となる。質量数の大きく重い As イオンでは $0.1\,\mu\mathrm{m}$ 程度の浅い分布が作れるが，軽い B イオンでは簡単に深く入り拡散定数も大きいので浅い p 領域は作りにくい。これを防ぐには基板表面を非晶質化（Si^+ や Ge^+ のイオン注入して）するか，結晶軸を主方位面から数度傾けてやればよい。同図では 8 度傾けたときにチャネリングの影響がなくなっている[†]。

〔3〕 **イオン打込みによる結晶欠陥とその回復**　　イオン打込みはその原理上，打ち込まれたイオンがシリコン結晶基板の原子と衝突し，エネルギーを交換するので，衝突の際に格子原子を変位させ結晶欠陥を生ぜしめる。1 個のイオンの衝突によって生じる一次欠陥の数は $10^3 \sim 10^4$ 個のオーダだといわれている。これより本質的にかなり激しいプロセスであることがわかる。結晶の損傷の密度は変位したシリコン原子の濃度分布を計算することによって推定できる。B や As を打込んだ場合の計算によると損傷の密度は R_p よりやや浅い所（$50 \sim 80\%$）にピーク値をもっている。幸いなことに，これらの**欠陥**（defect）は**アニール**（annealing）とよばれる熱処理工程によって回復できる。もともとイオンを打ち込んだ基板は，打ち込んだそのままでは①欠陥の存在，②打込みイオンの多くが結晶格子の中で置換位置になくキャリヤになっていないなどの原因で非常に高い抵抗率の特性を示す。したがって，打込み後，基板を加熱処理するアニール工程は欠陥回復のためのアニールとキャリヤ回復のためのアニールの二つの目的をもっている。普通，N_2 または Ar ガス雰囲気で $800 \sim 1\,000\,°\mathrm{C}$ で $10 \sim 60$ 分程度の熱処理で回復が行われる。しかし，こうしたアニールによって欠陥の回復が行われるのは，ドーズ量が 10^{14} 個/cm^2 ぐらい，つまりバイポーラトランジスタのベース領域の打込みぐらいまでであって，それ以上の濃い打込みではアニールを行ってもその後二次欠陥が残ってしまう。例えば，バイポーラトランジスタのエミッタ領域や MOS トラン

[†]　なお，アニールによる熱処理のため熱拡散が生じ，アニール後の不純物分布は一般に熱拡散のガウス分布に近くなることが多い。

ジスタのソースやドレーン領域を形成するには 10^{16} 個/cm² 以上の濃い不純物量を打ち込まなければならない場合が生じる。こうした場合には図 5.34 (a) に示すようにアニール後も二次欠陥が残り,その部分にエミッタ接合があたると逆方向リーク電流や雑音の増加を招くので注意が必要である。一般には図 (b) のように欠陥の分布は接合深さよりも浅くなるので問題は少ない。

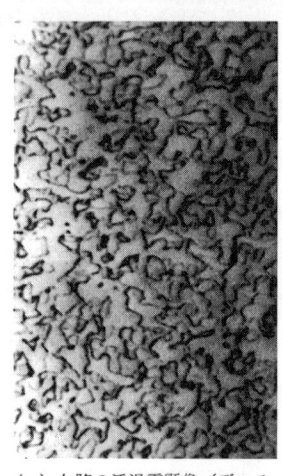

(a) 欠陥の透過電顕像(ディスロケーションループ)

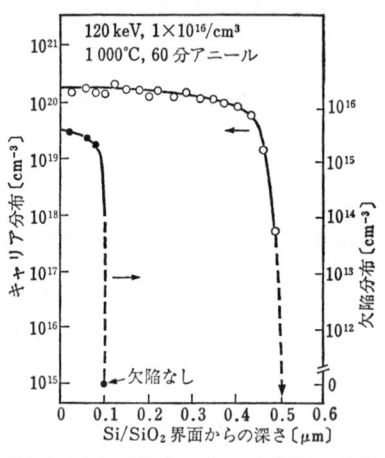

(b) As⁺イオン打込み―アニール後のキャリヤ分布(○)と結晶欠陥分布(●)

図 5.34 高濃度イオン打込み時の欠陥とキャリヤ分布および残留欠陥分布

〔4〕 **金属汚染と酸化膜の帯電** イオン打込みでは質量分離器をもっているので,特定のイオンのみを選択でき,純度の高い不純物ドーピングができるのが特色である。しかし,装置内部にある物質がイオン化されるとその(電荷/質量)比によっては同時に選択されて汚染の原因となる。イオン源フィラメントの W,チャンバー容器の Mo,ステンレスやセラミック支持具の Fe,Cr,Ni や Al,Si,O などが汚染源として報告されており,いろいろな対策がとられている。

また,注入されたイオンがイオンのまま残留すると電荷が発生する。これは SiO_2 などの絶縁膜では大きい問題になる。特に,最近の MOS-LSI ではゲート絶縁膜が非常に薄くなっているため少い電荷量で大きな電界が生じゲート破

壊をひきおこす原因となる。電荷を逃したり，中和させる等の工夫がされている。

〔5〕 **イオン打込みの応用**

モノリシック IC の素子製作に利用できるイオン打込みの条件を加速電圧とドーズ量で分類したものを図 5.35 に示した。

イオン打込みは，不純物量を精密に制御して基板表面近くにピークをもつように注入することができるので，熱拡散のための不純物の**プレデポジション**として非常に優れており，この目的で広く用いられている。大電流や高電圧の打込み装置が実用化されてから，適用範囲は IC 製造の全工程に及んでいる。

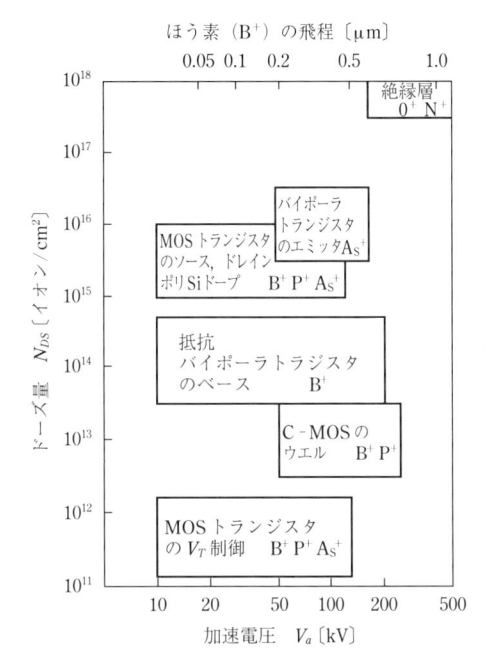

図 5.35 デバイスの製作に必要なイオン打込みの条件範囲

イオン打込みも拡散と同じく，マスク物質をシリコン基板の上につけて選択的に打込みを行うことができる。酸化膜のみならずホトレジスト膜もマスクとして使用でき，簡便であるのでよく利用される。この場合，R_p と σ は図 5.32 のシリコンの場合とほぼ同じであると考えてよい。

高精度制御という特長を活用して MOS トランジスタのしきい値電圧の制御，C-MOS のウェルドーピング，精度の良い抵抗の形成，ベース領域やソースドレイン領域への精密なプレデポジションなどに用いられている。例えば，MOS-FET のしきい値電圧 V_T は，4.6 節で説明したようにチャネル領域の基板の不純物濃度によって変えられる。したがって，イオン打込みを用いて濃度を精密に制御することによって V_T のコントロールを行うことができる。図 5.36 はこの様子を示したものである。打ち込まれたイオンがちょうどゲート

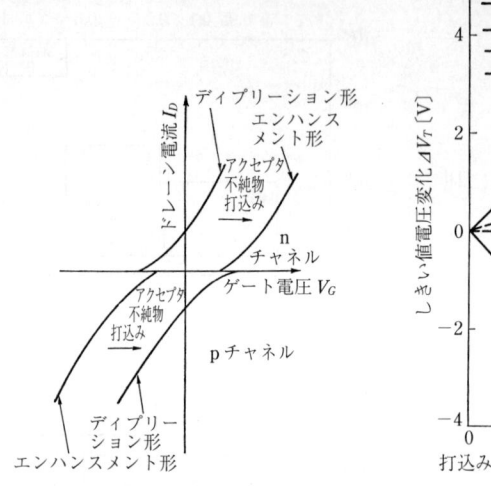

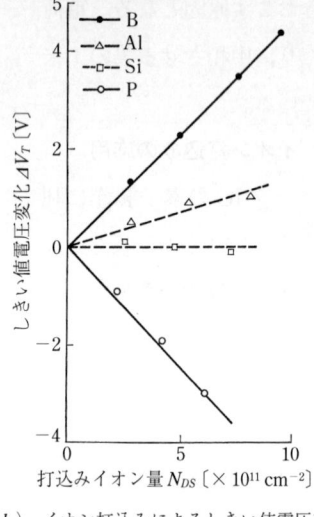

(a) イオン打込みでMOS-FETの動作形を変える

(b) イオン打込みによるしきい値電圧変化 (950℃熱処理)

図5.36 イオン打込みによるMOS-FETのしきい値電圧の制御

酸化膜の直下にあって，すべて V_T の制御に寄与するものとすれば V_T の変化量は

$$\Delta V_T = qN_{DS}/C_{ox} \qquad (5.25)$$

となるはずである．図5.36のほう素とりんの場合にはだいたいこの条件が成り立っていることがわかる．

〔**数値例 5.6**〕

ほう素のイオン打込みによって，nチャネルMOS-FETの V_T を+1.5Vだけ高くしたい．0.1μmのゲート酸化膜を通して打込みを行うとして打込みの条件を求めよう．

シリコン中に大部分のイオンが打ち込まれるように，シリコン表面より80nmの位置にピークがくるようにする．酸化膜を通して打ち込むので，酸化膜に対する飛程パラメータが必要だが，ここでは近似的にシリコンと同じと考えて概算する．

$R_p = 100 + 80 = 180$ nm

図5.32より必要な加速電圧は

$V_a = 50$ keV

打ち込まれたイオンがすべて有効に働くとすれば，必要なドーズ量は

$$N_{DS} = \frac{\Delta V_T\, C_{ox}}{q} = 1.5 \times \frac{4 \times 8.855 \times 10^{-14}}{1\,000 \times 10^{-8}} \times \frac{1}{1.60 \times 10^{-19}}$$
$$= 3.3 \times 10^{11}/\mathrm{cm}^2$$

5.6 エピタキシャル成長とCVD技術

シリコン基板の中に不純物をドープさせる工程のほかに，**薄膜形成技術**すなわち，（ⅰ）シリコン基板の表面に不純物を含んだシリコン単結晶の**薄膜**を成長させたり，（ⅱ）絶縁物や半導体あるいは金属の**薄膜**を化学反応を用いて堆積させる工程もIC製造の中でしばしば使用される。前者を**エピタキシャル成長**（epitaxial growth），後者を化学的蒸着法（**ケミカルベーパデポジション**；chemical vapour deposition，略して**CVD**）とよんでいる。いずれも気相における化学反応を用いて物質を基板の上に成長させるので，**気相成長**とばれる。バイポーラICではコレクタ領域やアイソレーション領域をエピタキシャル成長で作ることが多く，MOS-ICではシリコンゲートの形成にポリシリコン膜をCVDで作る。また，特にCVD技術は近年大いに進歩し，広い範囲で使用されている。例えばLSIで重要になってきた配線の多層化や，パッシベーション膜にもCVDを用いた絶縁膜が利用されている。

5.6.1 エピタキシャル成長法

エピタキシャル成長とは，その語源が示すように，基板の上に結晶軸に沿って同じ結晶構造の**単結晶を成長**させる工程をいう。その原理は図5.37（a）に示すような反応管の中に表面を清浄にしたシリコンウェーハを入れ，1 100～1 200℃前後の高温にし，シリコンの化合物，例えば，四塩化シリコン（silicon tetrachloride, $SiCl_4$）やモノシラン（silane, SiH_4）をH_2やH_2を含んだN_2ガスと混合させると，化学反応が起こってシリコンが分離し，基板表面の上に堆積し結晶化する。結晶軸がそろった良質の結晶層を得るには，最初の表面の状態が非常に重要である。表5.10はシリコンのエピタキシャル成長で使用される反応の例である。成長層の厚さは成長時間に比例し，その速度は反

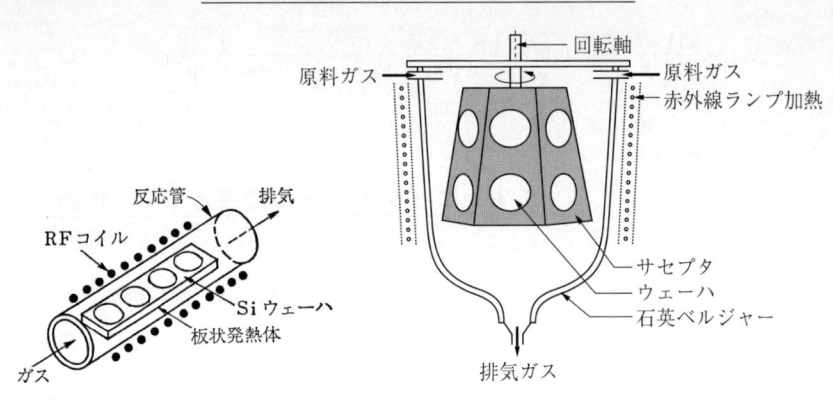

(a) 横型エピタキシャル装置（原理図）

(b) シリンダ型エピタキシャル装置

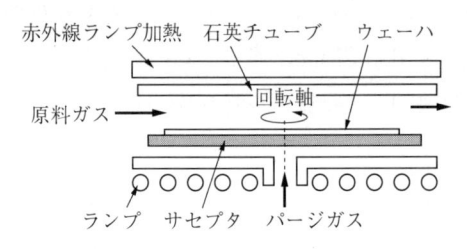

(c) 枚葉式エピタキシャル装置の概要図

図 5.37 気相成長（エピタキシャル成長，CVD）に用いられる装置

表 5.10 シリコン半導体の気相反応による Epi 成長法

成 長 法	原　　料	成長温度(°C)	反　応　式	成長速度(μm/min)
水素還元	$SiCl_4$（液体）※ 四塩化シリコン	1150～1250	$SiCl_4 + 2H_2 \rightarrow Si\downarrow + 4HCl$	0.4～1.5
水素還元	$SiHCl_3$（液体）※ トリクロルシラン	1100～1200	$SiHCl_3 + H_2 \rightarrow Si\downarrow + 3HCl$	0.4～2.0
熱分解	SiH_2Cl_2（気体）※ ジクロルシラン	1050～1150	$SiH_2Cl_2 \rightarrow Si\downarrow + 2HCl$	0.4～3.0
熱分解	SiH_4（気体）※ モノシラン	950～1050	$SiH_4 \rightarrow Si\downarrow + 2H_2$	0.2～0.3

※（　）は常温，常圧での形態を表す。

応の種類，反応物質の供給量，混合比および温度できまる。反応ガスの中に気体の不純物源（例えば，ドナーとしては PH_3 (phosphine) や AsH_3 (arsine)，

アクセプタとしては B_2H_6（diborane）など）を微量混入しておくと，成長層の導電形と抵抗率を任意に制御できる。

ウェーハ径が大型化するに伴い装置も改良され，図 5.37（b）のシリンダ型や図（c）の枚葉式などが実用に供されている。シリンダ型は多面体のサセプタにシリコンウェーハを立てかけて設置し，ランプで加熱する。MOS あるいはバイポーラ用のエピタキシャル層つきのウェーハは主としてこの形のシリンダ型装置で生産されている。ウェーハ径が大きくなると設置できる枚数が少なくなり処理能力が低下し，生産コストが上昇する。

ウェーハが大口径化してもスループットを落とさない方法として，ウェーハを一枚ずつ処理する**枚葉式**エピ装置が開発されている。これを図 5.37（c）に示した。ランプあるいは抵抗加熱で加熱し，ウェーハの表面に沿って反応ガスを流す。ウェーハは回転させており面内均一性の良いエピ膜が得られている。

エピタキシャル成長の特色は

(ⅰ) 成長層がシリコン基板の表面上にできる。

(ⅱ) 不純物濃度分布が自由に変えられる。例えば，原理的には**高濃度基板の上に低濃度の層**を作ったり，急峻な pn 接合が作れる。

(ⅲ) 厚い層が短時間にできるので，深い pn 接合が作りやすい。

(ⅳ) **ベーパエッチ**（vapour etch）といって表面をけずりとることもできる。清浄なエッチ面が得られる。

(ⅴ) 欠点は，結晶性が基板表面状態や原料純度に敏感で欠陥のない広い層ができにくい。pn 接合耐圧も低くなりやすい。量産性が低く高価になる。

以下，代表的な反応について具体例を説明しよう。

〔**1**〕 **四塩化シリコン（$SiCl_4$）の水素還元法** 高純度のエピタキシャル層を得る最も一般的な方法はハロゲン化物の還元で，H_2 をキャリヤガスとして，また還元剤として使用する。$SiCl_4$ は常温では液体で，高純度のものが得やすく，そのままでエピタキシャル成長させると 50 Ω·cm 以上の n 形の層が得られる。図 5.38 のように H_2 をくぐらせて反応管に運び込む。反応は，

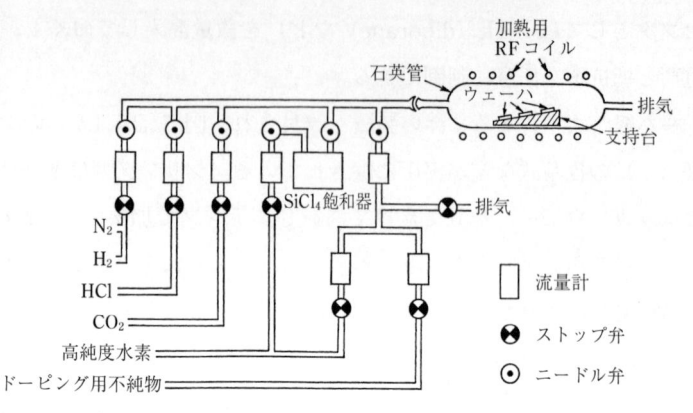

図 5.38 横形炉を用いた $SiCl_4$ 水素還元法によるエピタキシャル成長装置のガス反応系（HCl のペーパエッチ，CO_2 酸化反応も可能）

$1\,100°C \sim 1\,300°C$ で

$$SiCl_4 + 2H_2（ガス）\rightarrow Si（固体）+ 4HCl（ガス） \quad (5.26)$$

と考えられる。成長速度は，温度，ガス流量，$SiCl_4$ と H_2 のモル比などで変わる。図 5.39 と図 5.40 はその一例である。図 5.39 からわかるように，低温では温度が反応速度を制限して成長速度をきめている（反応律速）が，高温になると反応物質の供給速度で成長速度が制限（拡散律速）されて平坦になってくる。このため，温度としては $1\,200°C$ 以上が望ましい。一方，$SiCl_4/H_2$ のモル比を変えると，図 5.40 のように最初は $SiCl_4$ の量に比例して成長速度

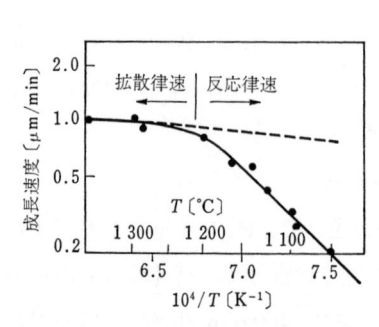

図 5.39 成長速度の反応温度依存性（$SiCl_4$ の水素還元法）

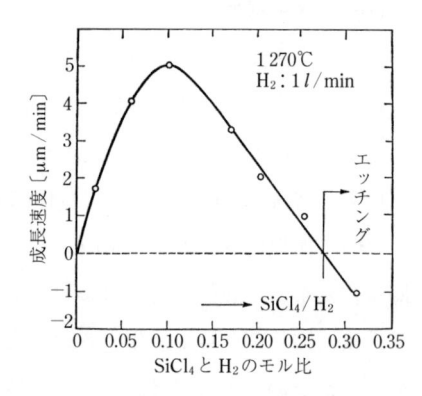

図 5.40 $SiCl_4$ 濃度による成長速度の変化

が増し，モル比が 0.1 程度で最大となり，約 5 μm/min に達する。0.27 を超すと成長速度は負となる。これはエッチングが起こっていることを示している。これはベーパエッチとよばれ清浄なエッチングができるのでエピタキシャル成長前の基板の清浄化に用いられる。

　成長層の結晶性は高温でゆっくり成長させるほうがよく，普通使用される速度は 1.0 μm/min 程度である。厚さ数 μm の層が数分間で形成できるので，10 μm 前後の比較的厚い膜の形成に使われる。よい結晶を得るには基板表面の条件のほかに，使用するガスの純度も重要で 10 ppm 程度の酸素，水分，有機物の混入があると温度やモル比を変えてもよい結晶の得られる条件は得られない。

　成長層の不純物濃度はホスフィン（phosphine, PH_3）やアルシン（arsine, AsH_3）あるいはジボラン（diborane, B_2H_6）あるいは五塩化アンチモン（$SbCl_5$）等をガスに混入させて制御できる。例えば図 5.41 (a) はホスフィンを用いて n 形層を形成した例で，ガスの混合比を変えることによって抵抗率にして 0.006〜5 Ω・cm の値が得られている。反応ガス中の不純物がエピタキシャル層内に取り込まれる割合を示す量を係数 a で表す。図 (a) では $a \simeq 1$ であるが，この値も条件によって変わる。図 (b) はそのデータである。

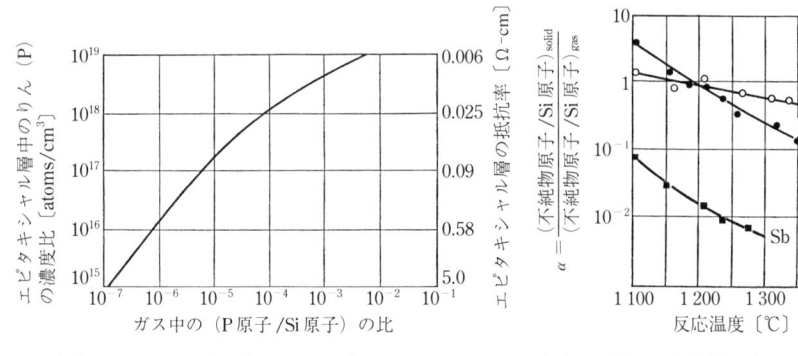

(a) ホスフィン（PH_3）によるエピタキシャル層のドーピング

(b) 係数の温度依存性〔$SiCl_4$ の水素還元法（成長速度 1 μm/min）〕

図 5.41　エピタキシャル成長層の不純物濃度制御

〔2〕 **モノシラン（SiH$_4$）の熱分解法**　SiCl$_4$還元法は1 200°C前後の高温で行うため拡散が起こり，急峻な不純物分布が作りにくい。SiCl$_4$のClをHで置換したSiHCl$_3$, SiH$_2$Cl$_2$, SiH$_4$は，この順で反応温度が下がり，特にシラン（SiH$_4$）の熱分解法では，図5.39の平坦部は1 100°C以下で得られ，約100°C低い温度でエピタキシャル成長が可能になる。このため薄い，急峻な不純物分布を必要とする場合には，この反応が好んで使用される。例えば，高速バイポーラICに使用される厚さ1 μm前後またはそれ以下の薄いエピタキシャル層の形成には，この方法が用いられている。反応装置はだいたい同じだが，シランは室温では気体で空気中に放出すると自然に発火するので，安全上の注意が必要である。反応は950〜1 100°Cで，つぎの形と考えられている。

$$\text{SiH}_4（\text{ガス}） \rightarrow \text{Si}（\text{固体}）+2\text{H}_2（\text{ガス}） \tag{5.27}$$

その成長速度は，950°C〜1 100°Cの間で図5.39に似た特性を示し，1 000°C以上では0.5〜1 μm/min程度の一定値をとり，950°C以下では反応温度によって減少し，0.2〜0.3 μm程度となる。

〔3〕 **ヘテロエピタキシャル成長**　Si中に数十パーセントのGeを含むSiGe混晶は，SiとGeの原子半径の違いにもかかわらず，単結晶を形成してSi基板上にエピタキシャル成長が可能である。このように異った物質によるエピタキシャル成長をヘテロエピタキシャルとよぶ。この技術はGaAs, GaPなどの化合物半導体で広く用いられてきた。最近になってシリコンの場合でもその特長をいかして応用が始っている。例えば，つぎのようなものがある。

（*a*）**ゲート電極**：ゲート電極にSiGe膜を適用すると膜中に発生する応力により不純物（ボロン）の固溶度が増し，この結果電極空乏化を抑制しゲート実効酸化膜厚を低減することができる。

ゲート電極に用いる多結晶のSiGeの成膜は，ガスとしてSiH$_4$, GeH$_4$を用い，温度600°C，圧力60 Paで通常のLP-CVD装置で行える。生成速度は約10 nm/minでありGe濃度に比例して向上する。ただし，Geの高濃度化はグレインサイズを大きくするため特性，加工性を考慮した最適化が必要である。

（*b*）**トランジスタ**：また，SiGe膜はバンドギャップ障壁が低いことを利

用して，ヘテロ構造のバイポーラトランジスタに適用され，通信用GHz帯の超高速回路への応用が注目されている。トランジスタの寄生容量低減と高速動作を得られるように，SiGeのヘテロエピタキシー膜は，Si開口部に選択的に成長させる。SiH_2Cl_2，GeH_4，HClをガスとして，成長温度は750°C，圧力は150 Paの条件で，ランプ加熱方式の枚葉エピ成長装置を用いて成膜されている。なお，最近では移動度が大きくなる可能性が見い出されMOSトランジスタへの応用も試みられている。

5.6.2 エピタキシャル成長の応用と問題点

エピタキシャル成長は，**バイポーラICの埋込層の形成**では必要欠くべからざる技術である。図5.42（a）はn^+の埋込層を拡散した上にエピタキシャル成長で低濃度のn形層を形成した状態を示している。この場合，埋込層の濃度が高いので，**オートドーピング**という現象が生じる。これは，高温のエピタキシャル成長中に高濃度層から不純物が気化，再析出してきて成長層の中にまざりこむ現象である。このため，不純物濃度分布は図（b）の（Ⅰ）の部分のようにダレが生じる。この現象をさけるために埋込層に入れる不純物は図（b）の係数aが小さいSbが用いられる。Sbは図5.24に示すように拡散定

（a）エピタキシャル成長したウェーハ断面　　（b）エピタキシャル層中の縦方向の不純物濃度分布

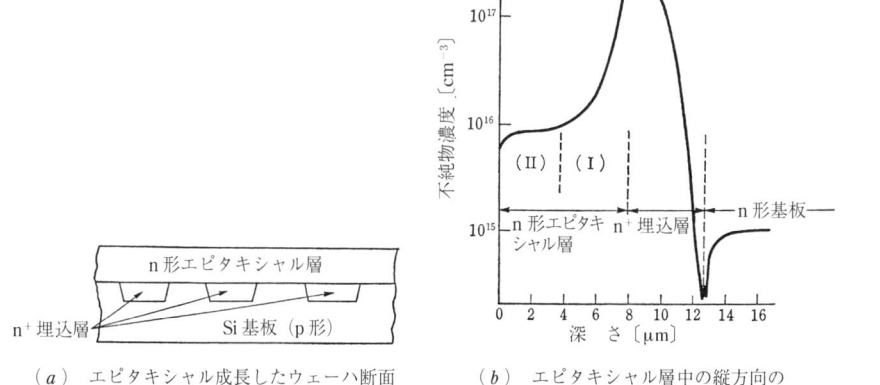

図5.42　埋込層をもつエピタキシャル成長とオートドーピング

数も小さいので,その点でも適している.

エピタキシャル層の成長を基板上で選択的に行う技術を**選択エピタキシャル成長**という.シリコン基板の上を一部分酸化膜で覆っておくと,成長条件によって,シリコン面の上だけに単結晶を成長させることができる.

5.6.3 ケミカルベーパデポジション (CVD)

ケミカルベーパデポジションは,**化学反応を利用した薄膜の堆積技術**で,真空蒸着やスパッタリングのような物理的な薄膜形成法(physical vapour deposition;PVD)に対応した技術である.原理はエピタキシャル成長に類似していて,生成しようとする物質を含む化合物をキャリヤガスとともに供給し,基板上で熱分解,酸化,還元などの化学反応を行わせて目的の物質を析出させる.装置もエピタキシャル成長の場合とほぼ同様である.単結晶にして成長させるという条件がないだけに自由度が広く,比較的低温で処理ができ,半導体のほかに絶縁物,金属などの薄膜も形成できる.応用範囲が広く,技術的進歩も著しい重要なプロセス技術である.シリコンゲート MOS のゲートとして使用される**多結晶シリコン**(poly-silicon)膜や,多層配線の層間絶縁膜に用いられる**酸化膜**(SiO_2)や,**りんガラス**(phosphosilicate glass,略して PSG)膜,あるいは表面保護膜に用いられる**窒化膜**(Si_3N_4)さらには,多層配線の層間を接続する埋込み金属膜などがこの方法で作られている.表 5.11 は CVD 法で作られる膜とその用途を,表 5.12 には代表的な化学反応を示した.

表 5.11 CVD による生成物質と CVD 膜の応用

成長物質	膜特性	目的	備考
SiO_2 SiO_2-P_2O_5	絶縁膜	表面保護	金属蒸着後
SiO_2 SiO_2-P_2O_5		多層絶縁膜	多層配線層間
Si_3N_4		接合部の保護,ゲート絶縁	Si_3N_4/SiO_2 二重層,MNOS メモリ
SiO_2-P_2O_5 SiO_2-B_2O_3		ドープドオキサイド(不純物拡散源)	熱拡散
Si	半導体	Si ゲート,電極,配線	多結晶
Mo, W, Cr, Ti	金属	相互配線,ショットキー接続	

5.6 エピタキシャル成長と CVD 技術

表 5.12 CVD 膜形成に用いられる化学反応

形成する膜	利用される反応	用途
多結晶シリコン	$SiH_4 \longrightarrow Si + 2H_2$ $\sim 600°C$	ゲート電極，配線
シリコン酸化膜 SiO_2 および りんガラス PSG （PH_3 を添加する）	$SiH_4 + O_2 \longrightarrow SiO_2 + 2H_2$ $\sim 400°C$ $SiH_4 + 2O_2 \longrightarrow SiO_2 + 2H_2O$ $\sim 400°C$ $(2PH_3 + 4O_2 \longrightarrow P_2O_5 + 3H_2O)$ $\sim 400°C$ $Si(OC_2H_5)_4 \longrightarrow SiO_2 + H_2O + C_xH_y$ $\sim 750°C$	層間絶縁膜，Al 配線保護，ゲート酸化膜など
シリコン窒化膜 Si_3N_4	$3SiH_4 + 4NH_3 \longrightarrow Si_3N_4 + 12H_2$ （プラズマを用いると $200 \sim 350°C$）	表面保護，安定化膜，パッシベーション膜

モノシラン（SiH_4）が反応ガスとして多く使用されている。

CVD 法の特色は

（ⅰ）比較的**低温で膜形成**ができる。例えば，PSG 膜は 400°C 前後で形成でき，プラズマを用いた SiN_4 の CVD は $200 \sim 350°C$ で行える。このため他工程への影響が少ない。

（ⅱ）成分，膜厚の制御がやりやすいので，多成分の物質を制御しながら生成できる。例えば，PSG 膜に含まれるりん濃度はホスフィンガスの混合比で容易に変えられ，膜の性質を変えることができる。

（ⅲ）短所としては，バルクからずれた物性の生成膜になりやすい。例えば，CVD 法による酸化膜は熱酸化膜に比して密度が低く，緻密化するためには堆積後さらに熱処理が必要である。これはデンシフィケーション（densification）とよばれている。

技術的にみるとシリコンゲート形 MOS トランジスタのゲート電極層を形成するため，有機シランを常圧高温（$400 \sim 600°C$）で熱分解して多結晶シリコン膜を析出させたのが始まりで，ついで表面の凹凸に対しても均一に膜がつきやすい（表面被覆度（カバレージ）の良い）減圧した低圧 CVD 法（数十 Pa 程度の気圧にする）が発達し，酸化膜や窒化膜への応用が広った。さらにプラ

ズマのエネルギーを利用し，低温（250～400℃）でもカバレージが良く，緻密な膜ができるプラズマCVD法が発達し適用範囲を広げ，多層配線や，表面保護膜の形成に必要不可欠の技術となった。また，シリコンウェーハの大口径化になり装置が大型，高価になる対策としてエピタキシャル成長の場合と同様に一枚ずつ処理を行う枚葉式とよばれる方式も実用化されてきた。

装置としては原理的には熱拡散装置やエピタキシャル成長装置と類似で，ウェーハを高温にし反応ガスを送って反応を行わせる。例えば，現在広く用いられている縦型低圧CVD装置では図5.19の熱拡散装置と同じ構造で反応炉を縦型にし小床面積で大量のウェーハが処理できるようになっている。また，枚葉式のプラズマCVD装置では原理的には図5.37（c）のエピタキシャル成長と同じであるが，図5.43（a）のように複数のプロセスチャンバーをもち，前処理，後処理を含めて連続処理ができ，良質の膜が生産性よく処理できるように工夫されている。

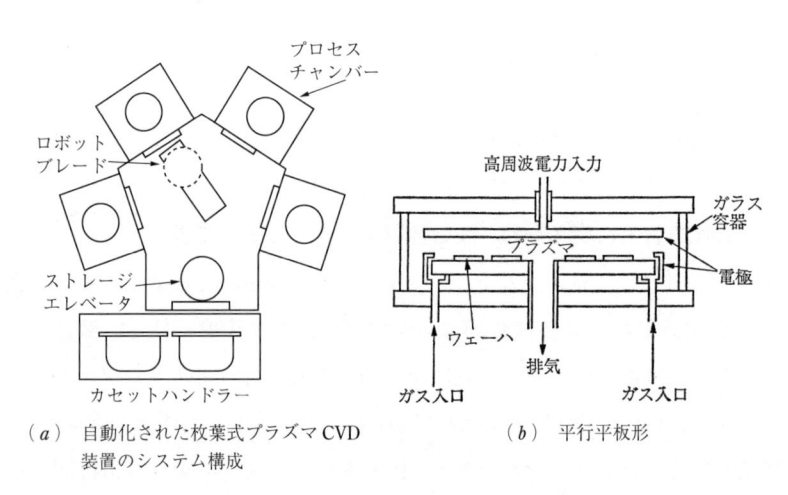

（a）自動化された枚葉式プラズマCVD装置のシステム構成　　（b）平行平板形

図5.43　プラズマを用いたCVD装置

表5.12の代表的なプロセスについて説明しよう。

〔**1**〕**シラン（SiH_4）の熱分解による多結晶シリコンの形成**　シリコンゲートの形成プロセスとしてMOS-LSIには欠かせないプロセスである。エ

ピタキシャル成長の場合に似ているが，反応温度がはるかに低い．気圧30〜150 Pa（パスカル）程度に減圧された低圧CVDで，温度600°C前後で10 nm/分位の早さで膜が形成され，多結晶の粒径は$0.05 \sim 0.1 \mu m$程度である．

$$SiH_4（ガス） \xrightarrow{(600°C)} Si（多結晶）+2H_2（ガス） \tag{5.28}$$

ゲート電極のほかに配線用導体層としても利用される．また，不純物をドープした多結晶シリコン層は一種の拡散源としてシリコン基板へ不純物拡散に用いられる．npnトランジスタのエミッタ領域の形成がその代表例で，この場合，拡散後の多結晶シリコンをそのまま電極として用いることができる．

ゲート電極や配線用導体層として用いる場合には抵抗値が問題となる．不純物をドープすれば抵抗値は下がるが，不純物濃度$4 \times 10^{20}/cm^2$以上になると飽和して，Pで$4 \times 10^{-4} \Omega \cdot cm$，AsやBでは$2 \times 10^{-3} \Omega \cdot cm$が限度である．そのためシート抵抗値は$20 \sim 40 \Omega/\square$止まりとなる．最近のVLSIではこれが問題となり，Mo，Ta，W，Tiなどとのシリサイドと組み合わせることにより，シート抵抗値を$1 \sim 3 \Omega/\square$程度に下げる工夫が行われている．

〔2〕 **酸化膜およびりんガラス（PSG）の形成**　　絶縁物として広く利用されているものである．

① $SiH_4 + 2O_2 \xrightarrow{(\sim 500°C)} 2SiO_2（固体）+ H_2O$ 　　　　　　　(5.29)

② $SiH_4 + 2N_2O \xrightarrow[(\sim 100 Pa)(\sim 800°C)]{} SiO_2（固体）+ 2N_2 + 2H_2$ 　　(5.30)

①は常圧CVDの代表例で，低温で比較的良いSiO_2膜が得られ，ホスフィン（PH_3）を添加することによりリンを含むPSG膜になる．PSG膜はカバレージが良く，またNa^+イオン汚染を防ぎSiO_2膜の安定化作用があり表面保護膜や配線の層間絶縁膜として広く利用されている．リンを含んだ膜は拡散源としても用いられる．これをドープ酸化膜（doped oxide）からの拡散という．

②は低圧CVD（気圧100 Pa程度）による反応で，比較的高温であるが熱酸化膜に近い良質な膜が得られ，絶縁耐圧も良く，カバレージも良いので配線の層間絶縁膜をはじめ広く利用されている．なお，原料としてSiH_4の代りに

有機物のテトラエトキシシラン（略して TEOS），$Si(OC_2H_5)_4$ が用いられることもある。カバレージが大変良くなるため埋込み SiO_2 膜として絶縁物アイソレーションの形成に用いられている。

〔3〕 **プラズマを併用した窒化膜の形成（プラズマ CVD）** Si_3N_4 膜は，機械的強度や耐湿性がすぐれ，Na^+ イオン等の汚染に強く，欠陥密度も低いので，表面保護膜に広く用いられている。

$$3SiH_4 + 4NH_3 \rightarrow Si_3N_4 (固体) + 12H_2 \qquad (5.31)$$
$$(\sim 50\,Pa)(\sim 300°C)$$

この反応はグロー放電による低温プラズマ中で行うと，300℃以下の低温で処理できる。膜の成長速度は 50 nm/分程度である。この方法はプラズマ CVD 法とよばれている。図 5.43 (b) はその装置の図である。こうして形成された窒化膜は IC, LSI の最終工程として用いるパッシベーション膜に用いられる。

プラズマ CVD の応用としては，このほかに，$(SiH_4 + N_2O)$ や $(TEOS + O_2)$ を原料とした酸化膜の形成も広く用いられている。いずれも 350～400℃の低温で，膜の形成速度 (200～800 nm/分) も早く，カバレージが良好で微細加工で多層構造の形成が必要な超 LSI では不可欠の技術となっている。またプラズマ処理時に SF_4 ガスを導入すると SiO_2 膜中と Si-F 結合が生じ誘電率 ε_{ox} が 10～20% 小さくなり，寄生容量を低減し高速動作に効果がある。

〔4〕 **金属膜の形成** このほか，CVD 法では，タングステン (W) やモリブデン (Mo)，クロム (Cr) などの高融点金属を薄膜として堆積できるので，次節に述べる電極用材料として使用される。

5.7 金属膜の形成と配線技術

シリコン基板の表面に作られた IC 部品を相互に接続して回路を構成するには，金属膜による配線の形成が必要である。金属膜の形成には，真空蒸着 (vacuum evapolation)，スパッタリング (sputtering)，CVD などの方法があ

る。これらの工程は高周波ICのインダクタンスLの製作でも重要になってきている。

5.7.1 配線工程と配線材料

電極配線の工程は，(1) 配線用金属を基板ウェーハの全面に蒸着またはスパッタリング，(2) ホトレジスト加工による配線パターンの形成，(3) 配線材料とシリコンとのオーム接触を確実にするための熱処理の各工程から成っている。この配線材料としてアルミニウムが用いられている。特に真空蒸着法が，低温ででき簡便であることから広く用いられ，配線が多層化されるに従い表面被覆度（カバレージ）が良く，良質の膜ができるスパッタリング法が主流になってきた。蒸着やスパッタリングの速度は温度や蒸気圧できまるが，一般に1分間で1μm以上の膜をつけることができ，ほかのプロセスに比べて速い。

配線材料への要求される項目は多い。すなわち

(i) 膜の電気抵抗が低いこと。
(ii) p形およびn形のシリコンとオーム接触を作ること。
(iii) シリコンおよび酸化膜によく付着すること。
(iv) 耐熱性，耐薬品性が良く，酸化膜と反応したり，膜を通してシリコンに短絡しないこと。
(v) 微細パターンのホトエッチングができること。
(vi) 電流容量が大きく，大電流を流してもそれによる劣化，例えばエレクトロマイグレーション（electromigration）などを起こさないこと。
(vii) Na等の不純物や放射性物質を含まないこと。
(viii) 引出線とのボンディング接続が信頼性よくできること。

アルミニウムの蒸着膜はこれらの大部分を比較的バランス良く満たしてくれるので古くから用いられている。厚さ$0.5 \sim 2\,\mu m$程度の膜が使用される。アルミニウムの蒸着膜は固体の抵抗率（$2.75\,\mu\Omega\cdot cm$）の1.5倍程度の抵抗率をもち，シート抵抗ρ_sで$0.01 \sim 0.08\,\Omega/\square$程度になる。シリコンとオーム接触はn層のみを高濃度のn$^+$層にしておく必要がある以外は特に問題はない。Alは酸素とは反応しやすいが，室温付近ではSiO_2と反応することはなくむしろ

適当な強度で付着してくれる。しかし Al の融点である 659°C または Al と Si の**共晶温度**（eutectic temperature）の 577°C に近い温度になると Al が SiO_2 の中に浸透していく率が目立ってくる。したがって，蒸着後の処理工程はすべてこの温度より十分低い温度で行わなければならない。また Al 蒸着配線の扱いうる電流容量は電流密度にして 10^5 A/cm^2 以下が望ましい。電流密度が 10^5 A/cm^2 程度を超えると**エレクトロマイグレーション**という現象で配線の断線がひん発するようになる。この現象は電子の運動エネルギーで Al の原子が電子流方向に移動を起こす現象で，その結果，膜中に空孔（ボイド）が生じ，さらに電流密度が高まり溶断に至る。電流密度 10^5 A/cm^2 は厚さ $1\,\mu\text{m}$ の膜で幅 $10\,\mu\text{m}$ 当たり 10 mA に相当する。

この対策として，Cu を少量（0.5〜2％くらい）添加してこの現象を防ぎ，また Al 配線がシリコンと接触する点での反応を防ぐために Si を少量（1〜2％くらい）添加した（Al-Cu-Si）合金が広く用いられている。また，Al の欠点は柔らかく傷がつきやすいこと，水分が加わると腐食しやすいことなどである。このため SiO_2，PSG，Si_3N_4 などのパッシベーション膜をかぶせることが多い。

表5.13 シリサイドの例

	比抵抗〔$\mu\Omega\cdot\text{cm}$〕
$MoSi_2$	〜100
WSi_2	〜 70
$TaSi_2$	〜 50
$TiSi_2$	〜 25
多結晶シリコン	3 000〜400

また，多結晶シリコンも不純物をドープして抵抗値を下げて配線として多用されている。ただし，シート抵抗値が 20〜40 Ω/□程度である。抵抗値を下げるために表5.13に示すような金属とのシリサイド化合物が実用化され始めている。シート抵抗は 1〜3 Ω/□である。

高集積化が進み，大量の素子がチップ上にのると配線が複雑になり，多層化構造などの配線に対する要求が厳しくなる。この結果，前述した（1）〜（7）の要求を満すためいくつかの材料を組み合わせるようになってきた。配線に利用される金属材料の性質を表5.14に示した。耐熱性，耐薬品性，電流容量などの点から，An，Mo，W などが用途に合せて用いられている。導体

5.7 金属膜の形成と配線技術

表 5.14 金属材料の性質

項　目	単　位	Ag	Al	Au	Cu	Mo	Ni	Ti	W
原子量	———	108	27	197	63.5	95.9	58.7	47.9	184
密　度	g/cm²	10.49	2.70	19.26	8.93	10.20	8.90	4.50	19.30
電気抵抗率	$\mu\Omega\cdot$cm (20℃)	1.6	2.69	2.3	1.67	5.7	6.84	55	5.5
熱伝導率	cal/cm・s・deg	1.00	0.57	0.70	0.94	0.34	0.21	0.04	0.04
線膨張率	$\times 10^{-6}$/deg	19.1	23.5	14.1	17.0	5.1	13.3	8.9	4.5
融　点	℃	961	660	1 063	1 083	2 630	1 453	1 680	3 380
蒸気圧	1 torr の温度（℃）	1 332	1 557	1 767	1 617	3 117	1 907	2 177	3 907

としては Cu が抵抗の点から優れており，一般の電気配線では広く用いられているので，Cu を使う試みも古くからあった。しかし，Cu は Si に対して深い準位の不純物として作用するため pn 接合のリーク電流を増してしまうこと，ドライエッチングが困難で微細パターンのエッチングが難しいこと等のため，実用化は遅れていた。Cu の大きな長所はエレクトロンマイグレーションに強く，Al に対して 10 倍以上の電流密度（10^6 A/cm² 以上）をもつ点で，最近の高性能の超 LSI では必須の材料となってきた。このため，加工技術の進歩と他の材料との組合せを工夫することによって実用化が進んできている。代表的な例は Cu とその周辺材料との間で悪い反応を阻止するためのバリア層を挿入する技術で，このバリア層の金属（barrier metal，略して BM 層）としては Ti，TiN，TiW の薄膜が用いられている。この結果，Cu は（BM-Cu-BM）の層構造で配線への実用化が始っている。特に，多層化された配線構造では Cu の利用が高まっている。

5.7.2 真空蒸着とスパッタリングの装置

〔1〕 **真空蒸着とその装置**　アルミニウムの蒸着は真空蒸着装置を用いて行われてきた。図 5.44 はその原理図である。高真空（7×10^{-5} Pa または 5×10^{-7} Torr 程度）に排気されたガラスまたは金属の容器（ベルジャー）の中に基板と蒸発源を対向させて配置する。蒸発源は蒸発させる物質を加熱して溶かす。蒸発した分子の平均飛程（mean free path）は真空下では非常に大きくなっているので，四方へ直進し基板上に付着する。IC の相互配線では，電極と

して接触させる孔をホトレジスト加工で酸化膜の中にあけ全面蒸着を行うが，シリコン表面は空気に触れるごく薄い（1nm 前後）SiO_2 膜ができるので，直前に薄いふっ酸（HF）水溶液で洗い，完全に SiO_2 を除く必要がある。膜厚は普通，1μm ぐらいが多い。蒸発源は不純物，特に Na^+ が Al と一緒に飛んで IC の中の MOS トランジスタ V_T を変えたり，pn 接合の耐圧を劣化させることがあるので，純度には十分注意が必要である。電子ビームで蒸発源を加熱する方式では純度の高い Al を飛ばすことができ，Mo や Ta などの高融点の金属にも適用できる。

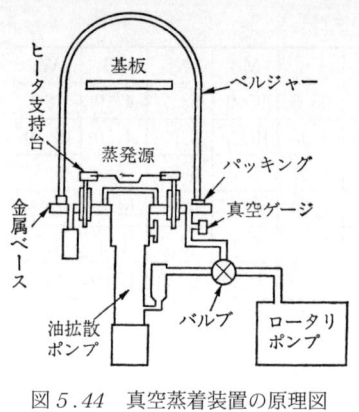

図5.44　真空蒸着装置の原理図（抵抗加熱）

〔2〕　**スパッタリングとその装置**　　最近ではスパッタによる蒸着法，特にプラズマを用いたプラズマスパッタリングが LSI の配線形成法の主流になってきた。図5.45 にスパッタ装置の原理図を示す。$10^{-5} \sim 10^{-6}$ Pa の高真空にした処理室に Ar ガスを導入し $0.1 \sim 2$ Pa の圧力にし，蒸発源となる材料で作ったカソード電極（ターゲットとよばれている）に電圧を加えてグロー放電させ，Ar イオン（Ar^+）と電子に分離したプラズマを作る。ターゲットは負

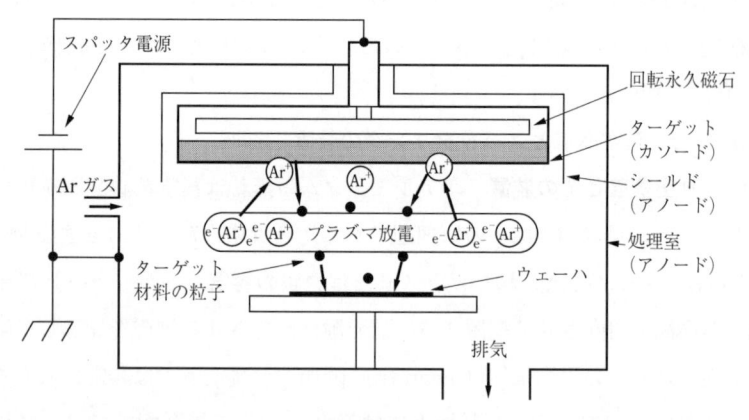

図5.45　スパッタ装置の原理図（DC マグネトロン型）

電位にバイアスされているので Ar^+ イオンが加速，衝突してターゲット材料の粒子をはじき出し，ウェーハ上に堆積し薄膜を形成する。プラズマを形成する電力（数 kW 程度）としては直流（DC）のほかに高周波（RF）電力も使用される。また，ターゲットの後方に磁石を置き，磁界の作用で電子を局所的に閉じ込め，Ar^+ イオンを効率良くターゲットに衝突させイオン電流密度を大幅（10〜100倍）に増加させる技術（マグネトロンスパッタ装置）も実用化されている。ターゲットの材料を Al, Ti, W, TiW 等と変えることにより成膜の種類を変えることができる。

スパッタは真空蒸着と比べてつぎの特徴がある。

(ⅰ) 段差の被覆性に優れている（ステップカバレージが良い）。
(ⅱ) 膜の堆積速度が大きく，自動化に適している。
(ⅲ) 堆積させる金属膜の組成（例えば，Cu や Si を添加した Al）を制御しやすい。
(ⅳ) 絶縁材料など金属以外の堆積も可能。

このため，応用範囲が広く配線膜形成の主流技術になっている。大口径ウェーハの超 LSI の複雑な配線構造を効率良く形成するため，図 5.46 に示すような複数の処理室をもち自動化されたマルチチャンバー式の製造装置も実用に供されている。

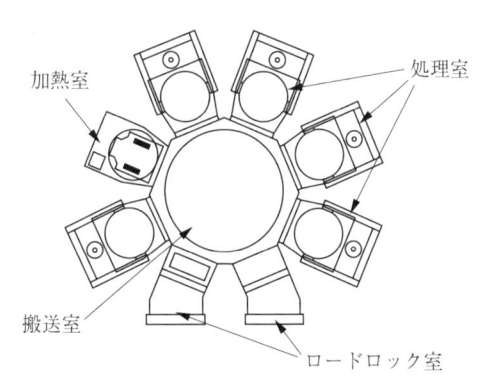

図 5.46 マルチチャンバー型プラズマスパッタ装置（平面図）

5.7.3 多層配線技術と CMP 技術

IC/LSI の高集積化と性能向上のために配線構造は複雑化し，多層化が進められている。このためチップの表面の凹凸が激しくなり，表面段差が大きくなる。図 5.47 は 2 層配線の断面図である。シリコン（Si）基板表面の絶縁膜層 SiO_2-1 の上に第 1 層金属配線層 M1 が配線され，層間絶縁膜層 SiO_2-2 を介し

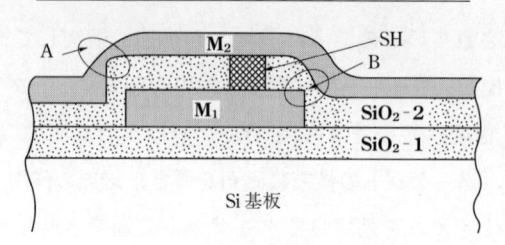

図 5.47 2層配線の断面図（M₁：1層目の配線，M₂：2層目の配線，SH：接続用スルーホール）

て第2層金属配線層M2があり，その間が必要に応じて貫通孔（スルーホール；SH）で接続される。3層以上の配線はこのくり返しで構成される。こうした多層配線工程の流れを図5.48に示した。複雑な超LSIでは，6〜8層以上のものもあり，配線工程はトランジスタ等の素子を作る工程以上に複雑になっている。このような構造では二つの大きな問題が生じる。

（i）金属や絶縁物の薄膜を形成するとき，段差部で被覆性（ステップカバレージ）の低下により配線層の断線（例えばA部）や絶縁層の絶縁不

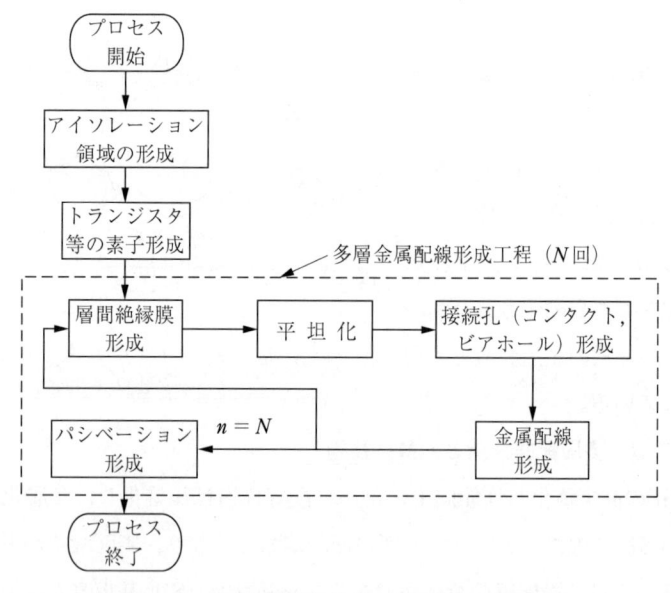

図 5.48 多層配線工程を含んだプロセスの流れ図

良（例えば B 部）が発生する。

(ii) ホトレジスト加工のときに段差部でレジスト材料の塗布膜厚が変動し，露光時にレンズの焦点が部分的に合わなくなるため，微細なパターンの加工が困難になる。

このため，絶縁物層を金属配線層の間に段差を作ることなく埋込む技術が工夫されてきた。例えば（1）リン（P）やほう素（B）を含んだ膜（PSG 膜，BSG 膜）は，熱を加えると変形しやすく段差部をなだらかに覆ってくれる。これをリフロー技術という。また，（2）CVD やスパッタリングの条件を工夫して覆被性（カバレージ）の良い膜形成を行ったり，（3）スピンオングラス（spin on glass；略して SOG）技術といってガラス粒子を含んだ液体材料を塗布し，加熱して段差を埋める方法，等がある。最近，（4）研磨により平坦化を行う **CMP 技術** が注目されている。つぎにこれについて説明する。

CMP（chemical mechanical polishing）技術とは化学的機械的研磨によって表面の凹凸を平坦化する方法でその原理を図 5.49 に示した。ウェーハは表面を下にして研磨定盤の上におかれ，研磨ヘッドの圧力と全体の回転運動によって研磨される。シリカ粒子を含んだスラリーとよばれる研磨液が定盤の上に流され，定盤にはられた研磨パッドとにより，化学的かつ機械的に研磨，平坦化される。μm レベルの凹凸を 0.1μm 以下で広範囲にわたって平坦にするには，回転速度，圧力，スラリーの組織，研磨パッドの状態など，多くのパラメータの最適化が必要とされている。例えば，コンディショナは研磨パッドの

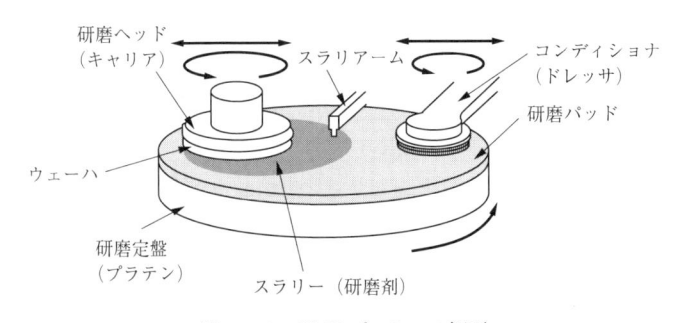

図 5.49　CMP プロセスの概要

破損を修復し表面状態を一定に保つためのものである。また加工後の洗浄も色々な汚染物質を除く重要なポイントである。この様に改良すべき課題は多いが，原理的には，どんな構造でも，どんな材料の組合せでも基本的に真っ平な表面を実現しうる技術であるので，広い応用が期待されている。例えば，図5.50はCuを配線材料とした埋込み配線手法でダマシン（damscene）法とよばれている。

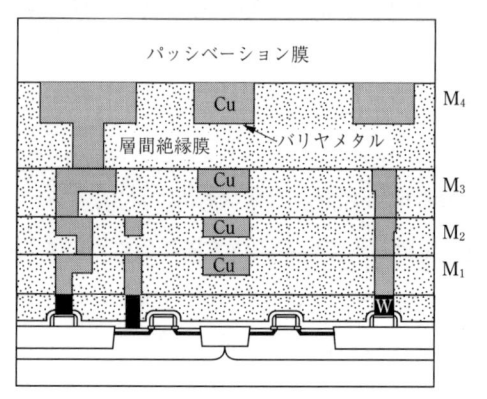

図5.50 4層デュアルダマシン法による多層配線の断面簡略図（配線溝とビアホールを形成した後に，Cuを同時に埋め込むプロセスが特徴）

〚補足事項〛 キャリアの移動度

5.2節で述べたように電子や正孔（ホール）などのキャリアは印加された電界によって移動し電流を生じる。その移動速度を v，電界強度を E とすれば

$$v = \mu E \tag{5.32}$$

の関係があり，この比例係数 μ を移動度（mobility）とよぶ。半導体の場合には μ はn形半導体の場合には μ_n，p形半導体の場合には μ_p とかき，不純物濃度，温度によって変ることは5.2節で述べた。このほかに重要なこととしてつぎの点がある。

【1】 表面移動度（surface mobility）

図5.3に示した移動度はいずれもシリコン単結晶の内部における値で，MOSトランジスタの場合のようにシリコン単結晶の表面，つまり酸化膜と界面に沿ってキャリアが移動する場合にはこれらの値よりも低い値になる。これを表面移動度（surface mobility）とよび，μ と区別する場合には μ_s とかく。μ_s は μ の半分程度になることが多い。

【2】 速度飽和（velocity saturation）

式 (5.32) では電界強度 E に比例してキャリアの速度 v はいくらでも大きくなるはずであるが，実際には図 5.51 のように無限大にはならず一定値になってしまう。この現象を速度飽和（velocity saturation）という。現在の超 LSI ではすでにこの領域に近くなっており，詳しくは μ を E の関数として計算に入れていく必要がある。例えば

$$v(E) = \frac{\mu_0 E}{1 + \dfrac{E}{E_s}} \tag{5.33}$$

ここに，μ_0 は電界強度が高くないときの移動度，E_s は臨界電界強度である。

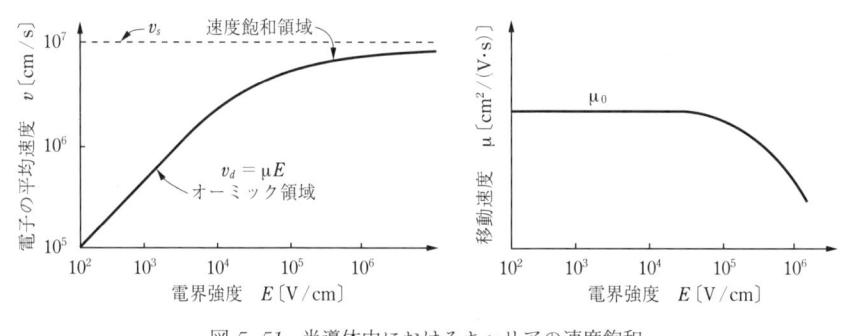

図 5.51 半導体中におけるキャリアの速度飽和

演 習 問 題

〔1〕 3章の図 3.9 に説明した MOS-IC の製造プロセスを図 5.1 にならって描け。ホトマスクは何枚必要か。

〔2〕 温度 300 K において抵抗率が 1.0 Ω·cm の p 形および n 形シリコンに含まれている不純物の濃度を求めよ。また，温度が 100°C 上昇したときには，それぞれの抵抗率はいくらになるか。

〔3〕 加湿（ウェット）酸化といってドライ O_2 を蒸留水中をくぐらせて酸化炉に導き酸化速度を早める方法がある。水温が 28°C の場合にはドライ酸化の 2 倍の厚さとなる。1 200°C，100 分の酸化を行った場合の酸化膜厚をドライ酸化，28°C 加湿酸化，水蒸気酸化の三者について比較せよ。

〔4〕 〔数値例 5.3〕はバイポーラ IC のベース拡散の例であるが，ほう素（B）のドライブイン（1 050°C，2 時間）に十分な拡散マスクの厚さと，それを作るのに

必要なスチーム酸化の条件を950℃に対して求めよ。ただし拡散マスクは2倍の安全係数をみるものとする。

〔5〕 ほう素(B)の拡散係数を1050℃で$5×10^{-14}$ cm²/s, 1200℃で$1.3×10^{-12}$ cm²/s として，D_0 と E_a を求めよ。この結果を用いて1100℃の拡散で拡散炉の温度が2℃上ったことは，拡散時間が何%増したときに等価になるか計算せよ。

〔6〕 あるバイポーラICのベース領域の不純物分布は，表面濃度$5×10^{18}$/cm³のガウス分布で，$0.5 \Omega\cdot cm$のn形エピタキシャル層の中に作られており，コレクタ接合の深さは$3.0\mu m$である。正規化された拡散距離 y を求めよ。この拡散が1200℃, 50分で行われたとして1200℃におけるほう素(B)の拡散係数を計算せよ。

〔7〕 〔6〕のベース領域の中に，りん(P)を用いてn形のエミッタ拡散を行い，エミッタ接合を$1.8\mu m$の位置に作りたい。1100℃で拡散 ($N_s = 1.2×10^{21}$/cm³, $D = 3.7×10^{-1} \mu m^2/h$) する場合の必要時間を求めよ。ただし，ほう素(B)の分布は変わらないものとせよ。

この場合の，エミッタ，ベース，コレクタの不純物分布を図5.27に習って描け。つぎにベース領域について実効的なアクセプタの濃度 (N_A-N_D) の分布を作図によって求め，その最大値を求めよ。

〔8〕 イオン打込みによって得られた不純物濃度の最高値は

$$N \simeq 0.4 \frac{N_{DS}}{\sigma}$$

で与えられることを導け。また，この場所よりσだけ離れた点の濃度はどうなるか。ほう素(B)を50 keVでドーズ量$3×10^{11}$/cm²打ち込んだとき，それぞれの値はいくらになるか計算せよ。ただし，$\sigma = 0.063\mu m$とする。

〔9〕 200 mm直径のウェーハに均一にイオン打込みを行うために30 cm×30 cmの領域を掃査し，全ビーム電流が$50\mu A$のイオン打込み装置がある。ドーズ量$3×10^{11}$/cm²の打込みを行うために必要な時間を求めよ。

〔10〕 あるバイポーラICは
(ⅰ) 四塩化シリコンによるエピタキシャル成長を行い，
(ⅱ) ほう素(B)によるアイソレーション拡散〔数値例5.2〕と
(ⅲ) ほう素(B)によるベース拡散〔数値例5.3〕と
(ⅳ) りん(P)によるエミッタ拡散〔演習問題7〕を行った後，
(ⅴ) シランによるSiO_2のCVDで表面に絶縁膜をつけ，
(ⅵ) アルミニウムの蒸着，ホトレジスト加工後，プラズマ中での窒化膜のCVDにより表面保護膜をつける。

という一連のプロセスで製作されている。(ⅰ)～(ⅵ)の各工程における熱処理の温度を高い順に並べよ。また，なぜこのような順になっているかを考えてみよ。

半導体モノリシック IC の構成素子

前章ではモノリシック IC の製作プロセスを要素技術に分けて説明した．本章では IC 回路を構成している基本的な要素である **IC 用回路素子** について学ぶ．これは IC 回路設計の基本となるものであるので，**構造，特性，個別部品との差**など十分に理解してほしい．

6.1 アイソレーションとプレーナ構造

〔1〕 **モノリシック IC で使用される回路素子**　モノリシック IC を構成する回路部品，素子としては，能動素子では（1）バイポーラトランジスタ（2）MOS トランジスタおよび（3）一部に接合形 FET が使用され，受動素子では，（4）抵抗 R および（5）コンデンサ C（$0.1 \sim 50$ pF 程度の小容量コンデンサ）およびインダクタンス L（$0.1 \sim 10$ nH の小容量インダクタンス）が使用されている．

これらのモノリシック IC 部品，デバイスにおいては，（1）構造，特性，寄生素子といった**性能**（performance）面の問題と，（2）その価格を左右するチップ上における占有面積といった**価格**（cost）面の問題の二つを考えて設計する必要がある．

〔2〕 **個別部品との相違点**　モノリシック IC の構成部品の個別部品と比較してみるとつぎの差がある。第一は，各部品は半導体基板の一表面上に平面的に形成された**プレーナ構造**（planar structure）をしているため，電極は最上部（top contact）に作る必要がある。この表面にすべての電極をもってくる必要性から寄生抵抗が生じる。図 6.1 はその様子をバイポーラトランジスタを例にとって示したもので，コレクタ部とコレクタ電極との間に直列に**寄生抵抗** r_{cs} が生じている。

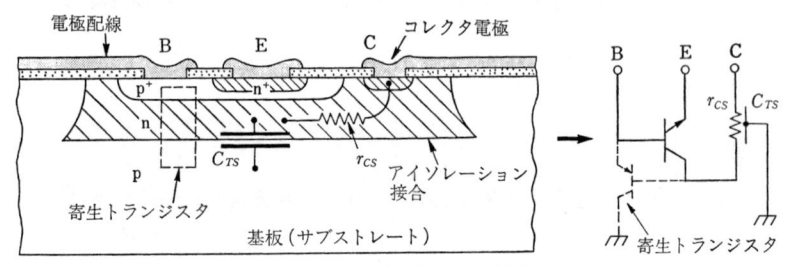

プレーナ構造→表面へ電極→寄生抵抗
アイソレーション→ pn 接合分離→寄生容量

図 6.1　モノリシック IC の回路素子の構造上の特色と寄生素子
（バイポーラトランジスタの例）

第二は，構成部品を分離絶縁するために pn 接合分離または酸化膜分離を行うが，この pn 接合や酸化膜によって寄生容量が生じる。図 6.1 の例ではコレクタと基板（substrate）の間に**寄生容量** C_{TS} が生じている。基板は交流的には接地されており，C_{TS} は接地との間に入る。

このように，モノリシック IC の構成部品ではその構成上，本質的にさけられない寄生抵抗，寄生容量，場合によっては寄生トランジスタなどの寄生素子の影響を考慮する必要がある。

〔3〕 **モノリシック IC 部品の設計**　モノリシック IC における部品，デバイスの設計においてはチップの表面から深さ方向，つまり縦方向への設計と，チップ表面におけるパターン，つまり横方向の二つを考える必要がある。**縦方向の設計**では，酸化膜の厚さ，エピタキシャル層の厚さと不純物濃度，拡

散層の深さとその不純物濃度分布などといった**プロセス的な設計**が問題となる。一方，**横方向の設計**では回路全体の平面図などのトポロジー的な**パターン設計**が問題となる。

以下，具体的に代表的な部品，デバイスについて，（1）**構造と特性**，（2）**設計法**，（3）**精度と寄生素子**などについて説明する。

6.2 モノリシック抵抗

抵抗は最も理解しやすい部品であり，ICでも非常に広く使用されている部品でもあるので，IC部品の代表として最初にやや詳しく説明しよう。

6.2.1 構造と特性

モノリシックIC用の抵抗はシリコンそのものを抵抗材料として使用する。代表的な構造は図6.2に示すようにpn接合（図のアイソレーション接合）によって絶縁分離（isolate）されたn形のアイソレーション領域（isolation island，図のハッチ部分）の中にp形の不純物を選択拡散することによって作られる。n形のアイソレーション領域との間にはpn接合が自然に形成されるので，アイソレーション領域を回路中の最も高い正電位の点に接続することによって電気的に回路の他の部分から絶縁され，独立した抵抗として動作する。この拡散は一般にトランジスタの**ベースを形成する拡散と共用**されることが多

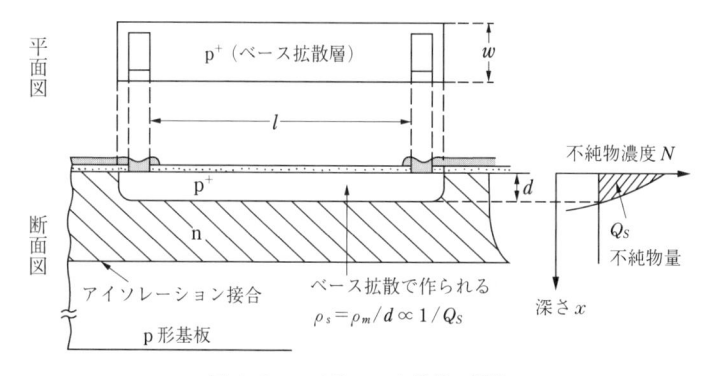

図6.2 モノリシック抵抗の構造

いので，不純物濃度，拡散の深さなどはベース拡散の設計によっても左右される。抵抗の値は，抵抗層の長さ l，幅 w，および深さ d（これは不純物濃度に関係する）によりきまる。シリコン半導体の抵抗率は5章で述べたように，ドーピングされている不純物の量が多いほど小さい。不純物濃度は図 6.2 に示したように深さ方向に漸次変化するので，その平均抵抗率を ρ_m とすれば，抵抗値 R は次式で与えられる。

$$R = \rho_m \frac{l}{d \cdot w} = \left(\frac{\rho_m}{d}\right) \times \frac{l}{w} = \rho_s \frac{l}{w} \qquad (6.1)$$

ここに，$\rho_s \equiv \rho_m/d$

ρ_m：体積抵抗率〔$\Omega \cdot$cm〕

ρ_s：面積抵抗率〔$\Omega/\square$〕

この ρ_s を面積抵抗率（characteristic sheet resistance）または単に**シート抵抗**とよび，抵抗の設計の重要なパラメータである。この値は体積抵抗率 ρ_m をもつ厚さ d の層から成る正方形の板1枚分の抵抗値に等しい。また拡散層に含まれる不純物量 Q_s に逆比例する。

式 (6.1) より ρ_s がきまれば抵抗値は l と w の比のみで与えられるが，これはちょうど，正方形がいくつつながっているかに相当する。つまり

モノリシック IC の抵抗値 $= \rho_s \times$（正方形の数）

と考えればよい。そこで，ρ_s の単位は $\Omega/\square$ とかく。抵抗値は正方形の数が同じならば，l の w 大小にはよらない。

6.2.2 パターン設計と抵抗値の精度

前項でも述べたように ρ_s の値は，拡散層の深さ，不純物濃度などがトランジスタの設計できめられることが多く，バイポーラ IC では一般に

$\rho_s = 30 \sim 800 \ \Omega/\square$

の範囲にあり，普通 100〜200 $\Omega/\square$ のものが多い。縦方向の設定として ρ_s がプロセスの条件から与えられると，式 (6.1) より必要な (l/w) の値が得られる。それに従って，l と w の組合せをきめるのが横方向の設計すなわち，**パターン設計**である。l も w も大きくすれば，加工精度は良いが IC チップ上

6.2 モノリシック抵抗

での所要面積が増大し，寄生容量も増す．l も w も小さくすれば加工誤差により抵抗値の精度が悪くなる．また，高抵抗で (l/w) を大きくとる必要があることもあれば，低抵抗で逆に (l/w) を小さくしなければならないこともある．こうした点に注意しつつ，例えば，図 6.3 に示すようなパターンの形状設計が行われる．図に見られるように，電極をとり出し，他の部品と接続するための端子の部分にもいろいろな工夫がされる．

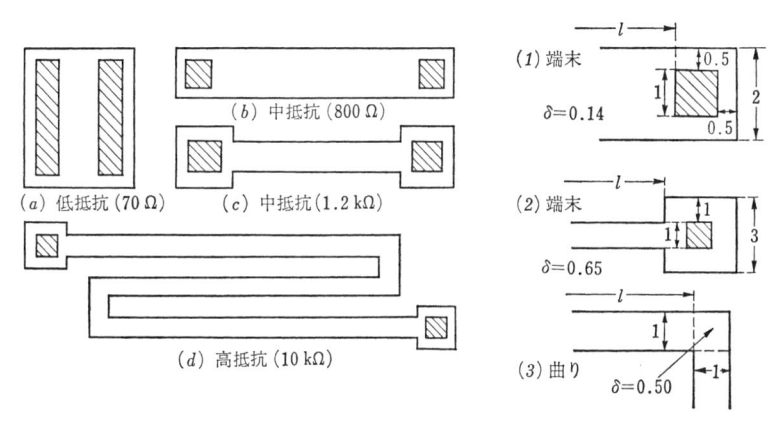

図 6.3 モノリシック抵抗のパターンと形状効果

図 6.3 にみられる現実の抵抗のパターンについてみると式 (6.1) は厳密には

$$R = \rho_s \left(\frac{l}{w} + \delta \right) \tag{6.2}$$

でなければならない．ここに δ は補正項で，図 6.3 に示すように，曲げ，端子部の形状，場合によっては配線とのコンタクト抵抗によって生じる．その数例を図 6.3 の (1)〜(3) に示した．

これらの抵抗の形状を作るには前章で述べたように，数枚の**ホトマスク**の組により，ホトレジスト加工によって行う．そのためにはホトマスクの原図となる 1 組のパターンが必要である．図 6.4 に抵抗のパターンの一例を示した．アイソレーションと配線を含めて 4 枚のパターンが必要である．パターンの設計では抵抗幅 w，長さ l，および種々の δ の項のほかにパターン相互間の重

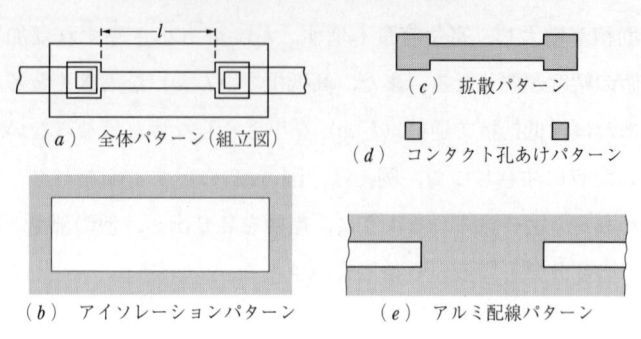

(a) 全体パターン（組立図）
(b) アイソレーションパターン
(c) 拡散パターン
(d) コンタクト孔あけパターン
(e) アルミ配線パターン

図 6.4　モノリシック拡散抵抗のパターン

ね合せの精度が重要であり，普通 ±0.1～1 μm 程度の**重ね合せ余裕**をとって設計される。抵抗幅 w は，抵抗値 R の大小，加工精度，電流容量などからきめられるが，できるかぎり小さいほうが望ましく，普通 1～10 μm 程度のものが多い。

このようにして作られるモノリシック IC 用抵抗の値は普通 10 Ω～50 kΩ 程度である。

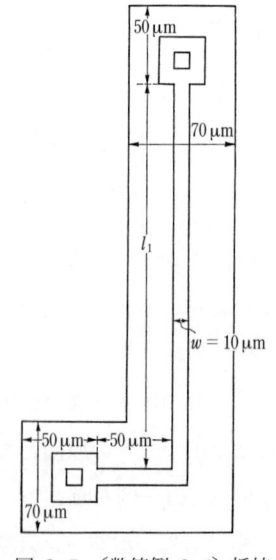

図 6.5　〔数値例 6.1〕抵抗パターン

〔**数値例　6.1**〕

図 6.5 の形状で 5 kΩ の抵抗を設計する。$\rho_s = 160\,\Omega/\square$ が与えられている場合，$w = 10\,\mu\mathrm{m}$ とすれば

$$5\,000 = 160\left(\frac{l}{w} + 2\times 0.65 + 0.5\right)$$

より

$$l = 29.45 \times 10\,\mu\mathrm{m} = 294.5\,\mu\mathrm{m}$$

ゆえに

$$l_1 = 244.5\,\mu\mathrm{m}$$

なお，図 6.5 でこの抵抗に必要なアイソレーション領域の面積を計算してみると

$$A = 70\times(50 + 244.5 + 40) + 70 \times 70$$
$$= 28\,315\,\mu\mathrm{m}^2$$

つまり 1 辺が約 168 μm の正方形に等しい面積を要する。

6.2 モノリシック抵抗

つぎに**抵抗値の精度**を考えてみよう。式 (6.1) より誤差を示す式は

$$\frac{\Delta R}{R} = \frac{\Delta \rho_s}{\rho_s} + \frac{\Delta l}{l} - \frac{\Delta w}{w} \tag{6.3}$$

と表せる。右辺の第1項は，面積抵抗率の誤差分で，拡散プロセスのバラツキ，偏差によるものである。第2項と第3項はパターン寸法の誤差分で，ホトマスクの寸法精度およびマスク合せ精度を含んだホトレジスト加工の精度によってきまる。各項のおよその値を表 6.1 に示した。これからわかるように，絶対値の総合精度は±5〜15％でかなり大きい。個別部品の場合には最も安価で広く用いられているカーボン抵抗器でも±10％以下の精度のものが容易に入手できるのに比べると2倍ぐらいの大きさになっている。精度を改善するには拡散時の不純物ドーピング量をイオン打込み技術などにより制御したり，ホトレジスト加工の精度を向上させて Δl と Δw を小さくする。Δl と Δw はその絶対値と同程度で，約±0.1〜0.5μmのオーダーであるので，l または w の小さいほうが相対誤差としては大ききく。

表 6.1 モノリシック抵抗の精度

誤差の原因	絶対誤差	相対誤差*
ホトマスクの精度	±2〜10％	±0.5〜1％
ホトエッチングの精度	±2〜10	±0.5〜1
拡散層の精度	±3〜15	±0.5〜2
総合精度	±5〜20％	±0.5〜3％

* 条件により異なるので一つの目安である。

つぎに，二つの抵抗の比率，例えば R_1/R_2 を考えてみると

$$\frac{R_1}{R_2} = \rho_{s1}\frac{l_1}{w_1} \Big/ \rho_{s2}\frac{l_2}{w_2} = \left(\frac{\rho_{s1}}{\rho_{s2}}\right)\left(\frac{l_1}{l_2}\right)\left(\frac{w_2}{w_1}\right) \tag{6.4}$$

ここで右辺はすべて対応する量の比率になっており，$\rho_{s1} = \rho_{s2}$，$w_1 = w_2$ と設計できるから，$R_1/R_2 = l_1/l_2$ となる。したがって，l_1 と l_2 の比率を正確にとれば，抵抗値の比率はかなり正確に作ることができる。つまり，モノリシック IC の抵抗器は，**絶対精度は悪いが**，**相対精度は良く**，この特色を上手に回路設計に利用していく必要がある。これが，モノリシック IC の回路設計の

要点の一つである.例えば,分圧器,分流器,差動増幅器などは精度よく作れる.回路特性が抵抗の比率のみで表せるように回路構成を工夫すればよい.この点については本書 2 巻「回路技術編」の 8 章で具体例を学ぶ.

誤差のもう一つの原因に**温度変化による変動**がある.モノリシック IC の抵抗は,シリコン半導体が材料となっているため温度係数は大きい.温度係数はこの場合拡散層に含まれるキャリアの移動度 μ の温度依存性できまっている.図 5.3 で説明したように,μ は一般に温度が上がると減少するので抵抗の温度係数は正になる.図 6.6 は温度変化による抵抗値変化の例で,シート抵抗 ρ_s をパラメータにとってある.温度係数は α

$$\alpha = +1 \sim 3 \times 10^{-3}/°C = 1\,000 \sim 3\,000\,\text{ppm}/°C$$

である.この値も個別部品のカーボン抵抗器の $+(3 \sim 4) \times 10^{-4}/°C$ に比べるとかなり大きい.図よりわかるように ρ_s が小さい.つまり不純物濃度が高い場合のほうが温度係数は小さい.

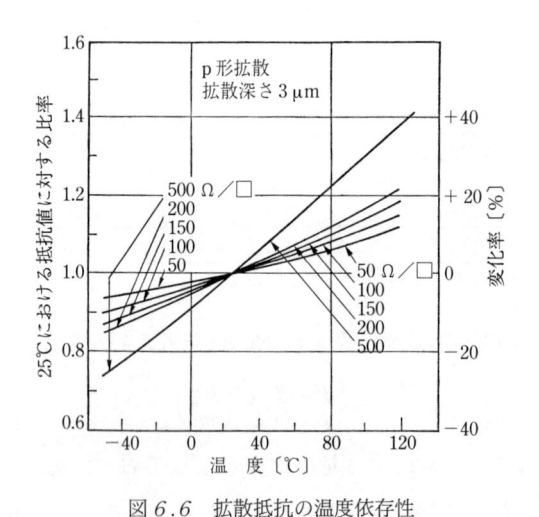

図 6.6 拡散抵抗の温度依存性

6.2.3 寄生素子の周波数特性

拡散層によって作られるモノリシック IC の抵抗は,抵抗成分のほかにいろいろな寄生素子が含まれている.この様子を図 6.7 (a) に示す.おもなも

6.2 モノリシック抵抗

のを列記してみるとつぎのとおりである。

(i) 配線とp形抵抗体との間の接触抵抗。
(ii) p層とn層およびn層とp形基板の間のpn接合による接合容量とダイオード。
(iii) このp層, n層, p形基板によって構成されるpnpトランジスタ。

したがって，これらの寄生素子を含んだ等価回路を描くと図6.7(b)のようになる。このうち(i)は前項の式(6.2)の補正項δと同じに考えてよく，その大きさは1に比して小さい。(iii)は3章に述べたように，基板を回路中の最も負の部分に接続するとともにアイソレーション領域を回路中の最も正の部分に接続することによって，それぞれのpn接合を逆バイアスして取り除くことができる。(ii)のダイオードの効果も逆バイアスによって無視できるようになるが，接合容量の効果は残る。その理由はp形の拡散抵抗の電位は回路の動作状況によって変化し，したがって，n形のアイソレーション領域との間には電位の変化があり，そのためこの間のpn接合の容量を通って交流電流が流れるからである。

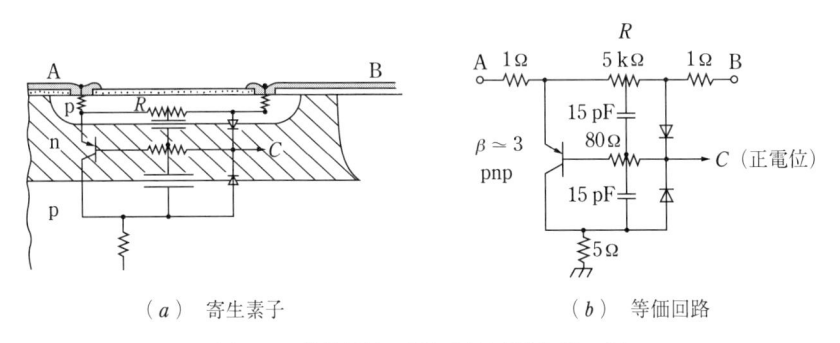

(a) 寄生素子　　　　(b) 等価回路

図6.7　拡散抵抗の寄生素子と等価回路の例

この容量は，等価回路で表現すると厳密には図6.8(a)のように場所によって異なる値をもった分布定数回路となる。しかし，だいたいのところ図6.8(b),(c)のように考えて十分な場合が多い。図(b)は抵抗の一端が接地されている場合で，増幅回路やインバータ回路の負荷抵抗などがその例で

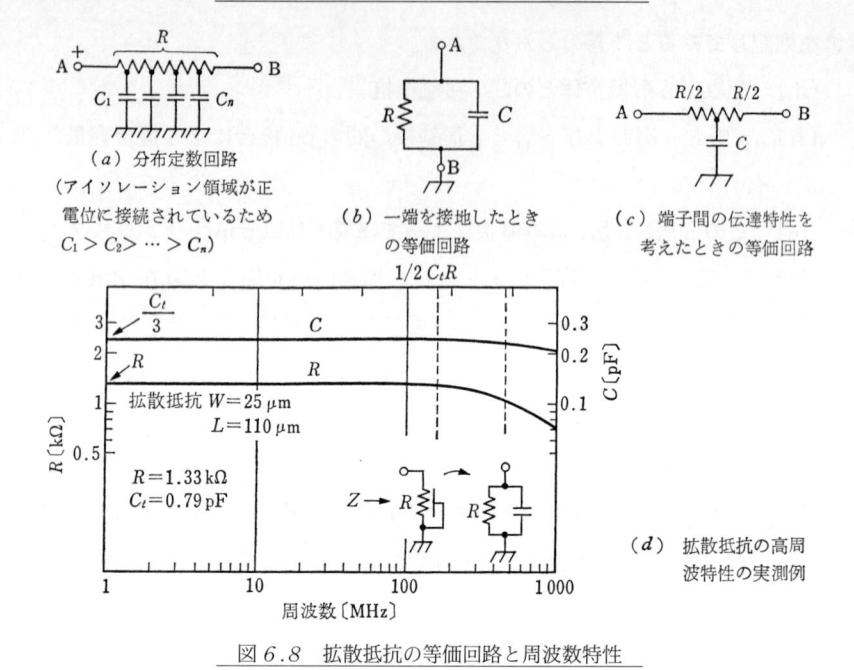

(a) 分布定数回路
(アイソレーション領域が正電位に接続されているため $C_1 > C_2 > \cdots > C_n$)

(b) 一端を接地したときの等価回路

(c) 端子間の伝達特性を考えたときの等価回路

(d) 拡散抵抗の高周波特性の実測例

図 6.8　拡散抵抗の等価回路と周波数特性

ある．図 (d) はこの場合の等価抵抗成分と等価容量成分の周波数特性の一例であり，この例では約 200 MHz までは単純な，C，R の並列と考えてよいが，それ以上ではこのような単純に考えられないことを示している．図 (c) は抵抗の両端が浮いている場合で，抵抗の中点と接地間に容量 C を接続した等価回路表示である．容量 C の値は，単位面積当り C_0 の均一容量をもつとして分布定数回路を計算することにより，図 (b) の場合およそ次式で与えられる．

$$C \simeq \frac{1}{3}\sum_{i=1}^{n} C_i = \frac{1}{3} C_0 A = \frac{1}{3} C_0 l w \tag{6.5}$$

ここに，A：抵抗の全面積，C_0：単位面積当りの平均容量である．

つまり，拡散抵抗とアイソレーション領域との間の全 pn 接合容量の 1/3 の容量値だと考えればよい．pn 接合の容量は 4 章の方法で計算できる．ベース拡散層の場合は傾斜接合に近く容量の電圧依存性は 1/3 乗に反比例する．

抵抗の周波数特性はそれ自身のもつ**時定数**で表すことができる．補正項 δ は小さいと仮定すると時定数 τ は式 (6.1) と式 (6.5) より次式で近似できる．

$$\tau = CR \simeq \frac{1}{3} C_0 \rho_s l^2 = \frac{R^2}{3} \frac{C_0}{\rho_s} w^2 \tag{6.6}$$

ゆえに

$$\tau \propto l^2 \quad \text{または} \quad \tau \propto w^2 \tag{6.7}$$

つまり，同じ抵抗値でも小形のものほど周波数特性が良く，しかも**寸法の2乗に反比例して良くなる**ことがわかる。例えば，図6.8の抵抗を$W=10\,\mu\mathrm{m}$，$L=44\,\mu\mathrm{m}$に縮小すれば$200\,\mathrm{MHz}$が$1.25\,\mathrm{GHz}$まで拡大できる。

〔**数値例 6.2**〕
〔数値例 6.1〕の$5\,\mathrm{k\Omega}$の抵抗の時定数を計算する。いまこの抵抗の単位面積当りの容量を

$$C_0 = 2 \times 10^4\,\mathrm{pF/cm^2}$$

とすれば，pn接合の面積は平面パターンのみを考えて

$$A = 2 \times 30 \times 30 + 10 \times (224.5 + 10 + 50) = 4\,825\,\mu\mathrm{m}^2$$

時定数τは

$$\tau = \frac{1}{3} C_0 A R = \frac{1}{3} \times 2 \times 10^{+4} \times 10^{-12} \times 4\,845 \times 10^{-8} \times 5\,000 = 1.61\,\mathrm{ns}$$

なお，カットオフ周波数 $\quad f = \dfrac{1}{2\pi\tau} = 99\,\mathrm{MHz}$

さて，さらに高周波域になると抵抗の分布定数回路としての性質が無視できなくなってくる。この場合のとり扱いを考えてみよう。簡単のために抵抗両端にかかる電位の差が小さくて，均一な容量分布をもっていると仮定しよう。この場合，抵抗を図$6.9\,(a)$のように四端子網で表現すると，そのYマトリクスの要素は次式で与えられる。

$$y_{11} = y_{22} = \frac{\sqrt{j\omega R C_t}}{R} \coth\sqrt{j\omega R C_t} \tag{6.8\,a}$$

$$y_{12} = y_{21} = \frac{\sqrt{j\omega R C_t}}{R} \operatorname{cosech}\sqrt{j\omega R C_t}\,^\dagger \tag{6.8\,b}$$

ここに，$C_t = C_0 A$は全分布容量値である。図$6.8\,(b)$に相当する駆動点インピーダンスZ_iと，図$6.8\,(c)$に相当する伝達電流利得（出力短絡）G_iは

---

† $\coth x = 1/\tanh x$，$\operatorname{cosech} x = 1/\sinh x$

(a) 4端子回路網表示

(c) 拡散抵抗の集中定数等価回路
($C_t = C_0 A = \Sigma C_i$)

(b) 拡散抵抗の位相遅れの周波数特性例

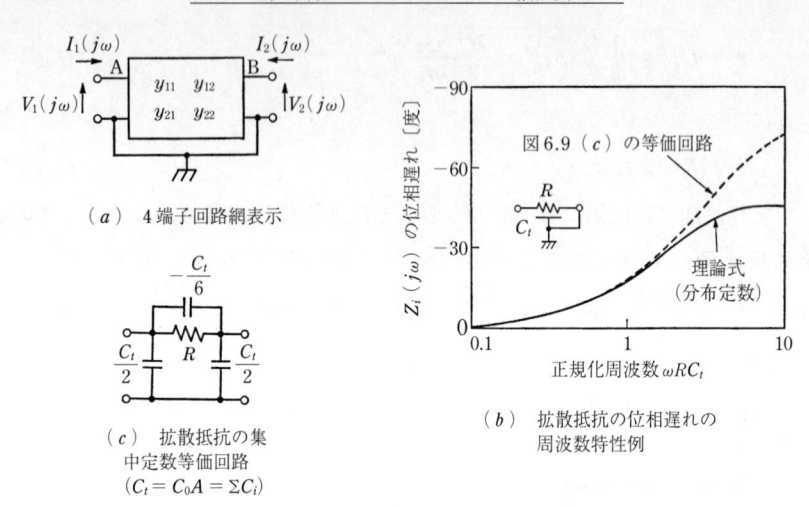

図 6.9 分布抵抗の特性

$$Z_i(j\omega) = \frac{V_1(j\omega)}{I_1(j\omega)} = \frac{1}{y_{11}} \qquad (6.8\ c)$$

$$G_i(j\omega) = -\frac{I_2(j\omega)}{I_1(j\omega)} = -\frac{y_{21}}{y_{11}} \qquad (6.8\ d)$$

となる。これらの式を数値計算すれば，それぞれの挙動がわかる。例えば，Z_i と G_i の絶対値が 3 dB 低下する周波数はそれぞれ

$$\frac{2.6}{2\pi RC_t}, \quad \frac{2.4}{2\pi RC_t}$$

であり，C_t 効果が約 $1/2.4 \sim 1/2.6$ になっていることがわかる。位相については Z_i について，図 6.9 (b) に示す。位相遅れは $-45°$C の値に飽和する。

ここで，分布定数回路を集中定数回路で近似する工夫をしよう。級数展開を用いると

$$y_{11} = y_{22} = \frac{1}{R} + j\omega \frac{C_t}{3} + \omega^2 \frac{RC_t^2}{45} + \cdots\cdots \qquad (6.9\ a)$$

$$y_{12} = y_{21} = -\frac{1}{R} + j\omega \frac{C_t}{6} + \omega^2 \frac{7}{360} RC_t^2 + \cdots\cdots \qquad (6.9\ b)$$

ここで，第 3 項以下を無視すると図 6.9 (c) の等価回路が得られる。この等価回路は応用範囲の広い便利な回路である。例えば，これで，Z_i の位相

遅れを計算すると図 6.9 (b) の点線のようになり，RC_t できまる周波数の 3 倍ぐらいまで良い近似を与えている。図 6.8 (b) の容量値が $C_t = C_0 A$ の 1/3 であることもこれより理解できる。

ここで，抵抗器について部品の寸法と他のパラメータとの関係をまとめてみるとつぎのようになる。

部品の寸法（l や w）が小さくなると，
（ⅰ）　チップの占有面積は小さくなり，安価にできる。
（ⅱ）　時定数が 2 乗に反比例して下がり，周波数特性が良くなる。
（ⅲ）　加工誤差の相対値が大きくなり，精度が落ちる。
（ⅳ）　扱いうる電力が減少する。

これらの関係は，**他のモノリシック IC 用の部品，デバイスについても成り立つもの**で，モノリシック IC 部品，デバイスの設計はつねにこれらの関係を考え合わせながら行う必要がある。周波数特性の向上とコスト低減のためには，加工精度の向上が有効なのである。

6.2.4　モノリシック抵抗のその他の形

モノリシック抵抗は，ベース拡散層のほかにいろいろな構成法が考えられる。例えば，（1）エミッタ拡散層，（2）アイソレーション用のエピタキシャル層および（3）エミッタとコレクタではさまれたベース層などがときどき用いられる。また，単結晶シリコン以外に，（4）多結晶シリコン（poly-silicon）層が用いられることもある。

（1）の場合は，$\rho_s = 3 \sim 10\ \Omega/\square$ 程度で低抵抗を作るのに便利である。

（2）の場合は

$$\rho_s = \frac{\rho_{epi}}{d_{epi}}$$

ここに，ρ_{epi} はエピタキシャル層の体積抵抗率〔Ω・cm〕，d_{epi} はエピタキシャル層の厚み〔cm〕である。

$\rho_{epi} = 1\ \Omega\cdot\text{cm}$，$d_{epi} = 5\ \mu\text{m}$ とすると $\rho_s = 2\,000\ \Omega/\square$ となり高抵抗を作ることができる。

（3）の場合は，**ピンチ抵抗**とよばれ，$\rho_s = 5 \sim 50\,\mathrm{k\Omega/\square}$ 程度が可能で，小面積で高抵抗を作ることができる。しかし，拡散のバラツキが重なって精度は悪く，±50％程度の誤差を見込む必要がある。

（4）の場合はさらに高抵抗が要求される場合で，精度は悪いが数百 $\mathrm{k\Omega} \sim$ 数 $\mathrm{M\Omega}$ 以上，例えば MOS スタティック・メモリ用の抵抗として使用されている。

6.3 モノリシック・コンデンサ

モノリシック IC 用のコンデンサとしては，**MOS 構造の容量**と **pn 接合を用いた容量**の二つが用いられる。しかし，大容量のコンデンサは高抵抗と同様にチップの占有面積が大きくなるので，小容量のコンデンサのみで回路を工夫していくことが多い。

6.3.1 構造と特性

一般にコンデンサの静電容量 C は，誘導体を電極ではさんだ構造で作られる。誘電体の比誘電率を ε_r，厚さを d，電極の対向面積を A とすれば

$$C = A\frac{\varepsilon_0 \varepsilon_r}{d} \qquad (6.10\,a)$$

で与えられる。モノリシック IC の場合には図 5.50 の多層配線構造から容易にわかるように配線に用いる金属（例えば Cu や Al 膜）や多結晶シリコン膜を電極とし，酸化膜や窒化膜などの層間絶縁膜を誘電体とした MOS 構造のほかに，図 6.10，図 6.11 に示すような，MOS トランジスタのゲートに似た構造と pn 接合の 2 種類の構造がコンデンサとして使用される。MOS 構造の容量は誘電体として酸化膜（$\varepsilon_r \simeq 3.9 \sim 4.0$）を用いた場合に相当し，pn 接合は誘電体としてシリコン結晶体の空乏層（$\varepsilon_r \simeq 12$）を用いた場合にあたる。それらの基本的な特性はすでに 4 章で詳しく学んできているので，以下，具体的な設計法，寄生素子の効果などについて述べよう。なお，いずれの構造でもアイソレーション領域を作り，その中に構成していく必要がある。この点は，モノリシック抵抗などのほかのモノリシック IC 用部品と同じである。

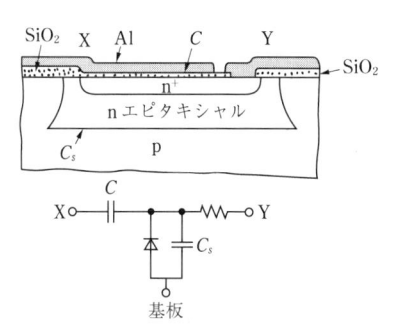

図 6.10　MOS コンデンサの構造 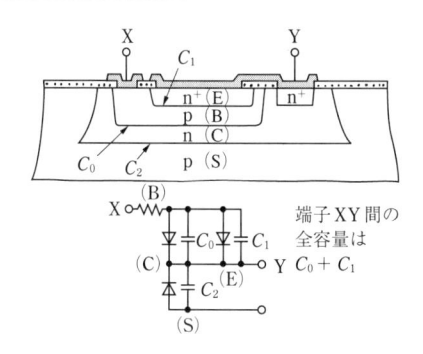　　　　図 6.11　pn 接合コンデンサの構造

6.3.2　パターン設計と容量値

　モノリシック IC は超小形の回路構造であり，したがってチップの面積は小さい。一方，コンデンサの容量 C は式（6.10 a）のように電極面積 A に比例する。そのためモノリシック IC では本質的に大きい容量は作れない。容量を大きくするには A を大きくする工夫と，誘電体層の厚さ d を小さくする工夫が必要となる。d を小さくすると電界強度が増し，耐圧が下がる。したがって，回路動作に必要な耐圧を保つよう d をきめる必要がある。設計に必要な諸定数を表 6.2 に示した。ここで，臨界電界は構造，プロセス条件により変動するので表の数値はおおよその値である。したがって耐圧の設計では臨界電界に安全率を見込んでおく必要がある。

表 6.2　モノリシック・コンデンサに用いられる誘電体材料の特性

		シリコン酸化膜 （MOS 容量）	シリコン空乏層 （pn 接合容量）	シリコン窒化膜 （MOS 容量）
比誘電率	ε_r	≈3.9	≈12	≈7.5
臨界電界	E_c〔V/cm〕	≈6×10^6	≈3×10^5	≈10×10^6

〔**1**〕　**MOS コンデンサ**　図 6.10 に示した構造ではシリコン結晶片の表面に作られた薄い SiO_2 膜を誘電体として用いる。電極のうち下部電極は n^+ のシリコン層を用いている。したがって，正確には 4.6 節で学んだように印加電圧の極性によっては MOS 構造の C-V 特性，したがって，容量値が電圧により変化する。n^+ 層はこの効果を小さくする点からも，また電極の直列寄

生抵抗をへらす意味からも高濃度層であることが望ましく,普通エミッタ拡散層が用いられる。多層配線構造を利用して n^+ 層を金属膜層にしたり,SiO_2 膜より ε_r,E_c が大きい Si_3N_4（シリコン窒化）膜を用いることも多い。パターン設計は下部電極のとり出し方,等価的な対向面積の算出に注意して行う。容量値の誤差は式（6.10 a）より

$$\frac{\Delta C}{C} = \frac{\Delta A}{A} - \frac{\Delta d}{d} \qquad (6.10\ b)$$

となり,対向面積と膜厚の誤差が原因となる。前者はホトレジスト加工の精度,後者は酸化プロセスのバラツキ,偏差によって生じる。一般に容量の誤差は抵抗の場合よりも小さい。例えば絶対誤差で $\pm 2 \sim 8\%$,相対誤差では $\pm 0.1 \sim 0.5\%$ 程度である。

〔**数値例 6.3**〕

$d = 50$ nm,$A = 100\ \mu$m 角の MOS コンデンサの容量値と降伏電圧 BV を計算する。

$$C = (100 \times 10^{-4})^2 \times \frac{8.85 \times 10^{-14} \times 3.9}{50 \times 10^{-7}} = 6.9\ \text{pF}$$

$$BV = 6 \times 10^6 \times 50 \times 10^{-7} = 30\ \text{V}$$

上の数値例からもわかるように,わずか 7 pF たらずのコンデンサを作るために,$100 \times 100\ \mu$m のチップ面積を必要としている。もし,1 mm 角のチップ全面を使用したとしても 690 pF にすぎない。このように大容量のコンデンサを作ることはきわめて不経済である。したがって,回路構成的に工夫して大容量のコンデンサを使用しないで目的の回路特性を実現するのが重要である。これも,モノリシック IC 回路構成技術の要点の一つである。

〔**2**〕 **pn 接合コンデンサ**　コンデンサとして利用できる pn 接合としては,バイポーラ IC ではエミッタ-ベース接合,コレクタ-ベース接合,コレクタ pn 接合基板のアイソレーション接合があり,MOS-IC では,ソースまたはドレーンと基板の間の接合がある。図 6.11 はエミッタ-ベース接合と,コレクタ-ベース接合を並列にして利用したコンデンサである。どの接合を選ぶかは単位面積当りの容量値,耐圧,直列寄生抵抗などできめるが,不純物の濃度

分布はトランジスタの設計を優先させてきめられてしまっている場合がほとんどである．不純物濃度分布が与えられれば，接合容量値と耐圧は 4.3 節で詳しく学んだ方法で計算できる．例えば理想的な段階接合と傾斜接合の場合には単位面積当りの容量 C/A は次式で与えられる．

段階接合　$\dfrac{C}{A} = 2.93 \times 10^{-4} \sqrt{\dfrac{N}{V_T}}$〔pF/cm^2〕　　　　$(6.10\ c)$

傾斜接合　$\dfrac{C}{A} = 2.47 \times 10^{-3} \sqrt[3]{\dfrac{a}{V_T}}$〔pF/cm^2〕　　　　$(6.10\ d)$

ここに，N：低濃度側の不純物濃度〔cm^{-3}〕

　　　　a：不純物濃度の傾き〔cm^{-4}〕

容量値を大きくするには N や a を大きくする必要があるが，耐圧が下がるのでそのかね合いが必要である．

図 6.12 は電圧と容量値の関係を降伏電圧による限界とあわせて示した．コレクタ-基板間接合とエミッタ接合は段階接合で，アイソレーション側面と基板間接合とコレクタ接合は傾斜接合で近似できる．一般に単位面積当りの容量の大きい接合コンデンサは耐圧が低く，耐圧の大きい接合コンデンサは容量

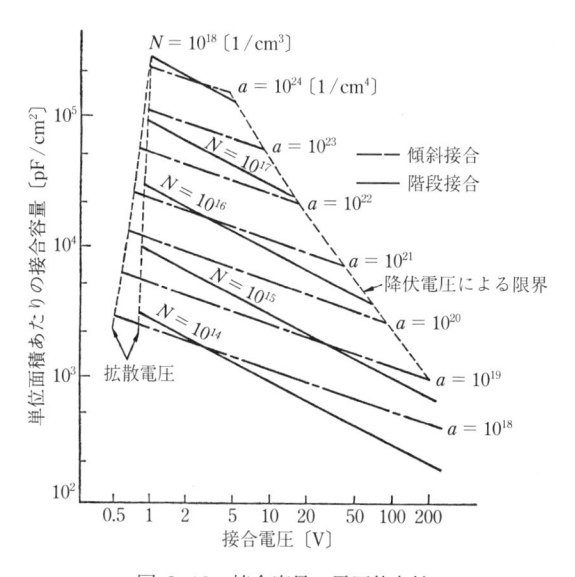

図 6.12　接合容量の電圧依存性

が小さい。エミッタ接合が前者に，コレクタ接合は後者に属する。

実際の pn 接合は拡散プロセスの条件により異なった不純物濃度分布をもち，正確には段階接合でも傾斜接合でもない。そのため容量値を式 ($6.10c$, d) のように簡単な形では表現できない。なお図 4.9 で $V_T = V + \phi$ で ϕ は拡散電圧である。ϕ は普通 $0.7\,\mathrm{V}$ と考えてよい。

〔**数値例 6.4**〕 pn 接合容量の設計

図 6.13 のように，ベース拡散層を用いた pn 接合で $10\,\mathrm{pF}$ ($V = 0$) のコンデンサを作る。1 辺の長さ W の正方形のパターンを想定した場合，W の長さを求めよう。

エピタキシャル層の不純物濃度は $N_{BC} = 10^{16}\,\mathrm{cm^{-3}}$ で一定，ベース拡散は表面濃度 $N_S = 5 \times 10^{18}\,\mathrm{cm^{-3}}$ のガウス形の濃度分布をもち，pn 接合の位置は，$x_{je} = 3.0\,\mu\mathrm{m}$ とする。

まず，$N_{BC}/N_S = 2.0 \times 10^{-3}$ より図 4.9 の曲線を用いることとし，$\phi = 0.7\,\mathrm{V}$ として $V_T/N_{BC} = 0.7 \times 10^{-16}$ の点より
$$C/A \simeq 2 \times 10^4\,\mathrm{pF/cm^2}$$

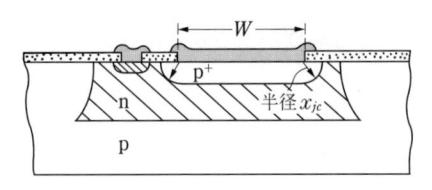

図 6.13 ベース接合を用いた接合容量

つぎに，A を次式で求める（周辺成分を考慮していることに注意せよ）。
$$A \simeq W^2 + 4W\left(\frac{1}{4} \times 2\pi x_{je}\right)$$

けっきょく
$$10 = 2 \times 10^4\,W(W + 18.8 \times 10^{-4})$$
$$\therefore\quad W = 215 \times 10^{-4}\,\mathrm{cm} = 215\,\mu\mathrm{m}$$

なお，〔数値例 6.1〕と比較すると，この $10\,\mathrm{pF}$ のコンデンサは $5\,\mathrm{k}\Omega$ の抵抗よりも 2 倍ぐらい大きな面積を必要とすることがわかる。

6.3.3 寄生素子

モノリシックコンデンサにおいても抵抗の場合と同じように，プレーナ構造や，pn 接合アイソレーションに起因する寄生抵抗や寄生容量がある。等価回路で示すと図 6.10 や図 6.11 のとおりである。その値は 6.2 節，6.3 節で学んだ方法で容易に推定できるであろう。それぞれ数百 Ω，数 pF に達することもめずらしくない。特に，アースに対する寄生容量の大きさはコンデンサの容量値そのものに比して無視できないどころか，同じオーダーの値になること

もある。このため，この種のモノリシック・コンデンサは，バイパス用のコンデンサとしては十分役立つが，結合用のコンデンサとしては対地容量を十分考えに入れて回路設計を行っておく必要がある。また，直列に入る寄生抵抗が大きいため，コンデンサの性能を表す Q 値は一般に非常に低い。高次のフィルタを設計する場合に注意が必要である。

6.4 配線およびインダクタンス

6.4.1 配線とその特性

モノリシック集積回路における配線は，モノリシックIC部品，デバイスのそれぞれの電極部分にあらかじめ酸化膜に孔あけを行っておき，その後一挙に相互配線用の金属を蒸着やスパッタリングなどの方法で付着させて回路を形成する。配線用の金属として必要とされる特性については，5.7節で説明した。

アルミニウム（Al）の蒸着膜は，その大部分を満たすので最も広く用いられている。ただし，n形シリコンに良いオーム接触をさせるには不純物濃度を高くとり，n^+ 形にしておく必要がある。アルミニウムの蒸着膜では $\rho \simeq 3 \sim 4 \times 10^{-6}$ $\Omega \cdot$cm で，普通用いられる膜厚は $0.5 \sim 1.0$ μm 程度で，面積抵抗率にして $0.05 \sim 0.1$ $\Omega/\square$ である。この値は普通の回路では問題にならないほど小さいが，パワーICや超高速ディジタルICのように大電流を流す場合には電圧降下が問題を生じることもある。また電流密度が非常に大きくなると，アルミニウム自身の原子がアルミニウムの中を電流につれて移動し，ボイドやひげ状の突起を作って配線をもろくする現象が生じる。これを金属原子の移動（マイグレーション；migration）という。この現象はアルミニウムでは電流密度が 10^5 A/cm^2 を越えると顕著になってくるので，この値を超えない注意が必要である。アルミニウム配線の信頼性についてはつぎの関係が成り立つことが知られている。

$$\frac{1}{\text{MTF}} = AJ^2 \exp\left(-\frac{\phi}{kT}\right) \qquad (6.11a)$$

ここに，MTF：不良に至るまでの平均寿命時間〔h〕
　　　A：金属膜によってきまる定数
　　　J：電流密度
　　　ϕ：活性化エネルギー〔eV〕

したがって，特に温度上昇が大きいICでは注意が必要となる。アルミ配線の上をSiO$_2$などで表面を被覆（コーティング）すると同一電流容量でMTFを伸ばすことができる。SiO$_2$でコーティングしたアルミ配線では，上式の値は

$$\frac{1}{\text{MTF}} = J^2 \times 1.88 \times 10^{-3} \times \exp\left(\frac{-1.2}{kT}\right) \qquad (6.11\,b)$$

といわれている。マイグレーションを防止するためにアルミニウムの中に少量のCuを添加する方法も有効であり，電流密度の多くなる高速バイポーラLSIなどに使用されている。

　アルミニウムが酸化膜によく付着してICの配線を構成するのに適しているのは，アルミニウムが酸素と反応しやすいからである。この性質のため高温になるとアルミニウムがSiO$_2$膜の中に浸透し不良をひき起こす。この現象はアルミニウムとシリコンの共晶温度（eutectic temperature）である577℃以上では顕著になる。したがって，アルミニウム蒸着で相互配線を行ってからあとは，ペレット付け，ボンディング，封止などの工程で400℃以上の温度にさらさないような注意が必要である。

　配線材料としては，アルミニウムのほかに，多結晶シリコン（poly silicon），銅（Cu），金（Au）なども用いられる。特に，多結晶シリコンは，シリコンゲート形MOS-LSIの普及によって配線材料として広く使用されている。ただし，抵抗が高いため，配線部の時定数が大きくなりやすい欠点がある。このため金属との化合物シリサイドにして使用される。また，銅は多層配線用の材料として広く用いられつつある。

〔数値例　**6.5**〕
　20 mAの電流を流す必要のあるトランジスタのエミッタ配線として幅10 μm，厚さ0.5 μmのアルミニウム蒸着膜を用いた。ここでの電圧降下を$kT/q = 26$ mVの

半分にとどめたい。長さの制限を求めよ。また電流密度は大丈夫か。

アルミニウム蒸着膜の $\rho \simeq 3\times 10^{-6}\,\Omega\cdot\mathrm{cm}$ とすると，厚さ $0.5\,\mu\mathrm{m}$ の膜では面積抵抗率値は $0.06\,\Omega/\square$ である。ゆえに長さは

$$(0.026 \div 2) \div 0.02 \div 0.06 \times 10\,\mu\mathrm{m} = 108\,\mu\mathrm{m}$$

電流密度は

$$J = \frac{20 \times 10^{-3}}{10 \times 10^{-4} \times 0.5 \times 10^{-4}} = 4 \times 10^5\,\mathrm{A/cm^2}$$

これは，かなり大きな値で，MTF は短いことを覚悟しなければならない。$10^5\,\mathrm{A/cm^2}$ 以下になるよう再設計が必要である。

IC の相互配線はその構造上チップの表面で行う必要があるため，交差 (crossover) が生じることがある。多層配線はこれを解決してくれるので広く用いられている。配線が複雑になり，長くなると配線による信号の遅れが問題になる。例えば，配線には導体の抵抗成分 R と，絶縁膜を介して MOS 形の容量 C が存在する。これより $CR = \tau$ の時定数が生じる。導体材料の体積抵抗率を ρ_m〔$\Omega\cdot\mathrm{cm}$〕，厚さと幅をそれぞれ d_m，W とし，絶縁膜の比誘電率を ε_r，厚さを d とすると，長さ L の配線では

$$R = \frac{\rho_m}{d_m}\cdot\frac{L}{W} \quad \text{また，}\ C = \frac{\varepsilon_r \varepsilon_0}{d} LW \qquad (6.12\,a)$$

ゆえに

$$\tau = CR = \rho_m \varepsilon_r \varepsilon_0 \left(\frac{L^2}{d\,d_m}\right) \qquad (6.12\,b)$$

これは長さ L が大きくなると急速に増大し，厚さ d，d_m が薄くなると増大するので，微細化の進んだ高集積の超 LSI では深刻な問題となっている。図 6.14 はこの様子を示したもので，トランジスタのスイッチング動作の遅れよりも配線による遅れが大きい場合すら生じる。ρ_m と ε_r を小さくするため，Al から Cu へ，また $\mathrm{SiO_2}$ に添加物を加えて ε_r を小さくする工夫がされている。

〔数値例 **6.6**〕
厚さ $0.5\,\mu\mathrm{m}$ の $\mathrm{SiO_2}$ 膜の上に幅 $5\,\mu\mathrm{m}$，厚さ $1\,\mu\mathrm{m}$ の Al 配線がある。その長さを $10\,\mathrm{mm}$ とすれば

$$R = \frac{3 \times 10^{-6}}{1 \times 10^{-4}} \times \frac{1.0}{5 \times 10^{-4}} = 60\,\Omega$$

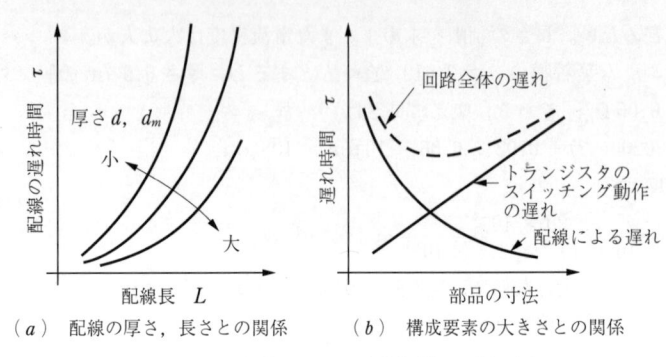

図 6.14 配線による回路動作遅れの概念図

(a) 配線の厚さ，長さとの関係
(b) 構成要素の大きさとの関係

$$C = \frac{3.9 \times 8.854 \times 10^{-14}}{0.5 \times 10^{-4}} \times 1 \times 5 \times 10^{-4}$$
$$= 3.45 \times 10^{-12}\,\text{F} = 3.45\,\text{pF}$$

時定数 τ は，$\tau = CR = 207 \times 10^{-12}\,\text{s} = 0.21\,\text{ns}$

6.4.2 インダクタンス

モノリシックIC用インダクタンスは配線構造を利用して作られる。コンデンサの場合と同様に大きいインダクタンスはチップの占有面積が大きくなるので，1〜10 nH 程度の小さいインダクタで主として1 GHz 以上の高周波回路で用いられる。

〔**1**〕 **構造と特性**　もともと導体に電流が流れれば磁界が生じ，インダクタンスが発生する。例えば，図 6.15 (a) に示すような接地面から h の高さにある半径 r の導体は，電磁気学より次式のインダクタンス L をもつ。

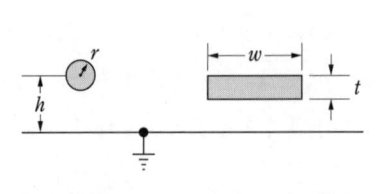

$$L = \frac{\mu_r \mu_0}{2\pi} \ln\left(\frac{2h}{\gamma}\right) l \quad \text{[H]} \tag{6.13 a}$$

図 6.15 導体のもつインダクタンス L
(導体の長さ：l)
(a) 半径 r の導体
(b) 幅 w，厚さ t の導体

ここに，l は導体の長さ〔m〕，μ_r はその場所の比透磁率，μ_0 は真空の透磁率で $4\pi \times 10^{-7}$ H/m の値をもつ。普通，$\mu_r = 1$ なので，$(h/r) = 5 \sim 50$ とすると $l = 1$ cm では $4.6 \sim 9.2$

nH となる。およそ **1 mm につき 1 nH のインダクタンス**があると考えてよい。実際の配線の断面形状は図 (b) で，この場合には次式が導かれている。

$$L = 2l \left\{ \ln \frac{2l}{w+t} + 0.5 + \frac{w+t}{3l} \right\} \qquad (6.13\ b)$$

ここに，L〔nH〕，l〔cm〕，W〔cm〕，t〔cm〕である。色々な寸法についての計算結果を図 6.16 に示した。この結果からも 1 nH/mm とみてよいことがわかる。

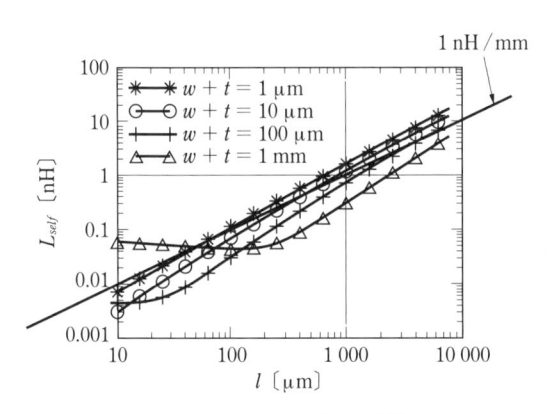

図 6.16　図 6.15 の (b) の形状をもつ導体の自己インダクタンスの計算例

実際のモノリシックインダクタは図 6.17 に示すように導体をスパイラル状に巻いて形成される。長さ l が大きくとれることと，相互誘電作用が働いてインダクタンス値が大きくなるからである。導体の幅 W と厚み d，辺長 L，導体の間隔 S，巻数 N などが設計パラメータである[†]。

〔**2**〕**寄生素子と周波数特性**　モノリシックインダクタンスにもプレーナ構造であるための寄生素子がある。等価回路で示すと図 6.17 (b) のようになる。ここで，L_s が目的とするインダクタンスで，寄生素子としては

(i) R_s：導体の抵抗成分で全長と幅，厚さできまる。注意すべきは，高周波帯では**表皮効果**（skin effect）のため，実効厚さがつぎの式できまり，等価的な R_s が増大することである。

[†] スパイラル状のインダクタンスの値については，わかりやすい一般式はない。

(a) 構造

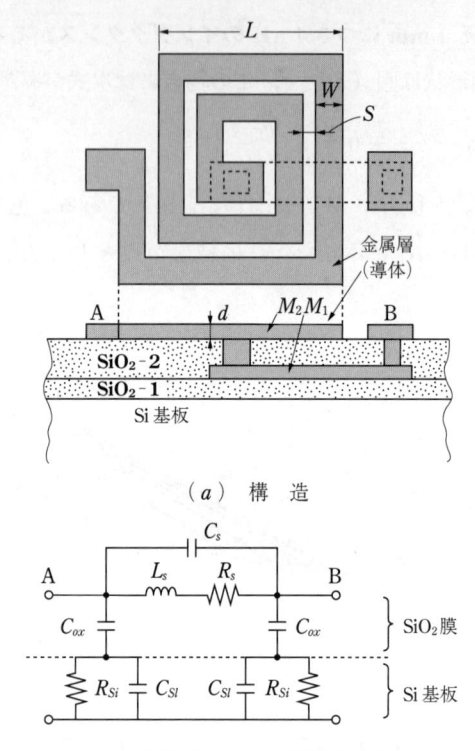

(b) 寄生素子を含んだ等価回路

図 6.17　モノリシックインダクタの構造と等価回路

$$\delta\,[\mathrm{m}] = \sqrt{\frac{\rho_m\,[\Omega\cdot\mathrm{m}]}{\pi\,\mu_r\mu_0\,[\mathrm{H/m}]\,f\,[\mathrm{Hz}]}} \quad\quad (6.13\,c)$$

δ の値は 1 GHz では Al の場合には約 3 μm なので配線の厚さへの影響はまだ少ない。インダクタンスの良さを示す Q 値(quality factor)は

$$Q = \frac{wL_s}{R_s}$$

で表されるが，L_s も R_s も全長に比例するので巻数 N，したがってインダクタンス値によって大幅には変わらず，5～10 程度のものが多い。その一例を図 6.18 に示した。

(ii)　C_{ox}：導体と Si 基板間の分布容量を集中定数として表したもので，

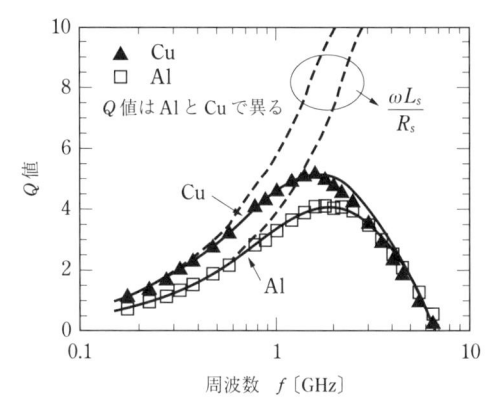

図 6.18 モノリシックインダクタの Q 値と周波数の関係
(Cu と Al では Cu が少し良い)

絶縁膜の材料と厚さできまる MOS 形の容量である。ほかの寄生容量 C_s などとともに高周波では L_s と共振を起こし，インダクタンスとしての効果を消してしまう。この共振周波数より低い領域でしか L_s は有効でない。

(iii) C_{si}, R_{si}：Si 基板と接地間のインピーダンスを等価的に表したもので，低周波域では抵抗成分 R_{si} のみでよいが，高周波域では Si が誘電体として働くため C_{si} を考慮せねばならない。その周波数帯は Si 基板のもつ時定数 $\tau = \rho\varepsilon$ できまるが，$\rho = 10 \sim 100\,\Omega\cdot\mathrm{cm}$ の基板では 15〜1.5 GHz になり高周波帯では C_{si}, R_{si} の正しい評価が大切になる。

6.5 MOS トランジスタ

MOS トランジスタは MOS 集積回路の主要素子である。トランジスタ作用をもつ能動素子としても，また負荷抵抗やダイオードなどの受動素子としても用いられる。したがって，その特性を寄生素子の効果を含めて十分理解しておく必要がある。

6.5.1 構造と特性

モノリシック IC に用いられる MOS トランジスタには, (1) 導電形式によって, ①pチャネル形, ②nチャネル形, (2) 動作モードによって, ③**エンハンスメント形**（enhancement type）, ④**ディプリーション形**（depletion type）, (3) ゲート構造によって, ⑤**メタルゲート**（metal gate）形, ⑥**シリコンゲート**（silicon gate）形, さらに (4) アイソレーション構造によって, ⑦**LOCOS**（local oxidization of silicon）形や **STI**（shallow trench isolation）形などの種類がある。この中でまず最初に実用化されたのが, メタルゲートの一種であるアルミニウムゲート構造のpチャネルエンハンスメント形の MOS トランジスタである。その後, いろいろな技術進歩によって, シリコンゲート構造のものが実用化され, ついでnチャネルのエンハンスメント形が実用化され, 最近では LOCOS 構造や STI 構造のものが高性能 LSI に採用されている。ここでは, まず, 4 章で学んだ MOS 構造の諸性質と関連させつつ, 基本的なアルミニウムゲート構造の MOS トランジスタと, LSI に広く使用されているシリコンゲート構造の LOCOS 形 MOS トランジスタとについて勉強することとしよう。

代表的なアルミニウムゲート形とシリコンゲート形の MOS トランジスタの構造を図 6.19 と図 6.20 に, その電圧-電流特性を図 6.21 に示す。この構造および特性については, MOS 構造に関連してすでに, 4.6 節と 4.7 節で学んでいる。すなわち, ソース領域 S とドレーン領域 D は基板と反対の不純物を拡散などによってドープして作られ, それぞれ pn 接合を形成し, そのまま基板に対してアイソレーションの条件を満たしている。ソースとドレーンの間の表面には薄いゲート酸化膜が形成され, その上にゲート電極 G を構成するアルミニウムまたは多結晶シリコンの薄膜が形成されている。ゲート電極 G に加わる電圧によって, ゲート酸化膜の下にチャネルが形成され, このチャネルを通して, ソース S とドレーン D との間に電流が流れて, トランジスタとして動作する。その電気的特性を表す関係式は, 4.7 節と 4 章の『補足事項 3』で導いたが, そのおもなものを再記するとつぎのとおりである。

6.5 MOSトランジスタ

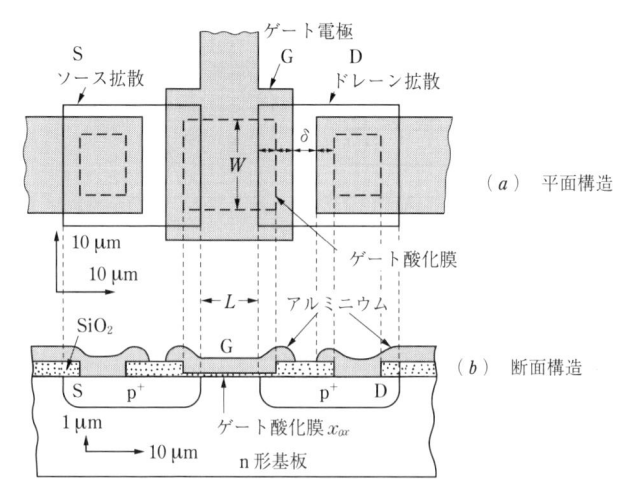

図 6.19 アルミニウムゲート形 p チャネル MOS トランジスタ

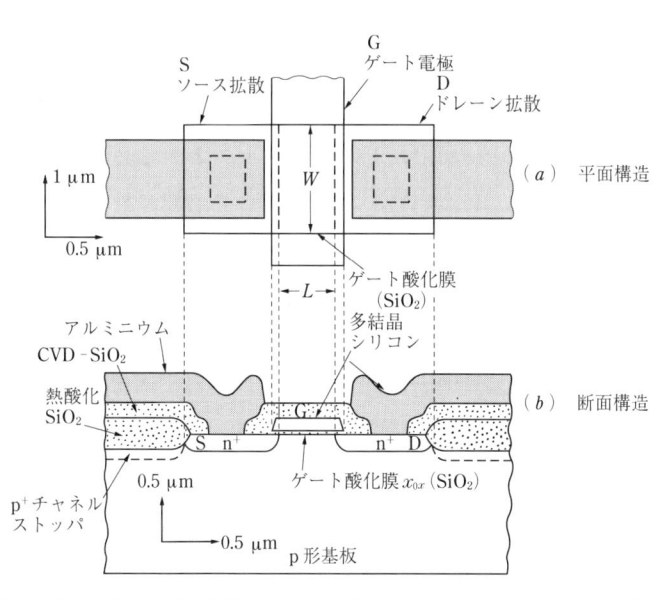

図 6.20 シリコンゲート形 n チャネル MOS トランジスタ (LOCOS 構造)

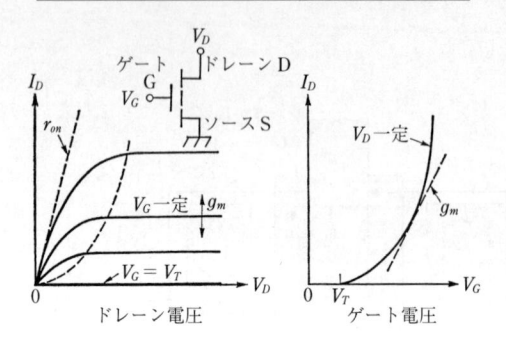

図 6.21 MOSトランジスタの電圧-電流特性

まずドレーン電流 I_D〔A〕は，$V_D \leq V_G - V_T$ の範囲では式（4.56）より

$$I_D = \frac{W}{L} \mu_S C_{ox} \left[(V_G - V_T) V_D - \frac{1}{2} V_D^2 \right] \tag{6.14}$$

ここに，W：チャネル幅〔cm〕，L：チャネル長〔cm〕，μ_S：キャリヤの表面移動度〔cm^2/V·s〕[†]，C_{ox}：単位面積当りのゲート容量〔$\varepsilon_{ox}\varepsilon_0/x_{ox}$：F/cm^2〕，$V_G$：ゲート電圧〔V〕，$V_D$：ドレーン電圧〔V〕，$I_D$：ドレーン電流〔A〕である。

ここで，ソースは接地されており，ソース電圧 $V_S = 0$ と考えている。$V_S \neq 0$ の場合は，$V_G \to (V_G - V_S)$，$V_D \to (V_D - V_S)$ とする必要がある。その場合には $V_{GS} = V_G - V_S$，$V_{DS} = V_D - V_S$ と明記する必要がある。

また，$V_D \geq V_G - V_T$ では式（4.57）より

$$I_D = \frac{1}{2} \cdot \frac{W}{L} \mu_S C_{ox} (V_G - V_T)^2 \tag{6.15}$$

つぎに，V_T はしきい値電圧（threshold voltage）で，式（4.67）で与えられる[††]。

[†] 表面移動度 μ_S はシリコン表面における移動度で図 5.3 のシリコン結晶内における移動度より小さく（半分程度）になる。また，不純物濃度や温度によっても変化する。
[††] pチャネルまたはnチャネルかによって式（6.16）の各項の極性が変わる。つぎのように整理しておくと良い。

	Q_B	ϕ_F	V_B
pチャネル	正	負	正
nチャネル	負	正	負

$$V_T = -\frac{Q_B}{C_{ox}}\sqrt{1-\frac{V_B}{2\phi_F}} - \frac{Q_{ss}}{C_{ox}} + 2\phi_F + \phi_{MS} \qquad (6.16)$$

ここに，Q_B は基板電荷で

$$Q_B = -2\sqrt{q\varepsilon_{si}\varepsilon_0 N\phi_F} \quad [\mathrm{C/cm^2}] \qquad (6.17)$$

V_B：基板バイアス電圧〔V〕，Q_{ss}：表面電荷密度〔C/cm²〕

N：基板不純物濃度〔cm⁻³〕，ϕ_{MS}：基板とゲート間の仕事関数差〔V〕

以上の基本式より，アナログ回路の設計に必要な相互コンダクタンス g_m やディジタル回路の設計に必要なオン抵抗 r_{on} はそれぞれ式（6.15），式（6.14）よりつぎのように導かれる。

$$g_m \equiv \frac{\partial I_D}{\partial V_G} = \frac{W}{L}\mu_S C_{ox}(V_G - V_T) \qquad (6.18)$$

$$r_{on} \equiv \frac{1}{\left.\frac{\partial I_D}{\partial V_D}\right|_{V_D \to 0}} = \frac{1}{\frac{W}{L}\mu_S C_{ox}(V_G - V_T)} = \frac{1}{g_m} \qquad (6.19)$$

これらの関係式をみると，すべての主要な関係はつぎの二つの値によってきめられていることがわかる。なお単位は V_T が〔V〕，β が〔S/V〕または〔A/V²〕である。

$$\text{①}\quad V_T \qquad \text{②}\quad \frac{W}{L}\mu_S C_{ox} \equiv \beta \qquad (6.20)$$

MOSトランジスタの設計は，この2組の値をいかに選ぶかにほかならない。いいかえれば，MOSトランジスタの特性はかなり自由に変えられる。特に W と L はパターン設計のとき回路設計者が一つ一つ設定でき，回路設計の重要なパラメータとなる。これについては本書2巻の11章で詳しく述べる。

なお，式（6.14）〜式（6.15）はいくつかの仮定のもとに導かれた関係式であり，加工技術が進んで W や L の寸法が微細化（およそ 0.5μm 以下）されると，いくつかの修正を必要とする。これらについては，別に説明する。しかし，わかりやすい式で大筋の説明には便利なのでしばらくはこのまま説明を続けよう。

6.5.2 パターン設計とホトマスク

図 6.19 (a) にアルミニウムゲート p チャネル MOS トランジスタ,図 6.20 の (a) にシリコンゲート形 n チャネル LOCOS 構造 MOS トランジスタの平面構造図を示した。モノリシック抵抗やモノリシック容量と同じく数枚のホトマスクによって作られ,それらのホトマスク相互間の重ね合せ精度を考えに入れてパターン設計が行われる。MOS トランジスタのパターン設計で特徴的なことはつぎのとおりである。

（ⅰ）チャネルの形状 W/L をきめること（回路設計によって）。

（ⅱ）ゲート電極とソースおよびドレーンの拡散領域との合わせ。

（ⅲ）アイソレーション領域は特に必要ないこと（C-MOS では必要）。

図 6.19 のアルミニウムゲート形 p チャネル MOS トランジスタを例にとって説明する。まず（ⅰ）の W/L は式 (6.20) で示した基本的なパラメータ β の値をきめる重要な量である。チップ占有面積を小さくし,集積密度を高めるには W も L もできるだけ小さいほうが望ましいが,小さくすると加工精度によるバラツキが相対的に大きくなり,電気的特性のバラツキをまねく。したがって普通は, L または W のうち小さいほうの寸法を加工精度できめられる最小値に選び,他方を必要な β の値を満たすようにきめる。例えば,相互コンダクタンス g_m を大きくとりたい場合には L を最小値に選び, g_m の値を満たすような大きさの W をきめる。

つぎに,（ⅱ）のゲート電極とソースおよびドレーンの拡散領域との関係は図 6.19 (b) に示すように,①ゲート部分の薄い酸化膜がソースとドレーンの拡散層の間に十分かぶっていること,②その薄い酸化膜の上をゲート電極が十分かぶっていることが必要である。この条件を考えると,マスク合せ余裕寸法を δ とすれば,ソースまたはドレーン拡散領域の端からソースまたはドレーン電極孔あけ端までの寸法は 4δ 必要になる。いま $\delta = 0.5\mu m$ ならば $2.0\mu m$ でよいが, $\delta = 2\mu m$ では $8\mu m$ もの長さが必要となる。この例よりいかにマスク合せ精度が IC の加工に重要なファクタであるかが理解できるであろう。ゲート寸法に関しても一つ注意すべき点はゲートの幅のとり方である。

6.5 MOSトランジスタ

図 6.17 に示すとおり，③ゲートの電極幅は薄い酸化膜の幅よりも大きくとり，薄い酸化膜が露出しないようにする必要がある。その理由は薄い酸化膜は湿気その他に敏感だからである。以上の理由で電気的特性を計算する場合の W は薄い酸化膜の幅を用いる必要がある。

最後に（iii）のアイソレーションについてみると，ソースとドレーン接合が基板に対して逆バイアスされており，アイソレーション領域を別に作る必要はない。必要なだけの数の MOS トランジスタを同一の基板の中に並べて作ることができる。このため MOS トランジスタは非常に高い密度で集積化できるという大きな特色をもっている。例えば，つぎの数値例からもわかるように，MOS トランジスタ 1 個の占有面積は拡散抵抗やバイポーラトランジスタの占有面積よりも少ない。なお，n チャネル MOS と p チャネル MOS を使う C-MOS 回路ではこの両者を分離するアイソレーション領域が必要となるが，原理的には一つあればよい。

図 6.19 の構造を作るために必要なホトマスクを考えてみよう。最も簡単なプロセスを想定するとつぎの 4 枚でできる。(1) ソースおよびドレーン領域の選択拡散用ホトマスク（これで L がきめられる）。(2) ゲートの薄い酸化膜の領域をきめるホトマスク（これで W がきめられる）。(3) ソースおよびドレーンの電極をとり出しのための孔あけ用ホトマスク。(4) ゲート電極および配線の形成のためのホトマスク。これらの形状を図 6.22 に示した。ただし，ホトレジストはネガ形を用いるものとする。

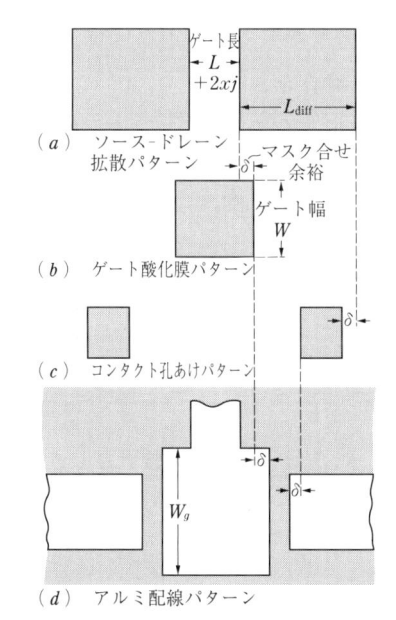

図 6.22 図 6.19 の MOS トランジスタのホトマスクパターン（ネガ形レジスト用）

つぎに，図 6.20 のシリコンゲートnチャネル LOCOS 構造の MOS トランジスタについて説明する．この構造の特長はゲート電極が多結晶シリコンを材料とし，ソースとドレーン領域がゲート電極をマスクとしてイオン打込みや熱拡散によって形成されているため，ゲートとソース，ドレーンの位置関係が自動的に定まり，マスク合せ余裕寸法が不要なことである．

まず，（ⅰ）の W/L の決定は前と同じであるが，nチャネル形では電子の移動度が正孔のそれよりも大きいため，同一の β 値に対して W/L は小さくとれる．

つぎに，（ⅱ）のゲート，ソース，ドレーンの位置関係については，① ゲート電極の幅（ゲート長とよぶ）が L を，② ソースとドレーン領域の横幅が W をきめる．合せ余裕の必要がないので，素子寸法が小さく，また電極間の寄生容量も少なくなる利点がある．自動的に合わせがとれるのでこれを**自己整合 (self-align)**[†] **構造**という．

最後の（ⅲ）のアイソレーションについては，アイソレーション領域を別に作る必要がないのは前と同様であるが，表面を通ってのリーク電流や寄生 MOS 動作をさけるため，p^+ のチャネルストッパ領域を設ける．このマスクは LOCOS 酸化のためのマスクが使用される．

LOCOS 構造のシリコンゲート形nチャネル MOS トランジスタも最低4枚のホトマスクで作ることができる．（1）LOCOS 酸化のためのホトマスク（これで W がきまる），（2）多結晶シリコンをエッチングして，ゲート領域をきめるホトマスク（これで L がきまる），（3）電極とり出しのための孔あけ用ホトマスク，（4）配線形成のためのホトマスク．これらの形状を図 6.23 に示した．ただし，ホトレジストはポジ形を用いるものとした．

6.5.3 プロセス設計としきい値電圧

MOS トランジスタの設計でもう一つの重要なパラメータはしきい値電圧 V_T である．これは主としてプロセス条件できまる．式 (6.16) よりわかるように，V_T は多数の要因に影響される．それらの要素はすべて V_T の調整に利用できるわけであるが，普通は，（1）ゲート酸化膜 T_{ox} と，（2）基板抵

[†] 2か所以上の加工処理の位置関係をマスク合せなしに自動的にとれるようにすること．

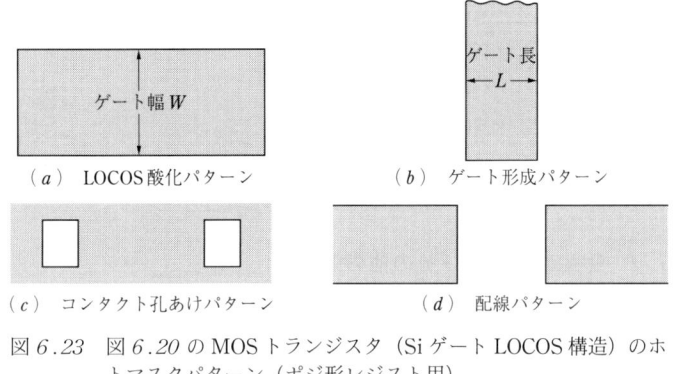

図 6.23　図 6.20 の MOS トランジスタ（Si ゲート LOCOS 構造）のホトマスクパターン（ポジ形レジスト用）

抗率（不純物濃度 N が変わる）を選び，C_{ox} と Q_B を調整して設計する。

また，(3) イオン打込みの量 N_{DS} によっても変わる（図 5.36 参照）ので，これも広く用いられている。

例えば，チャネル長 $L = 0.3\,\mu\mathrm{m}$，ゲート酸化膜 100 nm の Si ゲート構造の n チャネル MOS トランジスタでは，$C_{ox} \simeq 3.4\,[\mathrm{fF}/\mu\mathrm{m}^2]$ で式 (6.16) で $V_B = 0$ の場合

$$V_T = -\frac{Q_B}{C_{ox}} - \frac{Q_{SS}}{C_{ox}} + 2\phi_F + \phi_{MS}$$

$$\simeq (+0.2) - (-0.2) + (+0.7) + (-0.6) \simeq 0$$

となる。もし回路設計から $V_T = +0.6\,\mathrm{V}$ が必要とされれば

$$N_{DS} = \frac{C}{gV_T} = \frac{3.4 \times 10^{-15}/10^{-8}}{1.6 \times 10^{-19} \times 0.6} = 3.5 \times 10^{12}\,/\mathrm{cm}^2$$

のドーズ量の n 形不純物の打込みが必要になる。

〔**数値例 6.6**〕

図 6.19 の構造で，最小加工寸法 10 μm，マスク合せ余裕 5 μm としたとき，$W/L = 5$ の MOS トランジスタの大きさを計算する。また $W/L = 2$ の場合はどうなるか。

　　ソースとドレーン間の距離　$L = 10\,\mu\mathrm{m}$
　　ソースまたはドレーン拡散層の長さ　$L_{diff} = 5\delta + $ 孔幅
　　　∴　$L_{diff} = 5 \times 5 + 10 = 35\,\mu\mathrm{m}$

ゲート酸化膜の幅　$W = 5$ 倍の $L = 50\,\mu\mathrm{m}$
ゲートの電極幅　$W_g = 4\delta + W = 70\,\mu\mathrm{m}$
ゆえに，MOSトランジスタの寸法は

$$W_g \times (2L_{diff} + L) = 70 \times 80\,\mu\mathrm{m}^2$$

$W/L = 2$ のときは $W_g = 40\,\mu\mathrm{m}$ となるので，$40 \times 80\,\mu\mathrm{m}^2$
これは〔数値例　6.1〕の5kΩの抵抗の5分の1以下である。

6.5.4　寄生素子およびその他の効果

MOSトランジスタの寄生素子は図4.28に示した容量のほかに図6.24に示すように，(1) ソースとドレーン領域のもつ直列抵抗 R_s，(2) ソースとドレーン領域が基板との間に作るダイオードと接合容量 C_j および (3) ゲート電極がソースおよびドレーン領域との間に重なって作る電極間容量 C_{ol} などがある。等価回路は容易に理解できるであろう。なお，実際にはゲート電極配線の基板に対する容量がさらにゲートと基板間に入る。また，(4) 近接したMOSトランジスタの相互間にはラテラル形のバイポーラトランジスタ（後述，6.6.4項参照）が入る可能性もある。これは加工寸法が微細化されると大きい問題になる。

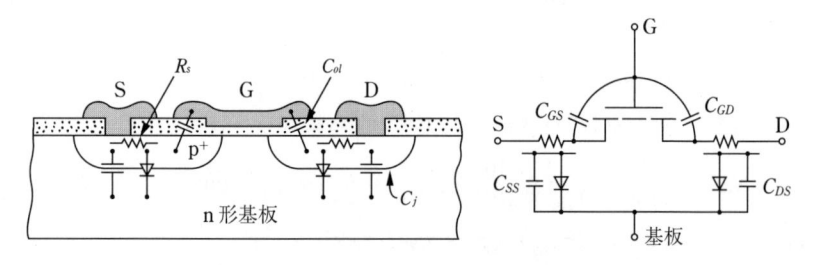

図6.24　MOSトランジスタの寄生素子

(1) の直列抵抗は直流の電圧電流特性に影響をもち，特にソース側の寄生抵抗の影響が大きい。その値を R_s とすれば，ゲートとソース間にかかる電圧が $I_D R_s$ だけ小さくなるからである。(2) のダイオードについては正常にバイアス電圧が加えられていれば，ダイオードは逆バイアスされるのでその影響は直流的には無視できる。残りは (2) と (3) の容量成分（C_j と C_{ol}）と，

6.5 MOSトランジスタ

図 6.24 には明示していないが 4 章の〚補足事項 2〛で述べた C_{gs}, C_{gd}, C_{gb} の容量成分であり,これが高周波特性に大きい影響をもつ。やや詳しく調べてみよう。図 4.28 を図 6.25 (a) に再記した。ここで C_g はゲート電極からみた電荷による容量で反転層チャネルの状況によって C_{gs}, C_{gd}, C_{gb} に配分される。例えば,図 4.28 で述べたように,$V_G < V_T$ では反転チャネルはないので $C_g = C_{gb} = WLC_{ox}$ となり,$V_G \geq V_D + V_T$ では反転チャネルが全面にできるので C_g は C_{gs} と C_{gd} にほぼ半分ずつ配分され,C_{gb} はみえなくなって,$C_{gb} = C_{gd} = \frac{1}{2}WLC_{ox}$, $C_{gb} = 0$ となる。この容量にさらに図 6.24 の C_j と C_{ol} が追加されて全容量が求められる。これが,図 6.25 (b) である。この図で C_{sb} と C_{db} は C_j であり,C_{gs} と C_{gd} はゲート電極とソース,ドレーン間のオーバラップ (overlap) 容量 C_{ol} を含んだ値である。ゲート電圧による各容量の変化を図 (c) に示した。

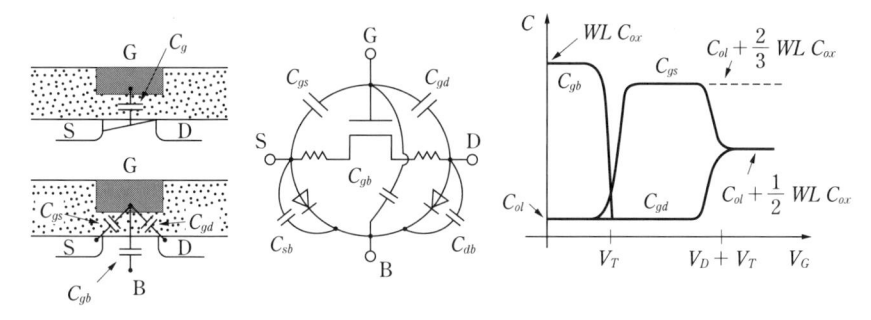

(a) C_g とその三つの要素　(b) 寄生素子を含んだ回路　(c) 各容量成分の電圧依存性

図 6.25　MOSトランジスタの寄生容量とその電圧依存性

寄生容量が求められれば周波数特性が計算できる。例えば,式 (6.15) の成り立つ飽和領域の動作では,$V_T < V_G < V_D + V_T$ なので主たる容量成分は

$$C_{gs} = C_{ol} + \frac{2}{3} WLC_{ox} \simeq \frac{2}{3} WLC_{ox} \qquad (6.21\,a)$$

これと,式 (6.18) の g_m の時定数 τ で高周波での応答がきまる。

$$\tau = \frac{C_{gs}}{g_m} = \frac{2}{3} \cdot \frac{L^2}{\mu_s(V_G - V_T)} \qquad (6.21\,b)$$

チャネル長 L を短く加工できれば高速動作ができることがわかる。また，$(V_G - V_T)$ つまり動作点の選び方でも変化する。

なお，このほかにも詳しくみてみると，(1) チャネル長変調 (channel lngth modulation)，(2) 弱反転領域の電流 (subthreshold conduction)，(3) 短チャネル効果 (short channel effect)，(4) 速度飽和 (velocity saturation) 等の効果が無視できない場合もある。特に L が短くなり，$0.5\sim0.1$ μm 以下になると問題が大きくなり式 (6.14)，(6.15) が成立しなくなる。例えば，(4) の効果は 5 章の〚補足事項〛で述べたようにキャリアの速度 v が μE で現されなくなり，飽和速度 v_s で止まってしまう。この結果，L を小さくしても μ_s/L は大きくならず，式 (6.15) は次式のようになることが導かれている。

$$I_D = v_s W C_{ox}\left(V_G - V_T - \frac{1}{2}V_{Dsat}\right) \simeq v_s W C_{ox}(V_G - V_T) \qquad (6.21\,c)$$

ここに

$$V_{Dsat} = \frac{E_s L(V_G - V_T)}{E_s L + (V_G - V_T)}$$

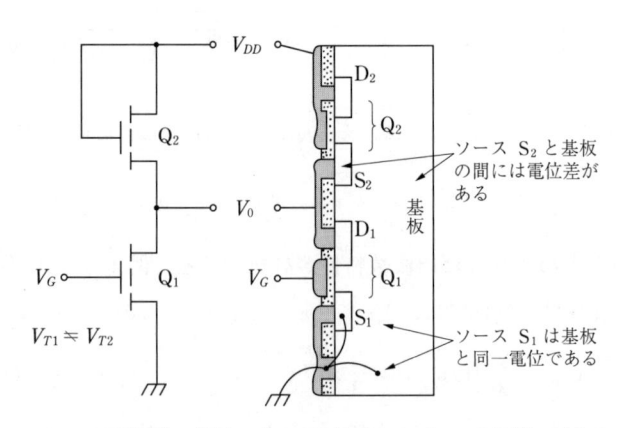

図 6.26　MOS 回路の基板バイアス効果（Q_1 と Q_2 では基板に対するソース電位が異なり，そのため Q_1 と Q_2 は V_T が異なってくる）

この結果，I_D は式 (6.15) よりも小さくなり，τ も L^2 ではなく L に比例する傾向をもつ。

このほか，回路構成によっては**基板バイアス効果**が問題になることがある。これは式 (6.16) の V_B の効果で，例えば，図 6.26 のようにソースと基板の間に電位差があるとしきい値電圧 V_T が変化し，回路動作が変わってくる現象である。ソースと基板の間の pn 接合が逆バイアスされる向きに電圧が加わると，n チャネル MOS では V_T が正の方向に，p チャネル MOS では V_T が負の方向にずれる。

6.5.5　MOS トランジスタの種々の構造

MOS トランジスタは性能の向上，用途の拡大，新機能の追加などを目指して種々の工夫がされている。(1) 寄生素子を極力へらし，また短いチャネル長を実現して動作速度を向上し集積度を増大させる。(2) 動作電流，電圧を増大させ大電力化させる。(3) 記憶作用をもたせてメモリとして使用する。等々である。以下，それらのいくつかについて触れておこう。

〔1〕**シリコンゲート形による自己整合とチャネル長の低減**　　図 6.20 に示したシリコンゲート形 n チャネル MOS トランジスタは，高集積化，動作速度向上の点で優れた構造で，加工技術の進歩を活用して性能向上を進め最も広く用いられている。ここでは，図 6.27 のプロセス工程を学びながら，その特長を整理しておこう。図よりまずアイソレーションは LOCOS 構造の酸化膜アイソレーションで小面積で良い分離ができる。つぎに，ゲートは CVD で成形した多結晶シリコン（poly silicon）で，ゲート長 L を加工後それをマスクにして n^+ のイオン打込みを行い，ソースとドレインの n^+ 領域形成とゲートへの n^+ ドーピングを行う。この工程で自己整合的にソース，ゲート，ドレインが形成されるので合せ余裕が本質的に不要で，ポリシリコン膜で寸法 L の加工ができればいくらでも小さな寸法のトランジスタを作ることができる。寄生容量も小さくなり高速動作に向いている。また，ゲート形成に使ったポリシリコン層は多層配線の一つの層としても利用できる。こうした多くの利点から，高性能 LSI の主流の素子構造となっている。なお，図 6.27 では図

工　程

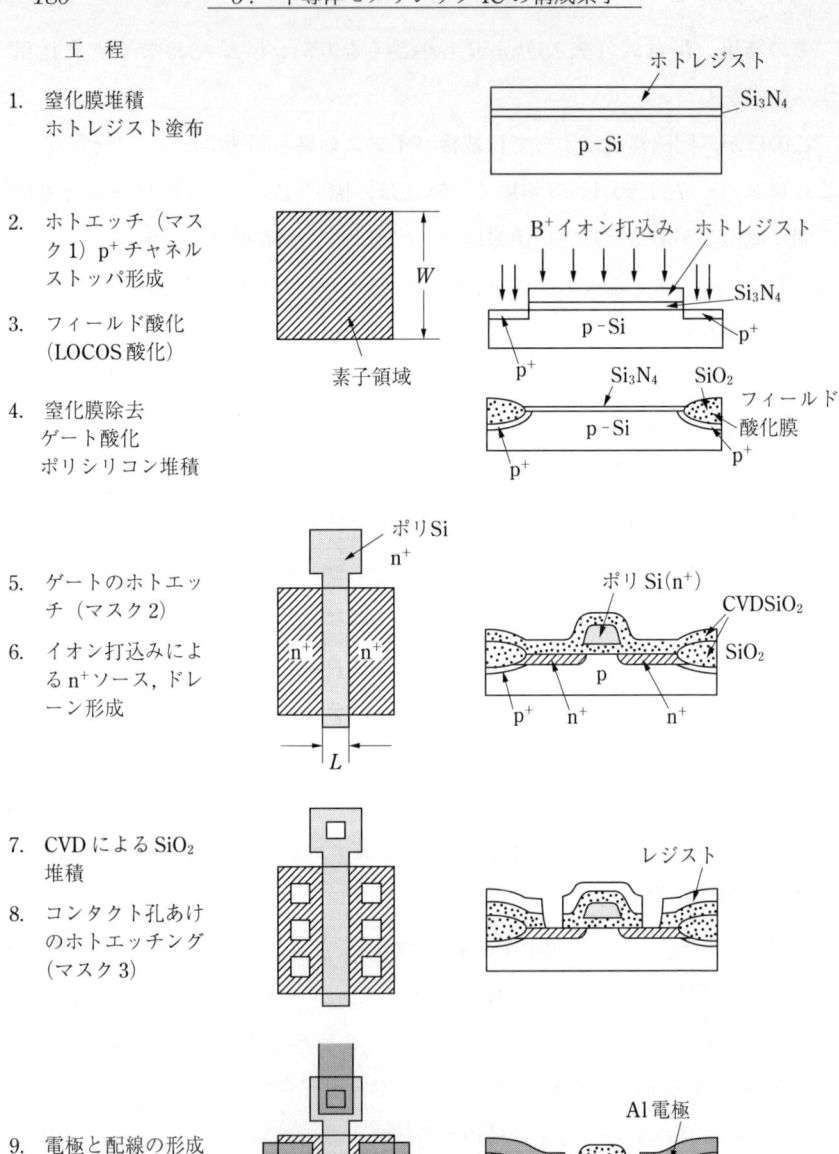

1. 窒化膜堆積
   ホトレジスト塗布

2. ホトエッチ（マスク1）p^+チャネルストッパ形成

3. フィールド酸化（LOCOS酸化）

4. 窒化膜除去
   ゲート酸化
   ポリシリコン堆積

5. ゲートのホトエッチ（マスク2）

6. イオン打込みによるn^+ソース，ドレーン形成

7. CVDによるSiO_2堆積

8. コンタクト孔あけのホトエッチング（マスク3）

9. 電極と配線の形成（マスク4）

図 6.27　シリコンゲート形 MOS のプロセス（p チャネル形 LOCOS 構造）

6.20と異なり，ソースとドレインのコンタクト孔が一つでなく，同一寸法の複数の孔で形成されているが，これはホトレジスト加工のとき，より正確に微細構造が実現できるからである．

〔2〕 **電力用MOSトランジスタ**　より広い範囲の応用に使うため，電圧，電流範囲を広げた電力用トランジスタも有用な構成素子である．

(*a*)　**電流範囲の拡大**　原理的にはW/L大きくすればよい．耐圧と加工精度の制限からLの下限がきまるのでWを大きく設計する．同じチップ占有面積でWをできるだけ大きくするパターン設計の工夫が必要である．また，ソース側の寄生抵抗が特性を劣化させる．ある大きさのWをもったパターンを多数個並列に接続した構造をとることが多い．ICの中で数アンペア級の素子を作ることもできる．

(*b*)　**電圧範囲の拡大**　ドレイン電圧を高くしていくと，ゲートおよびソースに対する電界強度が強くなり破壊に至る．特にソースに対してはチャネル領域でpn接合が逆バイアスされここでの耐圧が問題になる．ドレイン側に不純物濃度の低い領域をつけ，ここで空乏層を広げることで電界強度をへらす手法が広く用いられている．図6.28のn⁻領域がそれで，**LDD**（lightly doped drain）構造とよばれている．この長さと不純物量を工夫することにより，ICの中で，100～200V以上の素子を作ることもできる．

図6.28は1～2GHzの高周波電力増幅用MOSトランジスタの断面構造で，上に述べた諸項目を含めて色々な工夫が盛込まれている．

〔3〕 **記憶特性をもつMOSトランジスタ**　すでに学んだように，しきい

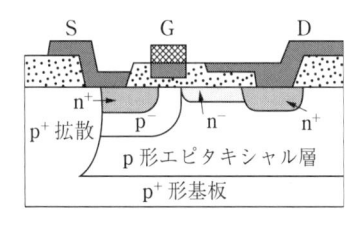

図6.28　高周波電力用MOS-FETの断面構造
(メタル短絡シリサイドゲート——ゲート直列抵抗の低減)
(オフセットゲート低濃度ドレイン——ドレイン耐圧の向上)

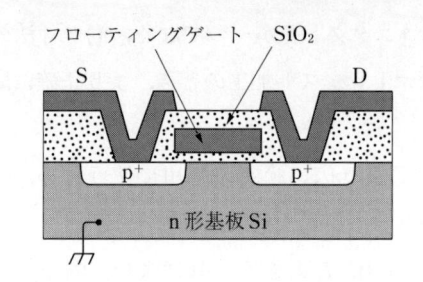

図6.29 記憶特性をもつMOSトランジスタの例（1）— FAMOS/EPROM

値電圧 V_T の中には，Q_B/C_{ox} または Q_{SS}/C_{ox} の項がある。これはゲート酸化膜をはさんで電荷 Q が存在すれば，Q/C_{ox} だけしきい値電圧が変化することを示している。図6.29は FAMOS（floating gate avalnche injection MOS）とよばれる構造で，ゲート電極は外部への接続はなく酸化膜で絶縁されたフローティングの状態になっている。何らかの方法でこのゲート部に電荷 Q を注入してやれば V_T が変わり，その状態を記憶することができる。

電荷を注入する現象としては，つぎの三つがある。

（ⅰ）なだれ注入（avalanche injection）　例えばドレインに高電圧を加えるとドレイン端pn接合のゲートに近い表面に強い電圧が集中し，なだれ降伏を生じ，発生した電子が電界で加速されエネルギーを得る。このエネルギーが薄いゲート SiO_2 を飛び越える大きさをもつとフローティングゲートに注入される。

（ⅱ）チャネルからのホットエレクトロン注入（channel hot electron injection）　普通のMOSトランジスタでチャネルに電流が流れている場合も，ドレイン電圧が高くなるとチャネル中の電子が加速され，高エネルギーをもつ。これをホットエレクトロンとよぶ。ピンチオフ領域では電界の方向とこのホットエレクトロンの散乱でゲート電荷が注入される。

（ⅲ）トンネル現象による注入（tunnel injection）　薄い絶縁膜に高い電界が加わるといわゆるトンネル現象による電流が流れる。5.3.2項で述べたように，MOSの薄いゲート酸化膜でもたの現象が生じる。この種の電流はファウラーノルドハイム（Fowler Nordheim；略してFN）電流とばれており，図5.8（b）で示したように8〜10 MV/cm で顕著になる。これは SiO_2 膜1 nmに対して1 V程度の電圧に対応

する。

(**a**) **FAMOS の動作** 図 6.29 の構造をもつ FAMOS は，なだれ注入を用いてフローティングゲートに電子を注入して情報の書込みを行う。この電子を除去して情報を消去するには，紫外線を照射し，ゲート薄に伝導性を与えて行う。この構造はいわゆる不揮発性メモリ（nonvolatile memory）を実現した最初のものである。一時は広く用いられたが欠点も多いので，つぎの (*b*) に述べる色々な改良が進められた。

(**b**) **フローティングゲート形不揮発性メモリとその動作** 図 6.29 の構造では情報の消去を電気的に行えない欠点がある。図 6.30 のようにフローティングゲートの上に制御用の電極（コントロールゲートとよぶ）を配置すると情報の書込みと消去を電気的に行うことができる。これは，EEPROM (electrially erasable and programable ROM) とよばれ，不揮発性のフラッシュメモリ素子として広く用いられている。原理的にはさきに述べた (ⅰ)〜(ⅲ) の三つの注入現象のうちの二つの組合せを使うことができ，それに応じて動作特性に特色がでる。

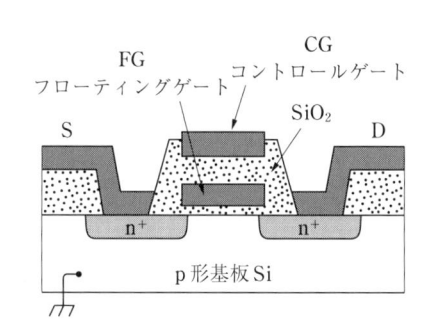

図 6.30 記憶特性をもつ MOS トランジスタの例（2）− EEPROM

つぎに，その一例を説明する。

① 図 6.30 でソース S とドレイン D を接地，コントロールゲート CG に正の高電圧（例えば +13 V）を印加する。フローティングゲート FG と基板間の SiO_2 膜をきわめて薄く（例えば，1 nm）し，CG の電圧による強い電界で基板から FG に FN 電流が流れトンネル注入で電子を注入させる。この負電荷でしきい値電圧は正方向にシフトする。MOS トランジスタとして動作させると電流はオフとなる。

② つぎに，S を開放し，D に正電圧（例えば +3 V），CG に負の高電圧

(例えば, $-9\,\mathrm{V}$) を印加すると, この電界で FG と基板の間に強い電界が生じ FN 電流で FG からドレイン D へ向ってトンネル電流が流れ, FG の電荷が消失し, しきい値電圧は負に移動し, MOS トランジスタとして動作させると電流はオンとなる。

③ いずれの状態でも FG は SiO_2 に囲まれているので理想的には CG の電圧を切ってもいずれかの状態を保持し, 不揮発性のメモリ素子として動作する。SiO_2 の質, 特に FG を基板間の極薄膜の質はきわめて重要である。

④ なお, ① の場合, CG と D に与える電圧の組合せによって, なだれ注入またはチャネルからのホットエレクトロン注入を起させ, これによってFG に電荷をためることもできる。

最近, CVD 技術が進歩し, 良質な窒化シリコン膜ができるようになったので, FG を Si_3N_4 膜で形成した MONOS 型とよばれる構造の素子が提案された。これは, 動作電圧が低くできる, 小型化が容易である, 低コストが可能である等の利点があり, 注目されている。

また, SiO_2 膜の代わりに強誘電体材料 (例えば PZT[†] など) を使って, その分極効果を利用して不揮発性メモリ素子として使用する MOS 構造の素子も強誘電体不揮発性メモリとして実用化が始まっている。

6.6 バイポーラトランジスタ

バイポーラトランジスタ, 特に npn トランジスタはバイポーラ IC の主要素子である。増幅作用をもつ能動素子としてはもちろんのこと, 定電流回路や定電圧回路などのバイアス用素子や, ダイオード, ツェナーダイオードなどの受動素子として広く用いられている。したがって, その特性は寄生素子の効果を含めて十分理解しておく必要がある。

モノリシック IC に用いられるバイポーラトランジスタの種類を大別すると

[†] 鉛, ジルコニウム, チタンの酸化物で, $Pb(Zr_x, Ti_{1-x})O_3$ の組成をもつ強誘電体材料。

```
モノリシックIC用 ┬ (a) npnトランジスタ ┬ (b-1) ラテラル形（横形）
のバイポーラトラン │                      │
ジスタ              └ (b) pnpトランジスタ ┼ (b-2) サブストレート形
                                          └ (b-3) バーチカル形
```

図6.31　モノリシックIC用バイポーラトランジスタの種類

図6.31のようになる。このうち，最もよく使用されるのが(a)のnpnトランジスタである。性能の比較的良いものが小さいチップ面積（したがって低コスト）で得られるため，抵抗と並んであるいは抵抗以上に頻繁に使用される重要な素子となっている。(b)のpnpトランジスタは回路構成上，非常に有用な素子であるが，npnトランジスタを主体としたIC構造ではpnpトランジスタはアイソレーションの構造が複雑になるので，作りにくい難点がある。このため，アイソレーション構造の作りやすい変形構造をもった(b-1)のラテラル（lateral）形pnpトランジスタ，あるいはp形の基板（substrate；サブストレート）を，そのままコレクタとして利用した(b-2)のサブストレート形pnpトランジスタの2種類が一般的による使用されている。ラテラル形pnpトランジスタは電流増幅率h_{FE}や遮断周波数f_Tが小さく，電気的特性は良くないが，アイソレーションがきいているため回路構成上便利に使用できるので，npnトランジスタについでよく用いられている。サブストレート形pnpトランジスタは，アイソレーションがきいていないため回路構成的に制約があり，主としてエミッタホロワとして使用されている。もちろんアイソレーション領域を別に作れば，npnトランジスタと同様な方法でpnpトランジスタを作ることができる。これが(b-3)のバーチカル形pnpトランジスタでエミッタベース領域の作成をnpnトランジスタの工程と上手に共通化する等の工夫がされる。性能的にはより良い特性のものが得られる。

以下，まずnpnトランジスタを中心にモノリシックIC用のトランジスタについて説明しよう。

6.6.1　構　造　と　特　性

4章ではpn接合について学び，それに関連してバイポーラトランジスタに

186   6. 半導体モノリシックICの構成素子

ついても触れた．ここではその復習をしながら，モノリシックIC用トランジスタについて述べよう．代表的なpn接合分離形および酸化膜分離形（アイソプレーナ構造）のIC用バイポーラnpnトランジスタの構造を図6.32と図6.34に，その不純物濃度分布を図6.33と図6.35に示す．その電気的特性の一部については4.4節で触れてある．まず，**pn接合分離形**の構造についてみると，深いp^+のアイソレーション拡散によって囲まれたn形エピタキシャル層のアイソレーション領域がコレクタ領域を形成する．コレクタの直列寄生抵抗をへらすためにn^+埋込層が作り込まれている．このアイソレーション領域の中に表面からp形不純物が拡散やイオン打込み法によってドープされ，p^+形のベース領域を作る．さらにそれを打ち消す濃度のn^+領域を作りエミッタとする．同時にコレクタ電極をとり出すn^+領域もn形コレクタ領域の中に

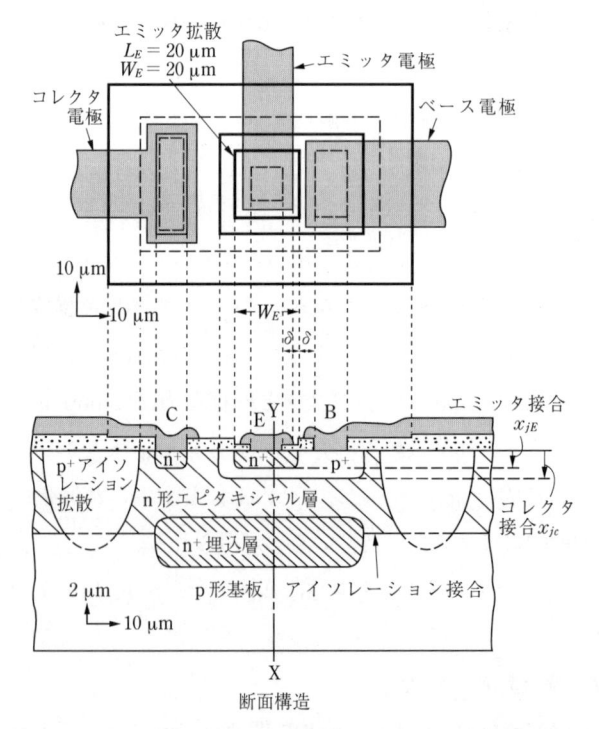

図6.32　pn接合分離形IC用バイポーラトランジスタの構造
　　　　（X-Y断面の不純物濃度分布は図6.33参照）

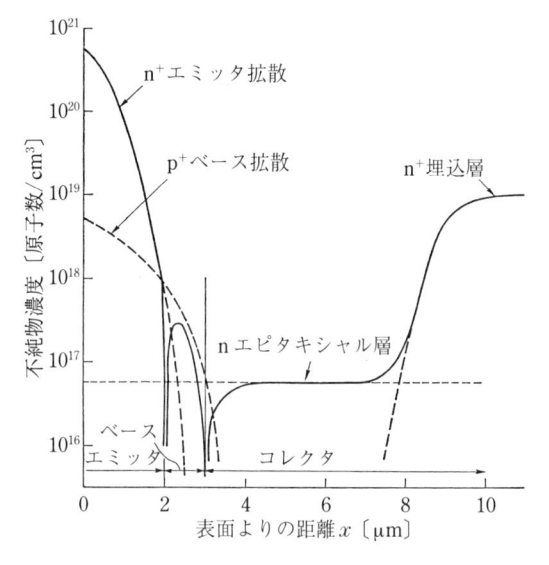

図6.33 トランジスタの不純物濃度分布
(図6.32のX-Y断面について)

作られる。n^+のエミッタ領域，pのベース領域およびコレクタn^+の領域の上の酸化膜に孔をあけて金属を蒸着してエミッタ，ベースおよびコレクタ電極をとり出す。図6.32の断面構造をみるとわかるように，トランジスタ動作が行われる場所はエミッタベース接合部分とその直下のベースとコレクタ領域に限られ，その他の部分はつけたしである。例えば，コレクタ電流はコレクタ電極が表面についているため，長いコレクタ領域を通過せざるをえず，このためコレクタ直列抵抗r_cが比較的大きくなる。これを防ぐために，図6.32に示したようにn形コレクタ領域とp形基板の間に高濃度のn^+層を埋め込んでr_cを減少させている。このn^+層を埋込層（buried layer）という。

つぎに，図6.34の**酸化膜分離形**を説明する。図6.32のpn接合分離形では，アイソレーション領域の占める面積が広く，またその部分の寄生容量が大きく，高速動作を必要とする場合に問題になる。図6.34の酸化膜分離形は，p^+のアイソレーション拡散のかわりに局所酸化でアイソレーションを形成したもので，エピタキシャル層が1～2μm程度以下の浅い微細化構造のトラン

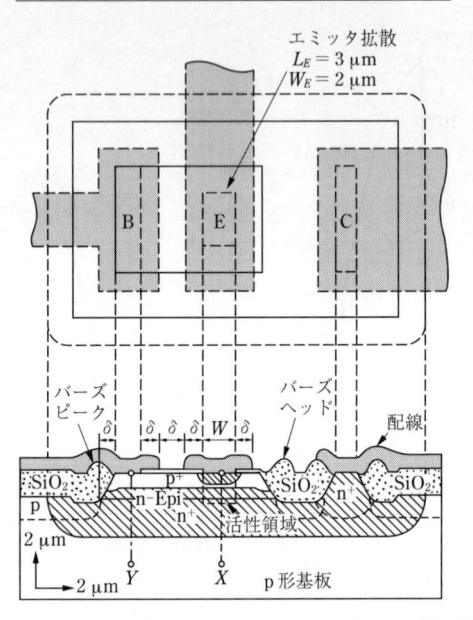

図 6.34 酸化膜分離形バイポーラトランジスタの断面構造

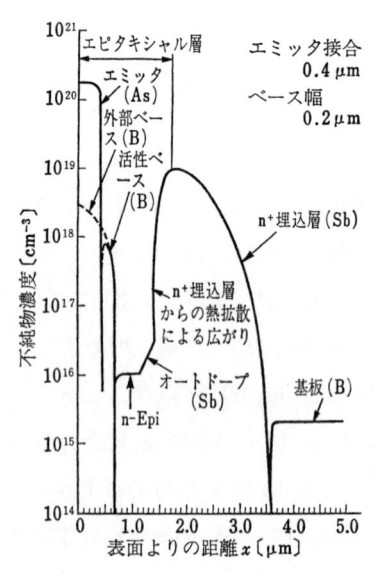

図 6.35 図 6.34 の X および Y 断面にそった不純物濃度分布

ジスタによく用いられる構造である。図の例でもエミッタ寸法は 2.0 μm，合せ余裕や最小加工寸法 δ も 1 μm となっている。また，図 6.35 の不純物分布も図 6.33 の例に比較すると 1/5 程度に浅くなっており，いずれも高速動作に適した構造となっている。ただし，エピタキシャル層を厚くできないため，コレクタ耐圧は高くできない。例えば，図 6.32，図 6.33 のトランジスタはカットオフ周波数 400〜800 MHz，コレクタ耐圧 20〜30 V 程度であるのに対し，図 6.34，図 6.35 のもの

では，3～6 GHz，5～10 V 程度である。

　トランジスタの特性をきめるのは形状と不純物濃度分布である。加工技術が進歩すると，より微細な形状で，より浅い不純物分布の構造が実現でき性能が向上していく。例えば pn 接合分離形で，$L_E = 0.3\,\mu\mathrm{m}$，$W_E = 1.0\,\mu\mathrm{m}$，カットオフ周波数 20 GHz，コレクタ耐圧 10 V 程度。酸化膜分離形で $L_E = 0.2\,\mu\mathrm{m}$，$W_E = 1.0\,\mu\mathrm{m}$，カットオフ周波数 60 GHz，コレクタ耐圧 3 V 程度のもが実用化されている。

〔**1**〕**直 流 特 性**　電気的特性は基本的には個別部品のトランジスタと変わるところはない。例えば，直流特性は図 6.36 のエバース・モル (Ebers-Moll) のモデルでよく表現できる。すなわち

$$I_F = I_{ES}\left(\exp\frac{qV_{BE}}{kT} - 1\right)$$

$$I_R = I_{CS}\left(\exp\frac{qV_{BC}}{kT} - 1\right)$$

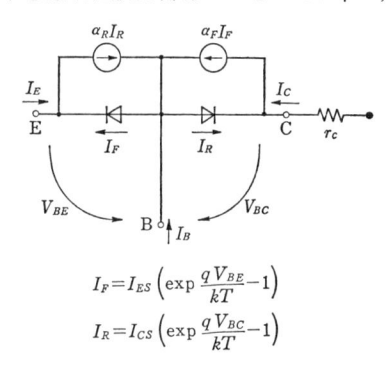

図 6.36　エバース-モルモデルによるトランジスタの等価回路

$$I_E = -I_{ES}\left[\exp\left(\frac{qV_{BE}}{kT}\right) - 1\right] + \alpha_R I_{CS}\left[\exp\left(\frac{qV_{BC}}{kT}\right) - 1\right] \quad (6.22\,a)$$

$$I_C = \alpha_F I_{ES}\left[\exp\left(\frac{qV_{BE}}{kT}\right) - 1\right] - I_{CS}\left[\exp\left(\frac{qV_{BC}}{kT}\right) - 1\right] \quad (6.22\,b)$$

ここで，I_{ES}：エミッタ-ベース接合の逆方向の飽和電流

　　　　I_{CS}：コレクタ-ベース接合の逆方向飽和電流

　　　　α_F：順方向短絡電流増幅率

　　　　α_R：逆方向短絡電流増幅率

　IC 用のトランジスタでは **IC 構造に由来する寄生素子の効果**をこれに加えねばならない。例えば，コレクタ直列抵抗 r_c が無視できず，これをコレクタ側に直列に挿入する必要がある。r_c の効果はコレクタ特性では，飽和領域の立上り特性を劣化する形で現れてくる。r_c の値はコレクタ領域の形状，構造と不純物濃度できまる。これについては 6.6.3 項で述べる。

〔**2**〕**電流増幅率**　トランジスタとして重要なパラメータである直流電流

増幅率 α_F は 4.4 節に述べたベース接地の短絡電流増幅率 α に等しい。α_F の特性については 4.4 節で述べたように注入効率と輸送効率を考慮すると，式 (4.22) で与えられる。すなわち

$$\alpha_F \equiv \alpha \simeq \frac{1}{1+(\rho_E/\rho_B)(W_B/L_E)}\left(1-\frac{W_B^2}{2L_B^2}\right) \qquad (6.23)$$

またエミッタ接地の直流電流増幅率 $\beta = \alpha/(1-\alpha)$ は式 (4.23) より

$$\beta \simeq \frac{1}{\dfrac{\rho_E W_B}{\rho_B L_E}+\dfrac{W_B^2}{2L_B^2}} \qquad (6.24)$$

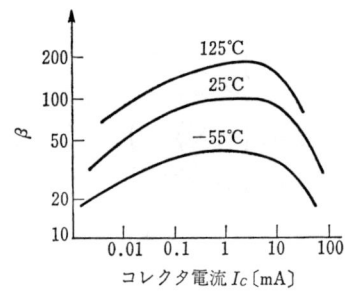

この式では β の電流依存性はわからないが，実際には図 6.37 に示すような変化をする。低電流域では電流増幅に寄与しない再結合電流の比率が増すため β は低下する。最近のエミッタベース接合が浅く，再結合の少ないプロセスではこの低下が小さく $1\,\mu\mathrm{A}$ 以下の低電流域まで平坦な特性を示す。つぎに，高電流域では（i）ベース領域の導電率変調（conductivity modulation）と（ii）エミッタ電流の片寄り効果（emitter crowding effect）などのために β が低下する。

図 6.37 β の電流依存性

（i）はエミッタからベースへ注入された少数キャリヤの数が増え，このため，ベース内の多数キャリヤの濃度も中和の条件を満たすために増えて，みかけ上ベースの抵抗率が減少する現象である。ベース抵抗率 ρ_B が減少するためエミッタの注入効率が低下し，β が下がる。

また（ii）はベース領域の抵抗成分のために電位こう配が生じ，ベース電極から遠い側の pn 接合にかかる電圧が下がり，実効的にエミッタ注入効率が下がる現象である。この現象は普通の IC 用トランジスタでは導電率変調のきく電流よりも低い電流から起こる。この現象を軽減するにはエミッタの周辺長を大きくとるのがよい。ベース電極に対向したエミッタ周辺長を $h\,[\mathrm{cm}]$ とすればエミッタ電流 I_E は

$$I_E = \frac{kT}{q\rho_B}\sqrt{2\beta}\,h \tag{6.25}$$

の程度までとれるといわれている。ここで ρ_B はベース領域の抵抗率〔Ω・cm〕である。高電流トランジスタを設計する場合にはできるかぎり,素子の面積を節約する意味から(エミッタ周辺長)/(エミッタ面積)を大きくとる工夫が必要である。

〔数値例 **6.7**〕

図 6.32 のトランジスタについて,式 (6.25) の電流値を計算する。ρ_B はエミッタ直下のベース領域の平均面積抵抗率 ρ_{SI} とベース幅 W より求められ,$\rho_{SI}=5$ kΩ/□,ベース幅を $0.8\,\mu\mathrm{m}$ とすれば

$$\rho_B = \rho_{SI}W = 5\,000 \times 0.8 \times 10^{-4} = 0.40\,\Omega\cdot\mathrm{cm}$$

また,図 6.32 の平面図よりベース電極に対向したエミッタ長は

$$h = 20\,\mu\mathrm{m} = 2 \times 10^{-3}\,\mathrm{cm}$$

ゆえに,$\beta = 100$ とすれば

$$I_E = \frac{0.025}{0.40}\sqrt{200} \times 2 \times 10^{-3} = 0.001\,77\,\mathrm{A} = 1.8\,\mathrm{mA}$$

〔**3**〕 **コレクタ耐圧** トランジスタの耐圧は最大動作範囲を制約する重要なパラメータである。モノリシック IC 用トランジスタには,アイソレーション,コレクタおよびエミッタの部分にそれぞれ pn 接合があるので,その耐圧がまず問題になる。pn 接合の耐圧については 4.3 節で詳しく述べた結果がそのまま適用できる。また,トランジスタ作用によってきまるエミッタコレクタ間耐圧 BV_{CEO} については,式 (4.24) に示したように

$$BV_{CEO} \simeq \frac{BV_{CBO}}{\sqrt[n]{\beta+1}} \tag{6.26}$$

で与えられる。BV_{CBO} はコレクタベース間の pn 接合の耐圧である。n の値は pnp 形シリコンで 2〜3,npn 形シリコンで 3〜4 の程度,また β は比較的低い電流レベルで測定された値を用いる必要がある。実際のトランジスタを設計する場合には,以上のほかにベースコレクタ接合間の空乏層の広がりによるパンチスルー現象を考える必要がある。空乏層の広がりについては 4.3.1 項に述べたが,例えば式 (4.5) や式 (4.7) のように,電圧印加によって空乏層

が広がり，エミッタ接合や埋込層に達して降伏現象を生じる．エミッタ接合と埋込層のいずれに先に達するかはベース領域と，エピタキシャル層の不純物濃度分布，厚みによって異なる．高耐圧のトランジスタを設計する場合には，エピタキシャル層の抵抗率を高くすると同時に，その厚みも十分大きくとる必要がある．

〔4〕 **飽和電圧** ディジタルICでトランジスタをスイッチ素子として使用する場合，特にTTL（transistor transistor logic）などの飽和スイッチング回路ではトランジスタを飽和領域で使用した場合のコレクタエミッタ電圧 $V_{CE(sat)}$ と，ベース-エミッタ電圧 $V_{BE(sat)}$ が重要である．これらはトランジスタの特性を式 (6.22 a)，(6.22 b) で表し，また，エミッタ，ベース，コレクタにそれぞれ寄生素子として直列抵抗 r_{ES}, r_{BS}, r_{CS} が直列にあると考えて計算すると次式が得られる．

コレクタ-エミッタ間の飽和電圧 $V_{CE(sat)}$ は

$$V_{CE(sat)} = \frac{kT}{q} \ln \frac{1+[I_C(1-\alpha_R)/I_B]}{\alpha_R\{1-[I_C(1-\alpha_F)/I_B\alpha_F]\}} + r_{CS}I_C + r_{ES}I_E \quad (6.27)$$

ベース-エミッタ間の飽和電圧 $V_{BE(sat)}$ は

$$V_{BE(sat)} = \frac{kT}{q} \ln \left[\frac{I_E+\alpha_R I_C}{(1-\alpha_F\alpha_R)I_{ES}}+1\right] + r_{BS}I_B + r_{ES}I_E \quad (6.28)$$

これらの値は飽和スイッチング回路の設計にしばしば使用される．r_{CS} と r_{BS} は寄生素子ではあるが重要な役割を演じ，その値を適当に設計するのがIC用トランジスタの設計の要点の一つである．これらの寄生素子の評価については後節で説明する．

6.6.2 パターン設計とホトマスク

図 6.38 にディジタルIC回路用npn形バイポーラトランジスタ（pn接合アイソレーション構造）の平面構造パターンを示した．このトランジスタは図 6.32 のトランジスタよりも，$V_{CE(sat)}$ が小さくなるように設計されている．この構造を作るには数枚のホトマスクの組を用い，それらのホトマスク相互間の重ね合せ精度を考えに入れてパターン設計が行われることは，ほかのIC用

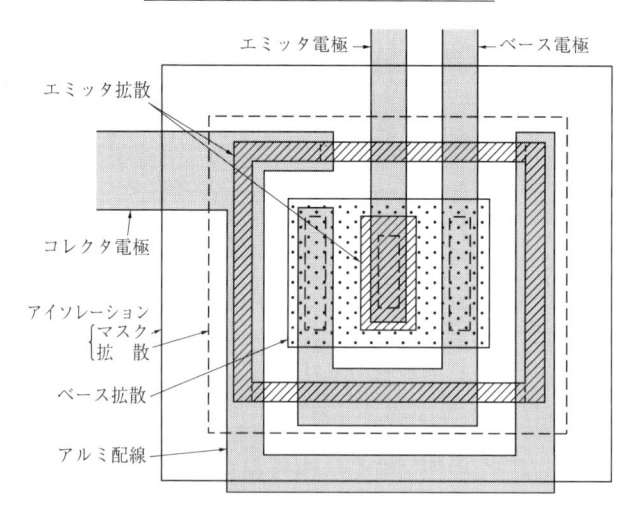

図6.38 ディジタルIC回路用バイポーラトランジスタの平面パターン

部品と同じである。npn形バイポーラトランジスタのパターン設計で注意すべき点はつぎのとおりである。

（i）エミッタの形状をきめること。

（ii）ベースの形状とコレクタ電極の形状をきめること。

（iii）アイソレーション領域をきめること。

まず，（i）のエミッタの形状はチップ占有面積，周波数特性の点からは小さいほうが良いが，必要なコレクタ電流をとり出すにはある大きさ，特に周辺長を大きくする必要がある。またあまりに小さくすると，加工精度のバラツキが相対的に大きくなり，V_{BE}のバラツキをまねく。したがって，普通は加工精度できまる最小値によってエミッタとそのコンタクトの孔の幅をきめ，つぎに必要な電流容量を満たすようにエミッタ拡散域の長さをきめる。

つぎに，（ii）のベース形状とコレクタ電極の形状は，加工精度すなわち，エミッタ，ベースおよびコレクタ電極を形成するホトマスクの相対合せ精度と，電気的特性すなわち，ベースコレクタ間の接合容量C_{CB}，ベース直列抵抗r_{BS}，コレクタ直列抵抗r_{CS}などを考えて設計される。C_{CB}はベース拡散層の面積に比例するから高周波特性を良くするには，この面積を小さくする必要があ

る。一方，r_{BS}，r_{CS} はコンタクト孔の領域が広いほど小さくなるので，この間の兼ね合いが必要になる。普通は回路特性より要求される r_{BS}，r_{CS}，C_{CB} の限界値を算定して，それらを満たすようにベースとコレクタの電極の形状，ベース面積をきめる。なお，r_{CS} は埋込層の寸法，エピタキシャル層の厚みによっても大幅に変わるので，その考慮も必要である。

最後に (iii) のアイソレーション領域については，アイソレーション拡散の横方向への伸びに注意する必要がある。この状況を図 6.38 では破線で示した。すなわち，エピタキシャル層の厚みを X_{epi} とすれば，深さ方向のアイソレーション拡散距離は若干のゆとり d をみて $X_{epi}(1+d)$ とする必要がある。この場合，横方向への伸びはその 80％程度であり，この値を k とする。さらに合せ余裕 δ を考えに入れるとアイソレーション領域を規定するホトマスクは

$$X = kX_{epi}(1+d) + \delta \qquad (6.29)$$

の余裕をとる必要がある。$k = 0.8$，$X_{epi} = 6\,\mu\mathrm{m}$，$d = 20\%$，$\delta = 3\,\mu\mathrm{m}$ とすれば $X = 8.8\,\mu\mathrm{m}$ となり，かなりの面積がこのためにとられることがわかる。

〔数値例　**6.8**〕
最小加工寸法 10 μm，合せ精度と配線の間隔は 5 μm，エピタキシャル層厚み 10 μm として，図 6.32 の構造のトランジスタの寸法を求めよう。

まず，エミッタの孔を 10×10 μm とすれば，エミッタ寸法は 5 μm のゆとりをみて 20×20 μm となる。ベース寸法はアルミ配線の合わせを考えて 50 μm の長さが必要なので 30×50 μm となる。

つぎにアイソレーションに必要な幅 $X = 0.8 \times 10(1+0.2) + 3 = 12.6\,\mu\mathrm{m}$ より

$$30 + 2 \times 12.6 = 55.2\,\mu\mathrm{m}, \qquad (50+10+5) + 2 \times 12.6 = 90.2\,\mu\mathrm{m}$$

全体の大きさは $55.2 \times 90.2\,\mu\mathrm{m}$

この面積を〔数値例　6.1〕の抵抗と〔数値例　6.6〕の MOS トランジスタと比較してみよう。MOS トランジスタ，バイポーラトランジスタ，抵抗の順に大面積が必要なことがわかる。したがって MOS トランジスタをたくさん用いて回路を作るのが有利である。

6.6 バイポーラトランジスタ

　図 6.38 の構造の pn 接合分離の IC 用 npn トランジスタを作るのに必要なホトマスクを考えてみよう．最も簡単なプロセスを想定するとつぎの6枚でできる．(1) コレクタの埋込層領域をきめる選択拡散用ホトマスク，(2) 深い p^+ のアイソレーション拡散用ホトマスク，(3) ベース拡散用ホトマスク，(4) エミッタおよびコレクタ電極用の n^+ 拡散用ホトマスク，(5) エミッタ，ベース，コレクタ電極とり出しのための孔あけ用ホトマスクおよび (6) 電極づけと配線形成のためのホトマスク．これらの形状を図 6.39 に示した．

　つぎに，酸化物分離形構造による IC 用 npn トランジスタを作る場合のホトマスクを考えてみよう．図 6.34 の構造に対応したポジ形レジスト用のマスクパターンを図 6.40 (a)〜(g) に示す．7枚のマスクが必要である．(1) コレクタの n^+ 埋込層領域をきめる選択拡散用ホトマスク〔図 6.40 (a)〕，(2) 分離用の局所酸化領域をきめるためのホトマスク，これは，酸化膜のくい込み分（バーズビークの長さ）だけベース，コレクタ領域よりも大きく設計する〔図 (b)〕．(3) コレクタ領域に n^+ の選択拡散を行うためのコンタクト拡散用ホトマスク〔図 (c)〕，(4) ベース拡散用ホトマスク〔図 (d)〕，(5) エミッタ拡散用ホトマスク〔図 (e)〕，(6) ベース，コレクタ電極とり出しのための孔あけ用ホトマスク〔図 (f)〕，(7) 電極づけと配線形成のためのホトマスクである〔図 (g)〕．注意すべきは，酸化膜領域を上手に利用すれば，(3)，(4)，(6) の各マスクは厳しい合せ精度が不要になるという利点があることである．これはトランジスタを微細化していく際に，大変有利になってくる．なお，エミッタコンタクトの孔あけはエミッタ拡散後に生じたうすい酸化膜をふっ酸で洗いとることにより行う．この方法を**ウォッシュエミッタ**（washed emitter）法という．

　バイポーラトランジスタの設計では，上記のようなパターン設計のほかに，深さ方向への不純物分布の設計も必要である．これらは，耐圧，接合容量，電流増幅率などを考慮に入れて，エピタキシャル層の抵抗率と厚み，エミッタとベース拡散の深さ，ベース幅などをきめることによって行われる．

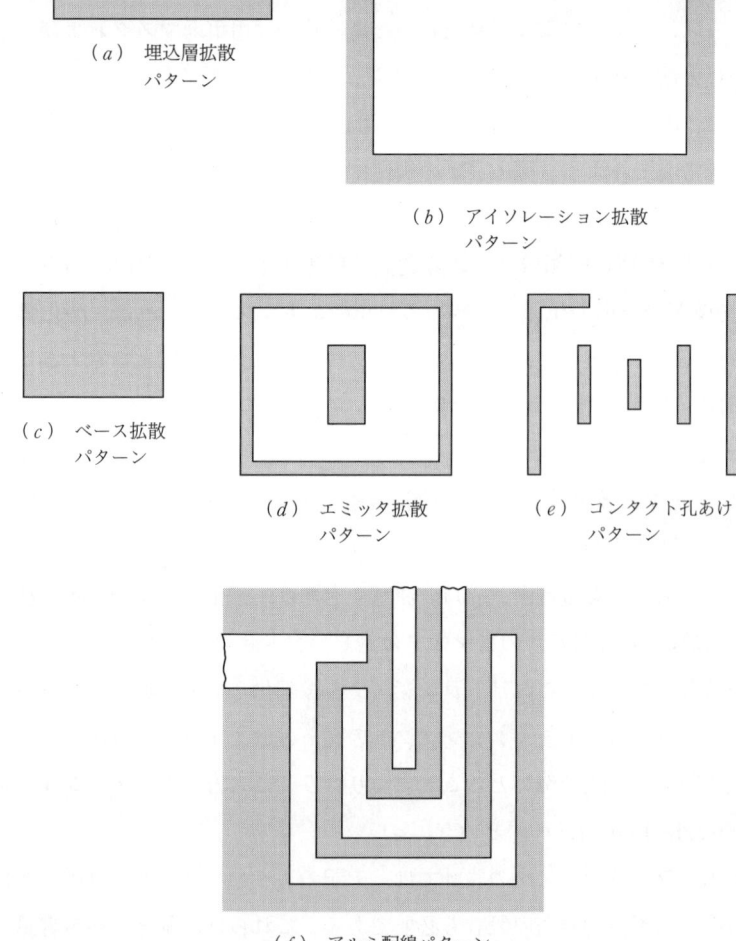

196　　　　　　　　6．半導体モノリシック IC の構成素子

(a) 埋込層拡散
パターン

(b) アイソレーション拡散
パターン

(c) ベース拡散
パターン

(d) エミッタ拡散
パターン

(e) コンタクト孔あけ
パターン

(f) アルミ配線パターン

図 6.39　図 6.32 のトランジスタのホトマスクパターン
　　　　　（ネガ形レジスト用）

6.6 バイポーラトランジスタ

(a) 埋込層拡散パターン

(b) 酸化膜分離用局所酸化パターン

(c) コレクタコンタクト用パターン

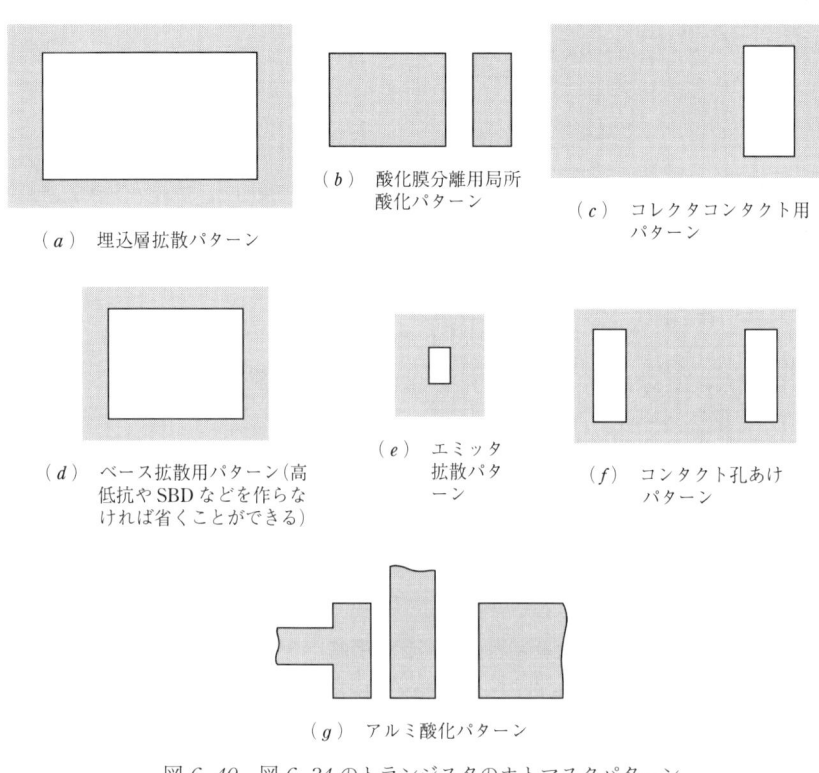

(d) ベース拡散用パターン（高低抗や SBD などを作らなければ省くことができる）

(e) エミッタ拡散パターン

(f) コンタクト孔あけパターン

(g) アルミ酸化パターン

図 6.40 図 6.34 のトランジスタのホトマスクパターン（ポジ形レジスト用）

6.6.3 寄生素子とその影響

IC 用バイポーラ npn トランジスタの寄生素子は図 6.41 に示すように，(1) 寄生抵抗としてはベース領域のもつベース直列抵抗 r_{BS}，コレクタ領域のもつコレクタ直接抵抗 r_{CS}，(2) 寄生容量としては pn 接合のもつ接合容量，特に IC 構造特有のアイソレーション接合容量 C_{TS}，または回路特性に影響の大きいコレクタ接合容量 C_{TC}，さらに，アイソレーション領域を p 形領域とみた寄生 pnp トランジスタなどがある。これらの素子を含めて等価回路を描くと，例えば図 (b) のようになる。これらの寄生素子は回路特性に大きな影響を与えるので，十分注意して設計する必要がある。例えば，前節で述べたように，スイッチング回路の設計で問題になる $V_{CE(sat)}$，$V_{BE(sat)}$ では r_{CS}，r_{BS}

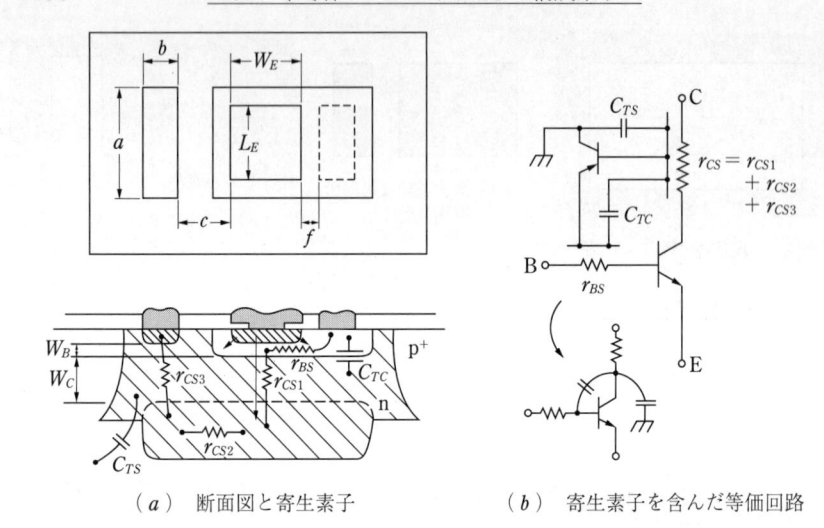

(a) 断面図と寄生素子　　　　　(b) 寄生素子を含んだ等価回路

図 6.41　IC 用 npn トランジスタの寄生素子と等価回路

が重要な項に入っている。高周波特性は C_{TC}, C_{TS} の影響を大きく受ける。

〔**1**〕**寄生抵抗**　　r_{CS} と r_{BS} は，それぞれベース領域と埋込層領域の面積抵抗率（シート抵抗）を用いて，IC 用抵抗の抵抗値を計算したのと同様な手法で近似計算を行うことができる。すなわち，図 6.41 に記した記号を用いて，例えば r_{CS2} と r_{BS} は

$$r_{CS2} \simeq \rho_{BL} \frac{c}{\left(\dfrac{a+L_E}{2}\right)} \tag{6.30}$$

$$r_{BS} \simeq \rho_S \frac{f}{L_E} \tag{6.31}$$

ここに，ρ_{BL} と ρ_S はそれぞれ埋込層とベースの面積抵抗率である。上式は概念を示すためにかなり大まかな表現を用いた。より詳しくは〚補足事項〛を参照していただきたい。

〔**2**〕**寄生容量**　　つぎに，接合容量 C_{TS}, C_{TC} はトランジスタの周波数特性に大きな影響を与える。図 6.42 は代表的なトランジスタの周波数特性である。f_α は α 遮断周波数で，ベース接地電流増幅率 α が直流の値に対して $1/\sqrt{2}$ になる周波数で定義される。f_T は利得・帯域幅積に対応し，エミッタ

接地電流増幅率 β が1になる周波数である。f_T はまた少数のキャリヤのエミッタからコレクタの伝搬遅延時間 τ_{ec} と関連づけて次式で表される。

$$\frac{1}{2\pi f_T} = \frac{1}{\omega_T} = \tau_{ec} + \tau_e + \tau_b + \tau_x + \tau_c \tag{6.32}$$

ここで，τ_e と τ_c はそれぞれエミッタとコレクタの時定数，τ_b と τ_x はそれぞれベース領域とコレクタ空間電荷層（空乏層）領域をキャリヤが走行する時間である。τ_e は通常のトランジスタと全く同様に

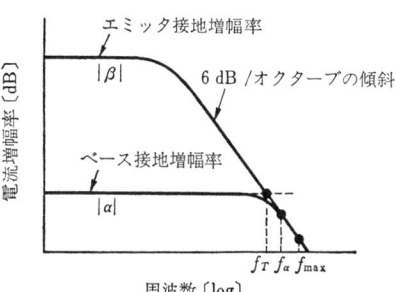

f_α: α 遮断周波数
$|\alpha(\omega_F)| = \alpha(0)/\sqrt{2}$
f_T: 利得・帯域幅積
$|\beta(\omega_T)| = 1$
f_{max}: 最大発振周波数

図 6.42 電流増幅率の周波数特性

$$\tau_e = r_e C_{TE} \tag{6.33}$$

$$r_e = \frac{kT}{qI_E} \tag{6.34}$$

で表される。τ_b は拡散ベースのトランジスタと同じく，W_B をベース幅，D_n をベース域における少数キャリヤ（電子）の拡散定数とすれば

$$\tau_b = \frac{W_B{}^2}{nD_n} \tag{6.35}$$

で与えられ，$n \simeq 4 \sim 8$ である[†]。また，τ_x は空間電荷層の幅を x_m，少数キャリヤのドリフト速度を v_{sc} とすれば次式で与えられる。

$$\tau_x = \frac{x_m}{2v_{sc}} \tag{6.36}$$

ここで，v_{sc} はシリコンで電界強度が約 10^4 V/cm を超えるとほぼ一定となり，8.5×10^6 cm/s となる。

最後の τ_c は IC 用トランジスタの寄生素子の効果が現れる。

$$\tau_c = r_{cs} C_{TC} \tag{6.37}$$

以上の関係式を用いて f_T は次式で表される。

[†] ベース領域の不純物濃度分布が指数形のときは $n = \ln(N_{BE}/N_{BC})$ で与えられる。ここに N_{BE} と N_{BC} はそれぞれエミッタ端とコレクタ端におけるベース不純物濃度である。

$$\frac{1}{f_T} = 2\pi \left[\frac{kT}{qI_E}C_{TE} + \frac{W_B{}^2}{nD_n} + \frac{x_m}{2v_{SC}} + r_{cs}C_{TC} \right] \qquad (6.38)$$

このほか，IC 用トランジスタではコレクタと基板（サブストレート）の間に C_{TS} があり，これがコレクタと接地間に入って周波数特性を劣化させる。

これらの容量成分はすべて pn 接合の面積に比例する部分が主成分となっている。したがって，長さ方向の加工精度を l 倍に向上させ，$1/l$ の寸法にすれば C_{TE}, C_{TC}, C_{TS} はすべてほぼ $1/l^2$ に減少し，周波数特性も l^2 倍近く向上する。しかも，チップ占有面積も $1/l^2$ に減少し，集積密度が向上する。ただし，寸法を小さくすれば，扱いうる電力レベルは減少するのは当然である。これらの関係は 6.2.3 項でモノリシック抵抗について説明した一般則と完全に一致している。

〔数値例　6.10〕

図 6.32 の構造で図 6.33 を不純物分布をもつ npn トランジスタについて C_{TE}, C_{TC}, C_{TS} を計算してみよう。ただし，エミッタ拡散領域の寸法は 20 μm×30 μm, ベース拡散領域の寸法は 50×60 μm, アイソレーション領域は 70×80 μm で深さ 10 μm とする。

C_{TE} はトランジスタが順方向動作時のエミッタ接合容量であるので，零バイアス時の 4 倍程度と考える。エミッタ接合はステップ接合と考え，不純物濃度は接合位置におけるベース濃度の半分としてみる。これらの仮定より単位面積当りの容量 C_{TEO} は

$$C_{TEO} = 4C_{TE}(0) = 4\sqrt{\frac{q\varepsilon_0\varepsilon_{si}N/2}{2\phi}}$$

$\phi = 0.6\,\text{V}$, $N = 1\times10^{18}/\text{cm}^3$ として

$C_{TE}(0) = 2.66\times10^5\,\text{pF/cm}^2$

エミッタ面積は A_E は側面を無視すれば 20×30 μm^2 となる。ゆえに

$C_{TE} = 4\times2.66\times10^5\times6\times10^{-6} = 6.4\,\text{pF}$

つぎに，C_{TC} は Lawrence Warner 曲線より求めて，$V_C=5\,\text{V}$ の場合単位面積当り $C_{TCO} \simeq 3\times10^4\,\text{pF/cm}^2$ となるから，コレクタ接合面積を $A_C \simeq 50\times60\,\mu\text{m}^2$ として

$C_{TC} = A_C\,C_{TCO} = 3\times10^4\times30\times10^{-6} = 0.9\,\text{pF}$

最後に C_{TS} は，アイソレーション領域の底面と側面の両方を考える必要がある。代表的な値として単位面積当りそれぞれ $5\times10^3\,\text{pF/cm}^2$, $7\times10^3\,\text{pF/cm}^2$ をとり，底面を 70×80 μm^2, 深さを 10 μm^2 とすれば

$C_{TS} = 0.28\,\text{pF} + 0.21\,\text{pF} = 0.49\,\text{pF}$

〔**数値例　6.11**〕

〔数値例　6.10〕について，f_T を計算する。ただし，$W_B = 0.8\,\mu\mathrm{m}$, $n = 5$, $D_n = 25\,\mathrm{cm^2/s}$, $x_m = 1\,\mu\mathrm{m}$, $v_{SC} \times 8.5 \times 10^6\,\mathrm{cm/s}$, $r_{CS} = 48\,\Omega$ とする。

$I_E = 1\,\mathrm{mA}$ では

$$\frac{1}{f_T} = 2\pi(1.66 + 0.51 + 0.06 + 0.42) \times 10^{-10}\,\mathrm{s}$$

$$f_T = 601\,\mathrm{MHz}$$

〔**数値例　6.12**〕

図 6.34, 図 6.35 に示した LOCOS 構造の微細化された npn トランジスタの f_T を概算してみよう。

簡単のために，〔数値例　6.10〕，〔数値例　6.11〕と比較して，C_{TE}, C_{TC}, C_{TS} がそれぞれ 1/10, W_B が 1/4 であると仮定すると

$$\frac{1}{f_T} = 2\pi\left(\frac{1.66}{10} + \frac{0.51}{16} + 0.06 + \frac{0.42}{10}\right) \times 10^{-10}\,\mathrm{s}$$

$$f_T = 5.3\,\mathrm{GHz}$$

大幅な f_T 向上が実現されていることがわかる。詳しくは，不純物分布を参照して，C_{TE}, C_{TC}, C_{TS} を詳しく計算する必要がある。

6.6.4　pnp トランジスタ

回路設計上 pnp トランジスタを npn トランジスタと組み合わせることによって種々の利点が生まれる。しかし，集積回路では高性能の pnp トランジスタを npn トランジスタと同時にしかも低価格で製作することは難しいので，製造工程を増やすことなしに比較的容易にできるつぎの二つのタイプがよく使われている。まず，それらについて説明しよう。

その一つは**サブストレート pnp** トランジスタとよばれるもので，図 6.43 に示すように基板（サブストレート）をコレクタとし，n エピタキシャル層をベ

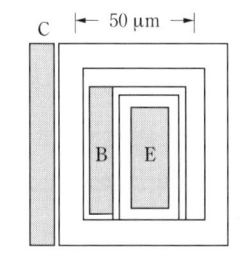

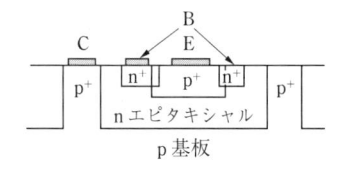

図 6.43　縦方向 pnp トランジスタ（サブストレート形）

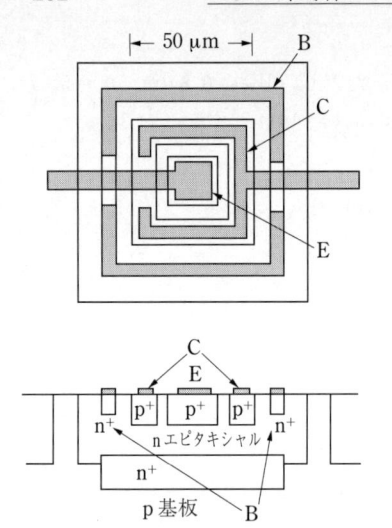

図6.44 横方向pnpトランジスタ（ラテラル形）

ース，そしてnpnトランジスタのベース領域となるp⁺形の拡散層領域をエミッタとする構造である。これはコレクタが回路の最低電位に必然的に接続されてしまうので回路的にその使用法が制限される。また，ベース幅がエピタキシャル層の厚さに依存するため電流増幅率のバラツキが大きいこととベース幅が厚いため高f_Tは望めないなどの欠点がある。

他のもう一つは**ラテラルpnp**トランジスタ（lateral pnp transistor）または横形pnpトランジスタとよばれるもので，図6.44に示すように，npnトランジスタのベース領域を形成するp⁺形の層でエミッタとコレクタ領域が形成され，ベース領域はエピタキシャル層を使う。この場合のベース幅は，ホトマスクとホトレジスト加工精度，そしてp⁺形拡散層の深さによって左右されるので高電流増幅率，高f_Tを得ることは困難である。しかし，アイソレーションがきいており，回路的な制約を受けないので広く使われている。

ラテラルpnpトランジスタは，いままで説明してきた構造とは大きく異なるので，設計上注意すべき点がいくつかある。図6.45（a），（b）の構造を参照しつつ，電流増幅率について考えてみよう。ラテラルpnpトランジスタは図6.45に示すように，ベース幅W_vの寄生pnpトランジスタが基板との間に入っており，テラテル（横）方向へのベース幅W_lはホトレジスト加工の精度上1〜5μmであまり小さくできない。このためエミッタから注入された正孔はベースまたは基板でとらえられたコレクタに到達する量は少なく電流増幅率は小さい。いま，エミッタの面積を横方向電流に有効な側面積A_Wと，無効な底面積A_Bに分け，注入効率を1と仮定し，横方向への伝達効率をγ_l，縦方向の寄生pnpトランジスタのそれをγ_vとすると，コレクタ電流I_Cは

(a)   (b)

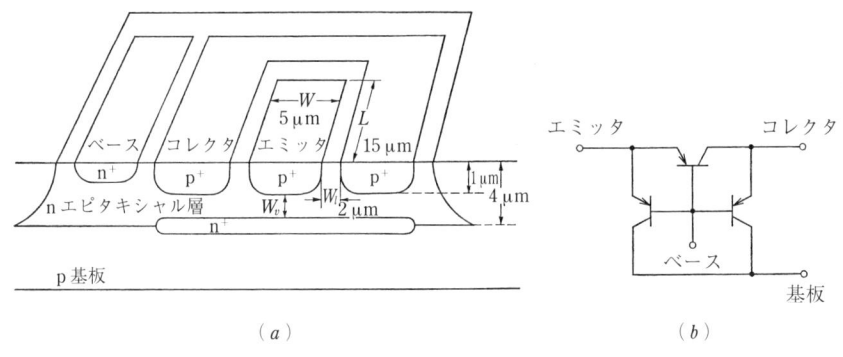

図 6.45 ラテラル pnp トランジスタの構造と寄生トランジスタ

$$I_C = I_E \frac{A_W}{A_W + A_B} \gamma_l \tag{6.39}$$

ベース電流はベース領域で再結合される成分を考えると

$$I_B = I_E \frac{A_B}{A_W + A_B} (1 - \gamma_v) \tag{6.40}$$

γ_l と γ_v はそれぞれ，L_p をエピタキシャル層での正孔の拡散長とすると

$$\gamma_l = \frac{1}{1 + \frac{1}{2}\left(\frac{W_l}{L_p}\right)^2} \qquad \gamma_v = \frac{1}{1 + \frac{1}{2}\left(\frac{W_v}{L_p}\right)^2} \tag{6.41}$$

で与えられるから，ラテラル pnp の電流増幅率 β_l は

$$\beta_l = \frac{I_C}{I_B} = \frac{A_W}{A_B} \left[1 + 2\left(\frac{L_p}{W_v}\right)^2\right] \Big/ \left[1 + \frac{1}{2}\left(\frac{W_l}{L_p}\right)^2\right] \tag{6.42}$$

となる。図 6.45 の寸法を用い，$L_p = 10$ μm とすると

$$\beta_l = 0.53 \times \frac{23.2}{1.02} = 12$$

となり，A_W が A_B に比して小さいのが β_l の値を小さくしている原因であることがわかる。もし W_l による γ_l のみできまるとすれば

$$\beta_l \simeq 2\left(\frac{L_p}{W_l}\right)^2 = 50$$

である。いずれにせよ底面の p 基板への漏れが問題であり，β_l を高めるには A_W/A_B を大きくするためエミッタ幅 W を小さく，エミッタ長 L も必要以上

に大きくせず（$L \gg W$ であれば十分），また n^+ の埋込みを設けて正孔が底面に向かうのをさまたげる電界を作るのが有効である．また，エピタキシャル層の濃度を下げて L_p を大きくするのも効果がある．適当な工夫で 20〜30 の値を得ることもできる．

ラテラル pnp はベース領域で均一濃度で，コレクタ領域のほうが濃度が高いので，コレクタ電圧によってベース幅が強く変調される．このため出力コンダクタンスが大きく，パンチスルーも生じやすい．またベース領域に多量の電荷が蓄えられるので周波数特性も低く，f_T は 10 MHz 程度である．また，実効的なエミッタ面積が小さいため大きい電流をとることもできない．

図 6.46 はラテラル pnp を npn トランジスタと組み合わせて使用した回路で，全体として pnp トランジスタの極性で動作し，電流増幅率も大きく，最大電流も多くとれる利点があるのでよく利用される．

ラテラル pnp トランジスタは，コレクタ領域を分割して**複数個のコレクタ**をとり出すことができる．この特長も回路構成上有用でしばしば利用される．

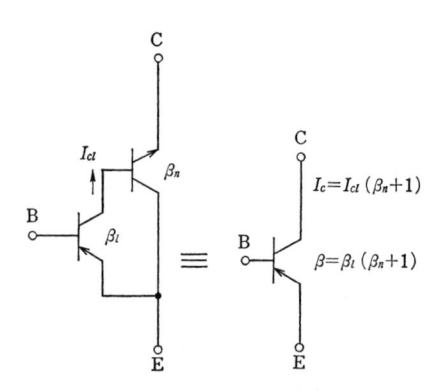

図 6.46　ラテラル pnp トランジスタを用いた複合形 pnp トランジスタ

バーチカル pnp トランジスタについては基本的には npn トランジスタと同じであるが，キャリヤが正孔で電子よりも移動度が小さいため，動作速度が低いのが欠点である．

6.7　モノリシックダイオード

モノリシック IC 用のダイオードは IC 用の npn トランジスタの各接合を適

6.7 モノリシックダイオード

当に接続して作られる。npn トランジスタのチップ占有面積が小さく経済的に作れること，接続方法によって種々の特性のダイオードが得られることがその理由である。したがって構造および製造工程は npn トランジスタと全く同様である。なお，エミッタ側の pn 接合ダイオードは逆バイアスすると，6〜7 V で急峻な降伏特性をもち，ツェナーダイオードとして利用できる。

6.7.1 モノリシックダイオードの種類

エミッタ側の pn 接合を用いるか，コレクタ側の pn 接合を用いるか，あるいはそれらを並列にして用いるかなどによって，(1) 順方向特性（立上り特性），(2) 耐圧特性，(3) 接合容量の特性，そして，(4) スイッチング特性（蓄積時間）が異なる5種類のダイオードを作ることができる。ここではその中でよく利用される二つについて説明する。接続法と特性を図 6.47 と表 6.3 に示した。数値は pn 接合分離形の構造についての例であり，$C_{TE} = 0.5$ pF，$C_{TC} = 0.7$ pF，$C_{TS} = 2.9$ pF の場合である。

最もよく用いられるのが図 (a) の B-C 短絡ダイオードである。エミッタベース接合が使用されており，しかもベース-コレクタ間に少数キャリヤの注入がない。したがってスイッチング特性が速く，立上り特性も良く，また寄生効果も少ない。ただし，耐圧は低く 6V 程度止まりである。

また，図 (b) の B-E 短絡ダイオードはベースコレクタ接合が使用されるので高い耐圧が得られる。しかし，少数キャリヤの注入が起こりスイッチング速度が遅くなる。また基板 (p形) をコレクタすると寄生 pnp トランジスタが動作し，ダイオード電流の一部が基板に流れるので，これを使用する場合には回路特性との関係をよく検討することが必要である。

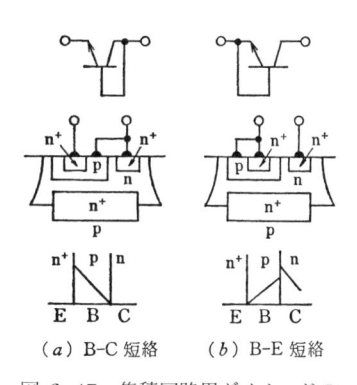

図 6.47 集積回路用ダイオードの構成例と蓄積電荷分布
(a) B-C 短絡　(b) B-E 短絡

表6.3 トランジスタによるダイオードの構成とその特性例

構成	(a)	(b)
等価回路	C_{TE}, C_{TS}	C_{TC}, C_{TS}
耐圧〔V〕	7	55
端子間容量〔pF〕	0.5	0.7
対地容量〔pF〕	2.9	2.9
全容量〔pF〕	3.5	3.3
蓄積時間〔ns〕	9	53
順方向電圧〔V〕	0.85	0.94
寄生トランジスタ (pnp) の β	0	2

6.7.2 モノリシックダイオードの特性

最も用途の広い図6.47(a)のB-C短絡ダイオードを中心にダイオードの特性を調べてみよう.まず,電圧-電流特性は

$$I_D = I_{ES}\left(\exp\frac{qV_D}{kT}-1\right) \tag{6.43}$$

であり,基板には電流は流れない.I_{ES} はエミッタ接合の逆方向飽和電流である.この式はnpnトランジスタのエミッタダイオードの特性に近く,順方向電圧は0.8V前後である.これに対して図(b)のB-E短絡ダイオードではカソード電流は

$$I_{DK} = I_{CS}\left(\exp\frac{qV_D}{kT}-1\right) \tag{6.44}$$

I_{CS} はコレクタ接合の逆方向飽和電流となるが,基盤に $\alpha_S I_{DK}$ が流れ(α_S はサブストレートpnpトランジスタの α),カソードには $(1-\alpha_S)I_{DK}$ しか出てこない.寄生pnpトランジスタ効果に注意が必要である.順方向の電圧-電流特性を比較した例を図6.48に示した.

6.7 モノリシックダイオード

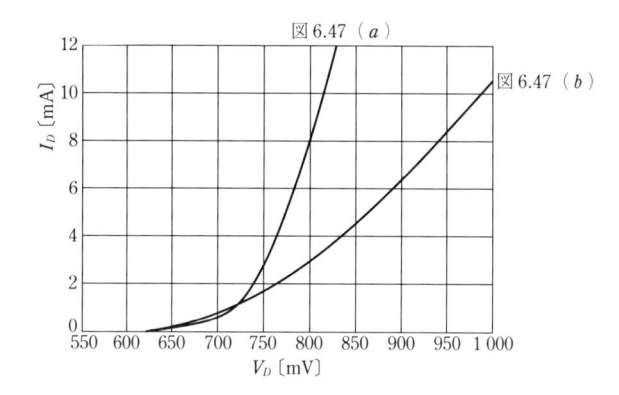

図6.48 モノリシックダイオードの順方向特性（コレクタ層の抵抗率 $0.1\,\Omega\cdot\text{cm}$, ベースの面積抵抗率 $200\,\Omega/\square$）

ダイオードの逆耐圧はエミッタ接合またはコレクタ接合の耐圧できまり，B-C 短絡ダイオード（図 6.47 (a)）では

$$BV_D \simeq BV_{EBO} = 5 \sim 6\,\text{V}$$

また，B-E 短絡ダイオード（図 6.47 (b)）では，$BV_{CBO} = 20 \sim 80\,\text{V}$ 程度となる。

ダイオードの端子間容量 C_d とアースに対する対地容量 C_p は C_{TE}, C_{TC}, C_{TS} の組合せできまる。例えば，B-C 短絡ダイオード（図 6.47 (a)）では C_{TE} が端子間に入り，C_{TC} は短絡され，C_{TS} がアースとの間に入るので

$$C_d = C_{TE} \qquad C_p = C_{TS} \tag{6.45}$$

となる。面積から考えて，$C_{TE} < C_{TC} < C_{TS}$ であることが多いので，(b) より (a) が有利である。

スイッチング特性を左右する蓄積時間 t_s は，図 6.49 について計算すると，(a) の接続では

$$t_s = \frac{1}{\omega_F} \ln\left(1 - \frac{|I_1|}{|I_2|}\right) \tag{6.46}$$

となる。図 6.47 の蓄積電荷の分布から考えて，この接続が最も蓄積時間が短いことが予想できる。例えば，(b) の接続では

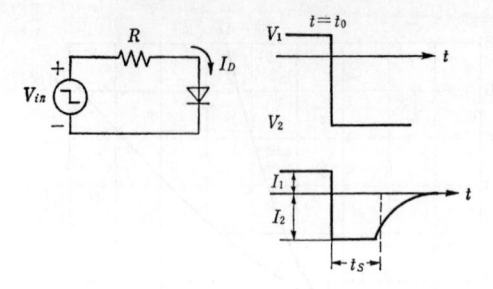

図 6.49　ダイオードの逆回復特性（t_S：蓄積時間）

$$t_S = \frac{1}{\omega_R(1-\alpha_S)} \ln\left(1 - \frac{|I_1|}{|I_2|}\right) \quad (6.47)$$

となり，$\omega_F > \omega_R$，$\alpha_S < 1$ の関係より式（6.47）のほうが大きい値をもつことがわかる。なお，ここで ω_F と ω_R はそれぞれトランジスタの順方向と逆方向のベース接地電流増幅率 α_F と α_R のカットオフ角周波数，α_S はサブストレートをコレクタとしたときの寄生トランジスタの α である。

6.7.3　ツェナーダイオード

図 6.47（a）の B-C 短絡ダイオードは，$BV_{EBO} = 5 \sim 6\,\mathrm{V}$ でブレークダウンするが，この電圧-電流特性は図 6.50 に示すように急峻で，電流が変っても電圧はあまり変化しない。この特性を利用して一定の電圧を発生させる定電圧回路素子として使うことができる。このようなダイオードをツェナーダイオードとよぶ。

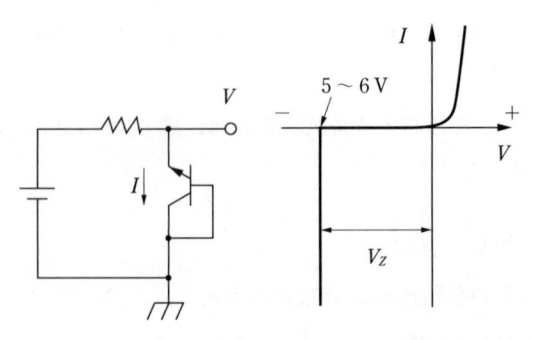

図 6.50　ツェナーダイオードとしての特性（V_Z はツェナー電圧）

6.7 モノリシックダイオード

〚補足事項〛 バイポーラトランジスタの寄生抵抗

バイポーラトランジスタの構造によって計算式は変わってくるが，例えば具体例について述べると，つぎのとおりである。

コレクタ抵抗 r_{CS} は本来3次元構造をもち，しかも抵抗率が場所によって異なるためその正確な計算は困難である。一例として，図6.51を参照して求められた近似式をつぎに示す。ここに ρ_{SN} はn形埋込層のシート抵抗である。

$$r_{CS} \simeq \rho_{EP}\left(\frac{W_1}{ab} + \frac{W_2}{wl}\right) + \rho_{SN}\left(\frac{c}{a-l}\ln\frac{a}{l}\right) + \rho_{SN}\left(\frac{b}{3a} + \frac{w}{3l}\right) \quad (6.48)$$

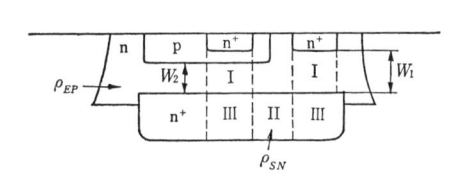

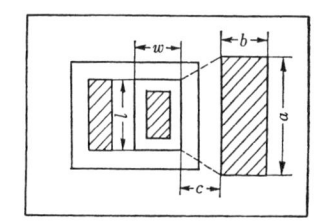

図6.51 コレクタ直列抵抗 r_{CS} の計算

第1項は図の領域Ⅰの部分でエピタキシャルの抵抗率が支配的である。ここではエミッタからの注入電流は，一様でかつ広がりはないものとしている。第2項は領域Ⅱの台形の抵抗で n$^+$ 埋込層の抵抗率 ρ_{SN} によって表される。第3項は領域Ⅲの抵抗で，図6.52 に示されるような簡単なモデルで計算されている。

ベース抵抗 r_{BS} も3次元構造をもち，抵抗率が深さによって異なるため正確な計算は困難である。図6.53 に示した IC でよく用いられるストライプ形の構造についての近似計算式をつぎに示す。

$$r_{BS} \simeq \frac{1}{3}\rho_{SI}\frac{w}{l} + \rho_S\frac{d}{l} + \frac{1}{3}\rho_S\frac{D}{l} \quad (6.49)$$

第1項はエミッタ直下の部分の抵抗で，ρ_{SI} はエミッタ直下のベース領域の面積抵

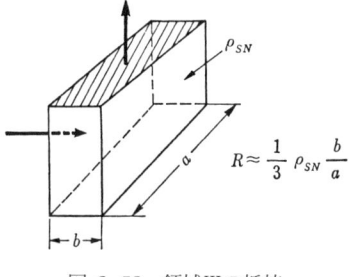

図6.52 領域Ⅲの抵抗   図6.53 ベース抵抗の計算

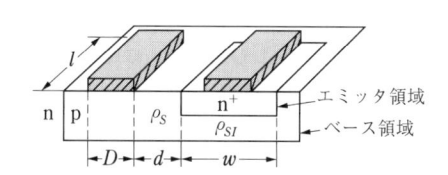

抗率（シート抵抗）〔Ω/□〕，エミッタからの注入電流はベース電極に面したエミッタ端に片寄っているとしている。第2項はエミッタとベース電極の間の部分の抵抗で，ρ_sはベース領域の面積抵抗率〔Ω/□〕である。第3項はベース電極直下の部分の抵抗である。

〔数値例 **6.13**〕

図6.51〜図6.53の例として，$a = 50$ μm, $b = 20$ μm, $c = 17.5$ μm, $l = 30$ μm, $w = 20$ μm, $d = D = 10$ μm, および$W_1 = 3$ μm, $W_2 = 2$ μmとし，また$\rho_{SN} = 20$ Ω/□, $\rho_{EP} = 0.5$ Ω·cm, $\rho_s = 120$ Ω/□, $\rho_{SI} = 2\,000$ Ω/□の場合のr_{CS}とr_{BS}を計算してみよう。

$r_{CS} = 31.7 + 8.9 + 7.1 = 47.7\, \Omega$

$r_{BS} = 444 + 40 + 13 = 498\, \Omega$

この場合にはいずれも第1項が大きい比率を占めている。aとlの寸法を2倍にすれば約半分になり，図6.38のような構造にすれば半分以下にへらすことができる。

演 習 問 題

〔1〕 精度20％の$2.5\,\mathrm{k\Omega}$の拡散抵抗を作りたい。図6.4の構造をとるものとし，ホトレジスト加工による誤差は$0.5\,\mu\mathrm{m}$，拡散による面積抵抗率（シート抵抗）の誤差は10％とし，$\rho_s = 200\,\Omega$であるとする。抵抗の端末の形状は図6.3の（2）として長さlを求めよ。精度15％の場合にはどうなるのか。

〔2〕〔数値例 6.1〕において長さ方向の寸法精度が20％向上したとすれば精度を同じにしたとき，所要チップ面積と時定数はそれぞれ何％改良されるか。

〔3〕 図6.4の形状の抵抗で幅$w = 5\,\mu\mathrm{m}$，長さ$l = 56\,\mu\mathrm{m}$，端末の形状が図6.3の（2）で与えられるものがある。拡散量は$a = 6\times10^{19}/\mathrm{cm}^4$の傾斜接合で，$\rho_s = 200\,\Omega/\square$である。つぎの値を計算せよ。

(i) 抵抗値と拡散層の全面積

(ii) 0 Vおよび-10 Vのときの単位面積当たりの容量値

(iii) この抵抗の全容量値（0 Vと-10 Vについて）

(iv) 時定数とそれできまる遮断周波数

〔4〕 5 pFのMOS容量を作りたい。降伏電圧を20 Vとしたときの必要な酸化膜厚と面積を求めよ。正方形に作るとして1辺の長さは何 μm必要か。

〔5〕 集積回路内のある1点からトランジスタAとBのエミッタまでの距離はそれぞれ$50\,\mu\mathrm{m}$, $20\,\mu\mathrm{m}$であった。アルミニウム蒸着膜の体積抵抗率を$2\times10^{-6}\,\Omega\cdot\mathrm{cm}$

演　習　問　題　　　　　　　　　　　　　　*211*

とし，膜厚を $1.0\,\mu m$ で配線を行うが，電流密度は信頼性の点より $1\times10^5\,A/cm^2$ 以下としたい．エミッタ電流を $20\,mA$ としたとき，必要な配線幅と配線による電圧降下の差を求めよ．また，$I_C = I_S\,e^{-qV_{BE}/kT}$ できまるとするとコレクタ電流の差は何％生じるか．

〔6〕　幅 $10\,\mu m$，厚さ $1\,\mu m$ で長さ $200\,\mu m$ の配線のインダクタンスを計算せよ．

〔7〕〔数値例 6.6〕の MOS トランジスタの定数 β を計算せよ．ただし，ゲート酸化膜圧は $x_{ox} = 12\,nm$，しきい値電圧は $+1.0\,V$，$\mu_S = 500\,cm^2/V\cdot s$ とする．また，このトランジスタを基本にして，ゲート電圧 $V_G = 4\,V$ のときの g_m が $2.5\,mS$〔mʊ〕になる MOS トランジスタと r_{on} の $2\,k\Omega$ になる MOS トランジスタを作りたい．それぞれのゲート幅 W とトランジスタ全体の所要面積を計算せよ．

〔8〕　図 6.19 の構造の MOS トランジスタで，チャネル長 $L = 5\,\mu m$，マスク合せ余裕 $5\,\mu m$，ゲート酸化膜の厚さ $10\,nm$，幅 $W = 50\,\mu m$，その他の部分の酸化膜の厚さ $1\,\mu m$ としたとき，つぎの値を計算せよ．

（i）　チャネルとして有効に働く部分の容量 C_1

（ii）　ゲート電極とソースおよびドレーン領域との間の寄生容量 C_{GS}，C_{GD}

（iii）　ゲート電圧 $V_G = 3\,V$ のときの g_m と遮断周波数

$$f_C = \frac{g_m}{2\pi(C_1 + C_{GD} + C_{GS})}$$

ただし，$V_T = 0.5\,V$，$\mu = 500\,V/cm\cdot s$ とする．

〔9〕　図 6.32 の形状をもつバイポーラトランジスタがある．エミッタ拡散の面積抵抗率（シート抵抗）が $5\,\Omega/\square$，エミッタ直下のベース層の面積抵抗率（シート抵抗）が $5\,k\Omega/\square$，エミッタ接合深さ $2.0\,\mu m$，コレクタ接合深さ $2.8\,\mu m$ である．

（i）　α_F，β およびエミッタ電流の片寄り降下（emitter crowding effect）で β が低下し始める電流値を $L_E = 1\,\mu m$，$L_B = 10\,\mu m$ と仮定して求めよ．

（ii）　$10\,mA$ まで β が低下しないようにするにはエミッタ長 L_E をどれだけにすればよいか．

（iii）　このトランジスタを $\pm 12\,V$ の電源をもつ IC 回路の中で使用したい．$BV_{CEO} \geq 24\,V$ にするためには，コレクタ接合の耐圧をいくらにしなければならないか．

〔10〕　図 6.32 の形状をトランジスタを $I_C = 10\,mA$，$I_B = 1\,mA$ で動作させたときの飽和電圧 $V_{CE(sat)}$ を求めたい．$\alpha_F = 0.995$，$\alpha_R = 0.5$ とし，γ_{ES} は無視する．

（i）　エピタキシャル層は厚さ $8\,\mu m$，抵抗率 $0.1\,\Omega\cdot cm$ で埋込層は面積抵抗率（シート抵抗）$20\,\Omega/\square$ で $3\,\mu m$ わき上っている．またエミッタ拡散とベース拡散の深さはそれぞれ $2.0\,\mu m$ と $2.8\,\mu m$ である．r_{CS1}，r_{CS2}，r_{CS3} を推定せよ．

（ii）　$r_{CS} = r_{CS1} + r_{CS2} + r_{CS3}$ とし，r_{ES} を無視したとき $V_{CE(sat)}$ はいくらになるか．

そのうち r_{CS} による分は何％か．

(iii) このトランジスタの $V_{CB} = 0\,\mathrm{V}$ のときの f_T を求めよう．簡単のため τ_e と τ_x を無視し，$D_n = 20\,\mathrm{cm^2/s}$，$n = 3$ とし，コレクタ接合は $a = 6 \times 10^{19}/\mathrm{cm}^4$ の傾斜接合と考えて計算せよ．なお，ベース接合の面積は $30\,\mu\mathrm{m} \times 40\,\mu\mathrm{m}$ とする．また，エミッタ拡散の深さを $2.2\,\mu\mathrm{m}$，$2.4\,\mu\mathrm{m}$ にすると f_T はどう変わるか．

〔11〕 図 6.53 において，ベース面積を増して，ベース電極をもう1本，エミッタと対称の位置に配置したらベース抵抗の近似計算式はどうなるか．この場合，〔数値例 6.13〕で求めた r_{BS} は何 Ω になるか．

〔12〕 〔数値例 6.11〕のトランジスタで，〔数値例 6.13〕のデータを用いて
(i) $I_E = 0.5\,\mathrm{mA}$ および $2.0\,\mathrm{mA}$ における f_T を計算せよ．
(ii) f_T を大きくする手段として，(a) 拡散の条件を変えてベース幅を 20％せまくした場合，(b) 形状，寸法を工夫して，C_{TE}，C_{TC}，r_{CS} をそれぞれ 20％ずつ小さくした場合，(c) 動作条件を変えて I_E を 20％大きくとった場合，それぞれ f_T はどう変わるか．
(iii) 上で (a)，(b)，(c) のすべての対策を施したときには f_T は何倍になるか．

7

半導体モノリシック IC のパターン設計

5 章ではモノリシック IC の製造プロセスを，また前章ではその構成部品について説明した。本章ではこれらの知識の上に立って半導体モノリシック集積回路の構成法，すなわち構造設計，特にレイアウトパターンの設計について学ぶ。

7.1 モノリシック集積回路の構成

モノリシック集積回路は前章で説明した IC 用の回路**部品**をシリコンウェーハの表面に形成し，これをアルミニウムなどの金属蒸着膜により**相互配線**することによって電子回路を作り上げる。すなわち，(*1*) 一つの平面上に端子の集まった平面構造（planar structure；プレーナ構造）の素子を，(*2*) その表面に付着した絶縁膜の上に金属膜をつけた形（over-metal structure）で接続していく。そして，ウェーハ上の全部品，全回路は酸化，拡散，イオン打込み，ホトエッチング，蒸着などの工程を同時に受けていく。これらの工程を *3.2* 節を復習しながら**バイポーラ IC** を例にとって説明すると，つぎのようになる（例えば，図 *3.8* 参照）。

〔*1*〕 **アイソレーション領域の形成** p 形基板の上でバイポーラ npn トラ

ンジスタのコレクタになる部分にn^+埋込層を作ってからエピタキシャル成長法によってn形のエピタキシャル層を形成する．pn接合分離構造の場合は，このn形層を打ち抜くように深いp^+の拡散を行って，また酸化膜分離構造の場合は選択酸化によってアイソレーション領域を形成する．この場合，トランジスタ，ダイオード，抵抗などのそれぞれの部品に必要なアイソレーション領域はすべて同時に作ることができる．アイソレーションに使われる領域は少ないほうがシリコン基板の利用率が良いから，アイソレーション領域の数はできるだけ少なくするように，回路的にもレイアウトパターン的にも工夫する．例えば，抵抗はできるだけまとめて同一のアイソレーション領域に入れる．トランジスタもコレクタ電位が共通ならば同一のアイソレーション領域に入れることができる．

〔2〕 ベースと抵抗領域の形成（ベース拡散）　つぎに，アイソレーション領域の中にIC部品を作る．npnトランジスタのベース領域，拡散形の抵抗，あるいはpnpトランジスタのエミッタやコレクタ領域はいずれもp形の拡散層で作られるので，原理的にはこれら各部分は一つのp拡散工程で同時に作ることができる．もちろん，各領域におけるそれぞれの性能の調整が必要であり，普通，npnトランジスタのベース接合の深さと拡散抵抗のシート抵抗率の2点を優先して調整する．場合によっては2回以上に拡散を分けたり，イオン打込み法を用いたりする．

〔3〕 エミッタとn^+コンタクト領域の形成（エミッタ拡散）　つぎにnpnトランジスタのエミッタ領域，コレクタの電極とり出しのためのn^+コンタクト領域，また，npnトランジスタのベース領域や抵抗などの部品を入れたアイソレーション領域とのコンタクトをとるためのn^+コンタクト領域が，やはり1回のn^+拡散工程で同時に形成される．特性的にはnpnトランジスタの電流増幅率を最優先にしてプロセス条件を調整する．

〔4〕 電極とり出し用のコンタクトの孔あけと相互配線　すべての部品とそれらを接続するためのコンタクトの孔あけ，基板へ接続するめたの孔あけなども1回のホトエッチング工程で同時に行うことができる．その上で全面に金

属膜を蒸着させ，これを適当な形にホトエッチングすることにより回路を形成する相互配線が同時に形成される。図 7.1 (a) はこのようにして作られたバイポーラ IC のチップ写真の一例，図 (b) は MOS-IC のチップ写真の一部である。

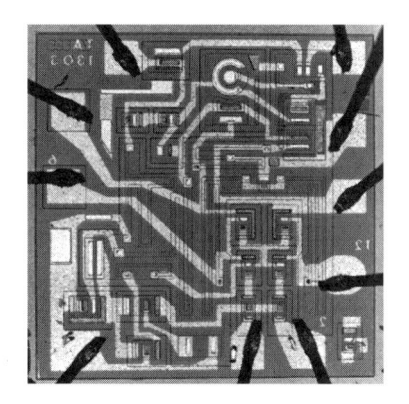

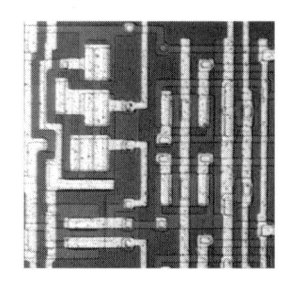

(a) バイポーラ IC　　　　　(b) MOS-IC（部分写真）

図 7.1 IC のチップ写真の例

以上の説明からもわかるように，各種部品の異なった部品が一度にまとめて同時に作られ，しかもウェーハを何枚もまとめて処理できるという**一括処理**(batch process；バッチプロセス) 方式がモノリシック IC を構成する場合の最も大きな特色である。こうした一連の工程の中に何回かの**ホトマスク**を用いたホトエッチングの工程があるが，IC の**電子回路としての個性はこのホトマスクのパターン形状の中に組み込まれている**のである。

　(a)　**バイポーラ IC の例**　　例えば，一例として図 7.2 (a) に示す簡単なバイポーラ形インバータ回路を例にとると，この回路構成を実現するバイポーラ IC の断面構造と平面構造は 6 章で述べた IC 用 npn トランジスタと IC 用抵抗を用いて，それぞれ同図 (b)，(c) のように作られる。図 (c) は平面パターンの全形状を示しており，回路を構成する各部品と相互配線の形状が示されている。この図 (c) の図面より，一つ一つのホトレジスト加工の工程に対応するホトマスクのパターンを分離したのが図 7.3 (a)〜(f) の 6 枚

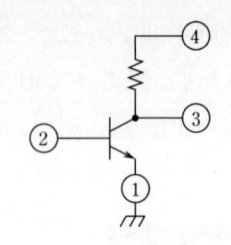

(a) 回路結線図

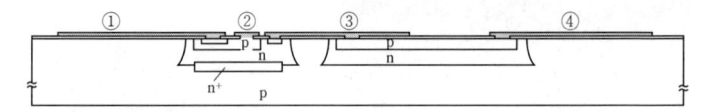

(b) 断面構造図

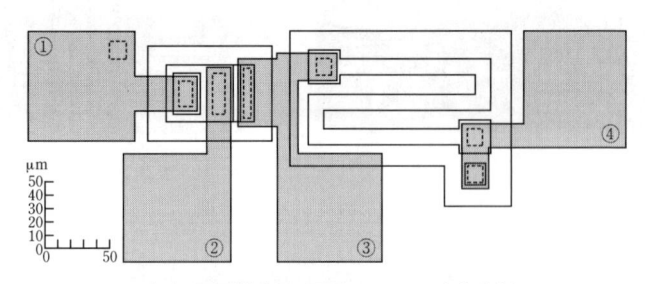

(c) 平面構造図（平面パターンの全体形状）

図7.2　バイポーラ形インバータ回路の構造

のパターンである。すなわち，回路設計によってきめられた電気的特性をICという物として具体化するための半導体プロセスに結びつける。そのなかだちをするものがホトマスクである。

（b）**MOS-ICの例**　同様な図面をCMOSインバータについて示したのが図7.4，図7.5である。この例は，シリコンゲートLOCOS構造のCMOSインバータ回路で，7枚のホトマスクが必要である。図7.5（b）のアイソレーション形成パターンでMOSトランジスタのチャネル幅Wが，図（c）のポリシリコンゲート形成パターンでチャネル長Lがきまる。ソースとドレーンは図（d）と図（e）のパターンを用いて形成されるが，そのとき図（c）のマスクで形成されたポリシリコン層が自己整合用マスクとして利用さ

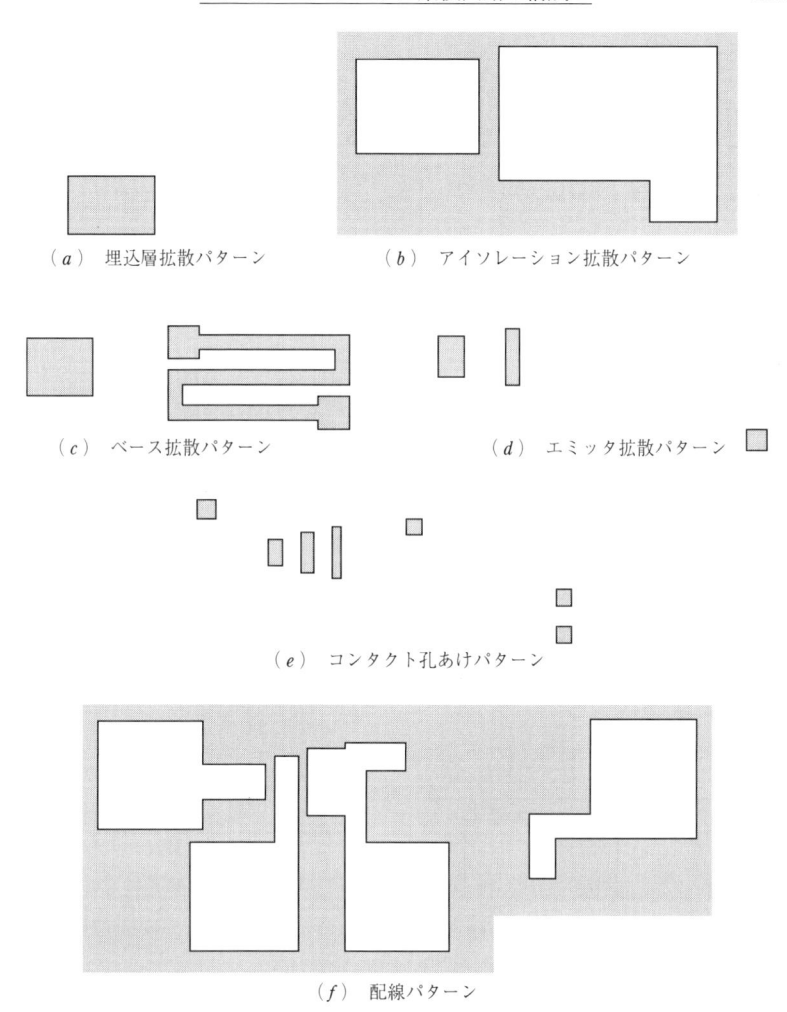

7.1 モノリシック集積回路の構成

(a) 埋込層拡散パターン

(b) アイソレーション拡散パターン

(c) ベース拡散パターン

(d) エミッタ拡散パターン

(e) コンタクト孔あけパターン

(f) 配線パターン

図 7.3 図 7.2 に対するホトマスク（ネガ形レジスト用）

れている。

　ホトマスクの設計は上の例でもわかるように，集積回路の回路構成が決定された後に，その回路構成を IC の平面パターンに置き換える**レイアウト設計**によって行われる。そして，このレイアウト設計によって IC の電子回路としての良さが左右されることが少なくない。本章の次節以下ではレイアウト設計の

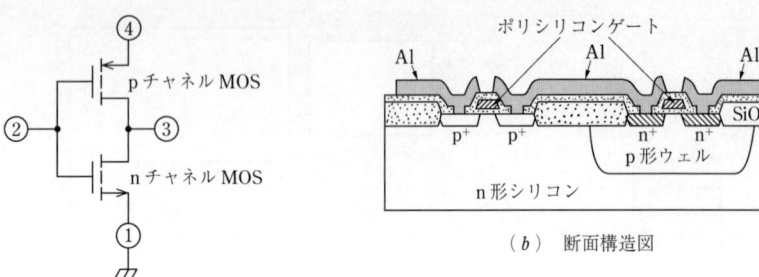

218　　　　　　　　　7. 半導体モノリシック IC のパターン設計

(a) 回路結線図

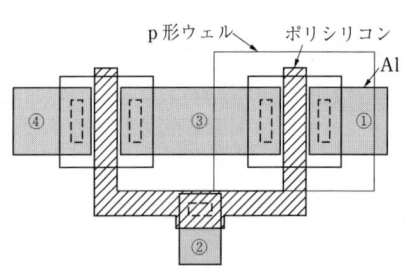

(b) 断面構造図

(c) 平面構造図（平面パターン全体構造）

図 7.4　C-MOS インバータ回路の構造

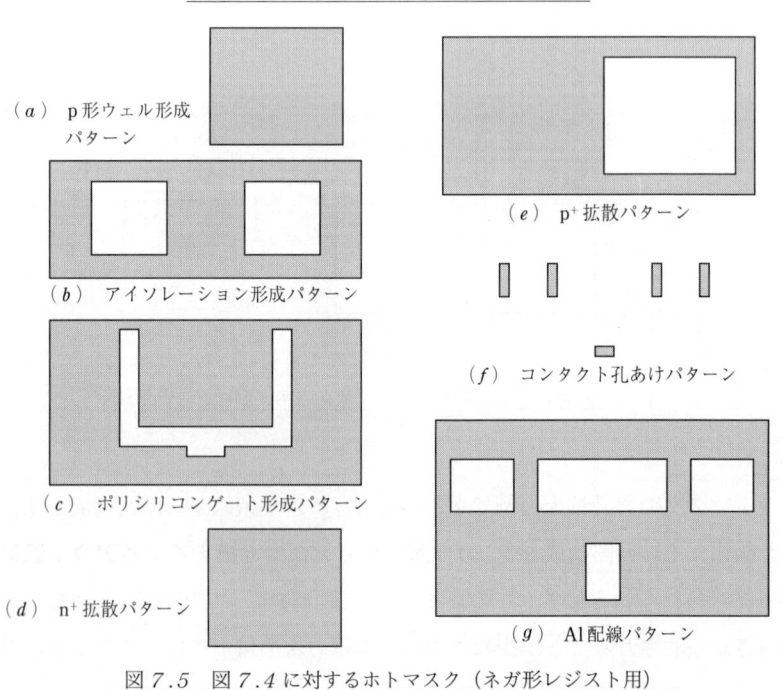

(a) p 形ウェル形成パターン

(b) アイソレーション形成パターン

(c) ポリシリコンゲート形成パターン

(d) n$^+$ 拡散パターン

(e) p$^+$ 拡散パターン

(f) コンタクト孔あけパターン

(g) Al 配線パターン

図 7.5　図 7.4 に対するホトマスク（ネガ形レジスト用）

手法，制限，条件およびそれをホトマスクにするマスク技術とその技術限界などについて説明しよう。

7.2 レイアウト設計とその手順

ICの平面構造のパターンを決定する**レイアウト設計**は，集積回路の設計の中では最も電子回路または回路システムに近い作業である。その位置づけと手順のあらましは図 7.6 に示すとおりである。すでに何回か述べたように，プロセスの設計が IC 構造の縦方向の設計（Z 軸方向）だとすれば，レイアウト設計は縦方向（XY 平面方向）の設計であり，その成否と IC の**電気的特性**はもちろんのこと，チップ寸法，したがって**コスト**を支配する重要なステップである。以下，図 7.6 の流れに沿って説明しよう。

```
(1) システム分割（1チップに集積化する回路ブロックの決定）
 │      → 計算機によるシステムシミュレーション
 │
(2) 回路設計（回路構成と回路定数の決定）←─────────┐
 │      → 計算機による回路シミュレーション        │
 │                                          (5) 寄生素子を考慮
(3) レイアウト設計（トポロジカルな平面パターンの決定）  した回路特性の
 │      → 部品各部の寸法と接続関係                  評価，確認
 │      → レイアウトルールによる寸法どり         │
 │                                              │
(4) 全体図の作成（各層の重ね合せ図の決定）─────────┘
 │
(6) 各層のマスク図を作り，ホトマスク製作
```

図 7.6　レイアウト設計の位置づけとその手順

〔**1**〕**システム分割**　　製作すべき電子回路あるいはシステムが与えられたとき，どこまでをひとまとめにして IC チップの上に作るかという問題がシステム分割の問題である。個別部品を集めてプリント板に実装するといった従来のまとめ方にこだわらず，IC として有利になるような分割法を見出す努力が必要である。最近では集積化できる回路が高速化し，システムの規模が大きく

なって，配線や接続部分ごとの信号の遅れが問題になっており，この辺も十分な考慮が必要である。また，チップ面積が大きくなりすぎると，歩どまりが低下してコストが上昇する。その時点におけるプロセスのレベルを十分よく知ったうえで歩どまりが急減しない範囲で集積度を高めておくのが望ましい。回路内に含まれる部品の総数が一つの目安となるが，パッケージのピン数が制約要素となることも少なくない。ピン数を増やすには大形のパッケージを使用すればよいが，その分だけコスト高となる。なお，システム分割の際にはICが製作された後の検査法と機器の中における実装法についても十分考えておく必要がある。

〔2〕 回路設計　一つのチップに集積化する回路のブロックがきまったら，つぎに回路の結線関係と回路部品の定数を決定する必要がある。この部分は従来の電子回路の設計と基本的には同一であるが，ICであるがゆえに注意すべき点が少なくない。詳細は2巻の8章以降で学ぶ予定であるが，その二，三あげるとつぎのとおりである。

まず第一は回路部品は個別部品による回路のように標準的な特性のものを選ぶことではなく，すべて不純物分布とパターン寸法によって**その回路に合わせた部品として設計できる**ことである。例えば，個別部品の抵抗では 1.5 kΩ とか 2.2 kΩ といった標準的な値をもったものを選んで用いるが，ICの場合には長さと幅を変えて 1.93 kΩ の抵抗も設計できる。さらにトランジスタやMOS-FETの電流容量などもエミッタ長やゲート幅を選ぶことにより最適値に設計できる。

しかし，これと逆に第二の点として一般に部品定数の絶対精度が悪く，選定できる数値範囲も狭いという点がある。例えばベース拡散領域を用いた拡散抵抗の場合，ρ_s が 200 Ω/□ 程度のため，10 Ω 以下や 50 kΩ 以上の抵抗値はチップ面積利用効率の点から望ましくなく，また，たとえこの間の値の抵抗であってもプロセスのバラツキを考えると絶対精度は ±5〜20％ を想定して回路設計をする必要がある。

以上のほかICの部品に対するいろいろな制約がある。例えば寄生容量，寄

生抵抗，あるいは耐圧や周波数特性などの制限がそれである。これらについては前章で詳しく学んだとおりである。しかし，部品の相対値の精度については前章で学んだように比較的良く，またnpnトランジスタやnチャネルおよびpチャネルのMOS-FETが安価に**大量に使用できる**点も回路設計上で有利な点である。

　こうした要点をつかんで，2巻の8章以降で述べるような工夫をしてモノリシック**IC向きの回路構成**をきめ，その部品定数を決定する。これらはプロセスのバラツキや使用温度条件や電源電圧の変動などを計算に入れ，その**バラツキや変動の下で回路仕様をつねに満たす**ような余裕をもった設計でなければならない。この余裕が少ないとICが量産された場合に**歩どまり**が悪く安定な生産ができない。ICは製造後，調整を行うことができないため，**バラツキを考慮**した設計は非常に重要である。そのために2巻の9章で述べるように，計算機を用いたシミュレーションによる評価をくり返し実施するのが普通である。

　〔3〕　**レイアウト設計**　　回路構成と回路定数値がきまったらレイアウト設計が開始できる。これは回路の**接続関係の平面化**と**素子寸法の決定**より始める。まず素子寸法の決定は前章で学んだ寸法と電気的特性の関係から算定できる。つぎに接続関係を平面化し，しかもチップ占有面積にむだが生じないように部品と配線を配置する。これはなかなか熟練を要する作業で，試行錯誤（try and error）的な要素が多い。設計者の技術，個人差による点が多い。グラフ理論などのトポロジー的な学問の応用として，計算機の力を借りて行われることも多い。いくつかの基本的なルールや手順をきめて，それに沿って行うことが多い。一例としてバイポーラICについての手順を表7.1に示した。以下，これを説明しよう。

　まず最初の項目No.1は，回路の平面化を行う一つのして手段である。回路を平面的に描くと交差を必要とする部分が出てくる。モノリシック抵抗体は，酸化膜でおおわれているので，その上に配線を通すことができる。項目No.2は，アイソレーション領域を決定し，その面積をへらすことによりチップ面積

表 7.1 モノリシック IC パターン設計の手順例（バイポーラ IC の場合）

1.	指定された外部端子への接続条件を満たし、かつリードの交差数が最小になるように回路結線図をかきかえる。ただし、抵抗とリード線は交差してよい。
2.	コレクタ電位を考えてアイソレーション領域の数をきめ、その面積が最小になるようにする。
3.	同じ拡散層領域で作られる抵抗[*1]は全部同一のアイソレーション領域に入れ、アイソレーション領域は回路中で最も電位の正の点に接続する。
4.	基板 (substrate) を回路中で最も電位の負の点[*2]に接続する。
5.	アイソレーション領域のへりよりエピタキシャル層の厚さの 1.5～2 倍の幅をとってからパターンを描く。これはアイソレーション拡散が側面方向へも進むからである。
6.	エミッタ域の幅を 2～10 μm[*3]、ベースとコレクタへの接続のための孔とそれらの間隔を 2～5 μm にとる[*3]。
7.	つぎにスペースの許す範囲内で各抵抗の幅がなるべく大きくなるように設計する。
8.	つねに回路の全面積が最小になるように心がけること。もしできれば面積が最小になるようにピンの接続をきめなおす。
9.	回路が所定の機能をもつように各素子の形状をきめる。
10.	表面の金属層による各素子、ピンへの接続ができるだけ短くかつ幅広くとれるようにする。大電流動作をしたり、飽和状態に入るトランジスタのエミッタとコレクタ回路は特にこの注意が必要である。

[*1] それと直列の抵抗も含む。
[*2] 普通、負電源またはアース端子。
[*3] 技術レベルおよび電流や耐圧によって変わる値で、次第に小さい寸法になってきている。

を最小におさえるためでる。No.3 と No.4 は pn 接合に逆バイアスを与えて、つねにアイソレーション条件が満たされているようにするためのものである。No.5 以下は寸法どりの問題である。例えば、No.7 は抵抗値を精度良く作るためである。

この例でもわかるようにレイアウト設計では、素子とその相互間の寸法どりが重要な問題となるが、これを左右する要因は大きく分けてつぎの 2 点である。

① 素子の電気的特性

② 加工精度

このうち、① はトランジスタや MOS-FET の最大電流値、抵抗の値あるいは容量の値などで、回路定数値として必要な値を満たすためのもので、前章で説明したようにして設計され定められてしまう。つぎに、② は、ホトレジス

ト加工の精度，拡散深さやエピタキシャル膜厚の形成精度あるいはボンディングやスクライブの精度であって，技術の進歩によって変わっていく要素である。このうち，特に問題になるのが 5.3 節で述べたホトレジスト加工の精度で，その内容としては，ホトエッチングの精度，ホトマスクの精度，およびマスク合わせの精度などがある。

表 7.2 は，これらをまとめたものである。数値例は技術の進歩によって変わるが，けっきょくはパターン図形としては図 7.7 に示すように，(1) **最小の孔あけ幅** W_{min}（この図の場合はエミッタ・コンタクト電極をとり出し孔，MOS-LSI ではゲート電極寸法がこれに相当する場合が多い）と (2) **最小の合せ余裕** S_{min}（この場合はエミッタ拡散マスクとエミッタ電極とり出し孔あけマスクとの合わせ）の二つが基本的な量になり，これを頭に入れてパターン設計の寸法どりを進めていくことになる。

表 7.2 パターンの寸法精度を制約する要因

項　目	下限を与える要因	数　値　例
マスクの精度	光の波長による制約	可視光で $0.4 \sim 0.7 \mu m$（水銀灯の g 線：436 nm, i 線：365 nm）。レーザ光（KrF：248 nm, ArF：193 nm, F_2：157 nm)
	レンズの解像力	開口数 NA に逆比例し，$NA=0.6 \sim 0.8$ で $100 \sim 300$ nm 程度
	写真乾板の解像力	高解像力乾板では解像力 2 000 本以上/mm　250 nm 以下
	ホトレジスト膜の解像力	ホトレジスト膜の厚さに関係するが，材料自体では 100 nm 以下の解像力がある。
マスク合せの精度	マスク合せ装置の解像力	機械的微動装置の精度　50 nm 程度
	縮写カメラの step-repeat 機構の精度	連続送りでストロボ式のものでは，$10 \sim 40$ nm
ウェーハ処理	側面方向への拡散	アイソレーション拡散の場合が最も大きい。（エピタキシャル層の厚さの $1.5 \sim 2$ 倍位）
	ホトレジスト処理，エッチングの精度	SiO_2 や Al 膜の厚さによる（100 nm 程度）
電気的特性	例えば電流密度など（詳細は 6 章）	許容温度上昇（TO-5 ケースで $0.2 \sim 0.4$°C/mW）β の電流依存性〔例えば式 (6.25) できまる I_E と h の関係〕

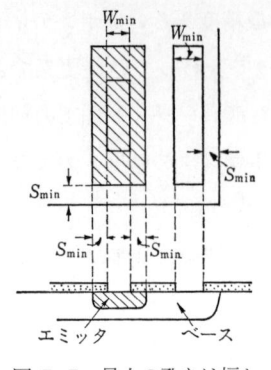

図7.7 最小の孔あけ幅と合せ幅

ICの構造が複雑になるに従い，設計ミスを防ぐためにこうした寸法のルールをパターンごとに具体的に設定し，これを守りながらレイアウト設計を行うようになってきている。これを**レイアウトルール**という。図7.8はその例で，シリコンゲートMOSトランジスタのゲート長Lの最小加工寸法が0.6 μmのMOSプロセスのレイアウトルールの一部である。これらのルールを守り，設計ミスを生じないようにするには細心の注意と計算機の利用が必要となる。

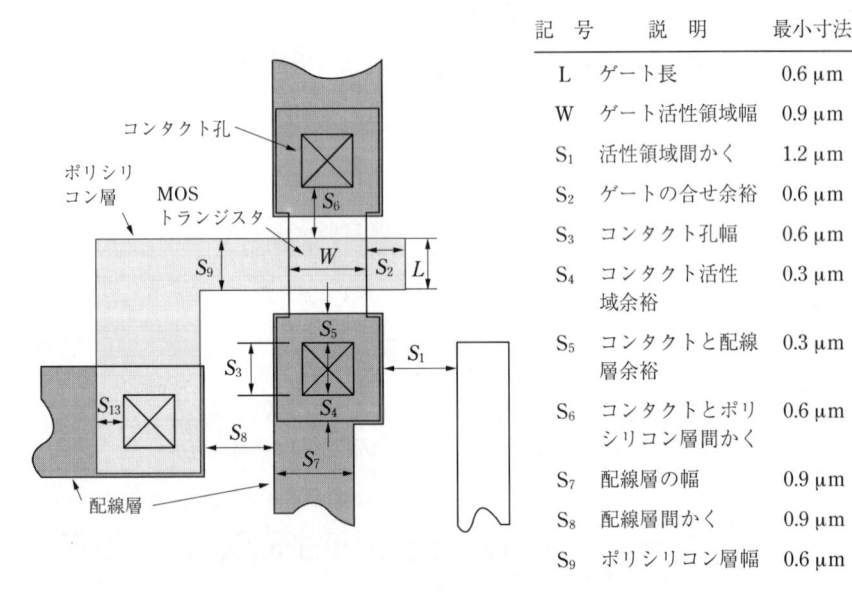

記号	説明	最小寸法
L	ゲート長	0.6 μm
W	ゲート活性領域幅	0.9 μm
S_1	活性領域間かく	1.2 μm
S_2	ゲートの合せ余裕	0.6 μm
S_3	コンタクト孔幅	0.6 μm
S_4	コンタクト活性域余裕	0.3 μm
S_5	コンタクトと配線層余裕	0.3 μm
S_6	コンタクトとポリシリコン層間かく	0.6 μm
S_7	配線層の幅	0.9 μm
S_8	配線層間かく	0.9 μm
S_9	ポリシリコン層幅	0.6 μm

図7.8 MOSプロセスのレイアウトルールの例（0.6 μmプロセスの場合）

〔**4**〕 **レイアウト設計の例（全体図の作成）** レイアウト設計の一例として，図7.9に示す簡単なバイポーラ回路について表7.1の手順を追って全体図（図7.10）を作成してみよう。

① 外部端子への接続条件（ピン接続の条件）が図7.9のように与えられ

ているものとする。クロスオーバを
とるために回路結線図を R_2 と R_3,
また Q_2 のコレクタで交差させて描
く。図 7.9 よりこの回路は抵抗の
上と Q_2 のコレクタ電極を利用して
配線のクロスオーバをとり，パター
ンを平面化できることがわかった。

② アイソレーション領域を考え
る。Q_1 のコレクタ電位は回路の動
作によって変動するから，独立した
アイソレーション領域（第 1 区）が

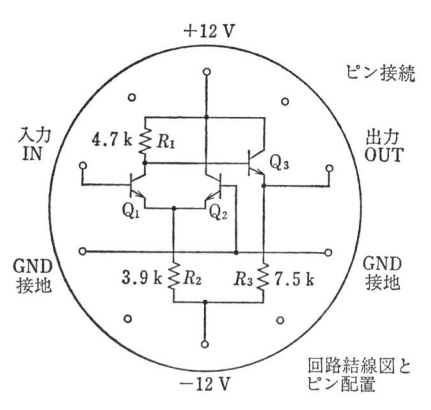

図 7.9 モノリシック IC 増幅器の
パターン設計（その 1）

必要である。Q_2 と Q_3 はコレクタが共通だから同一のアイソレーション領域
（第 2 区）に入れられる。抵抗はすべて同一のアイソレーション領域（第 3 区）
に入れて，その領域の n 層は回路の中の最も正の電位，つまり +12 V の端子
へ接続する孔をあける。ところで，第 2 区のアイソレーション領域は回路的に

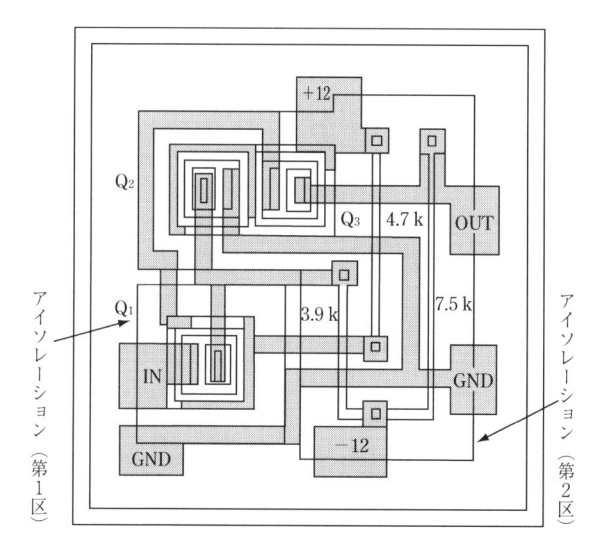

図 7.10 モノリシック IC 増幅器のパターン設計（その 2）

Q_2, Q_3 のコレクタで+12 V 端子へ接続されているから第2区と第3区は共通化できる。結局アイソレーション領域は二つあればよい。アイソレーション領域と抵抗層つまりベース拡散層の耐圧は抵抗の一端が−12 V 端子に接続されているので合計 24 V 以上必要である。これらの条件よりエピタキシャル層の厚みと抵抗率をきめる。

③ 基板を−12 V の端子に接続するような孔あけと配線を行う。

④ アイソレーション拡散の側面方向への広がりを考えてアイソレーション領域の中にトランジスタと抵抗を入れる。最小の孔あけ幅, 最小の合わせ幅を考えつつ, ベース拡散, エミッタ拡散, 孔あけ, および配線の各部分の寸法どり, 位置合せをきめる。各部分の寸法は必要な電気的特性に合わせてきめる。例えば, 抵抗値の寸法は 6.2 節のようにしてきめる。全体として必要となるチップ占有面積ができるだけ小さくなるように注意を払う。

⑤ 外部へ接続するため, チップ周囲にボンディングパッドを作る。その位置, 形状, 寸法はボンディング技術の精度を考えてきめるが, チップ内部の部品や配線の寸法に比べると大きい。この例では寸法は 50〜100 μm 角程度とり, パッドの位置はチップのへりから 30〜50 μm ぐらい内側につけ, パッド相互間の間隔も 50〜100 μm ぐらいとる。

配線パターンは直列抵抗や許容電流値にも注意を払って線幅をきめる。

このようにして完成されたレイアウト図を図 7.10 に示した。これを**組立図**または**全体図**とよぶ。

なお, 以上はレイアウト設計の基礎的なあらすじで, 実際には IC 回路設計に特長的な種々の工夫がされる。詳しくは本章末の〚補足事項〛を参照していただきたいが, その例を図 7.11 に示す。図 (a) は抵抗の比率を正確に与える工夫で全く同一形状のものを並列や直列につないだものである。こうしたレイアウト手法で抵抗比を 1 %以下にして, 回路特性を目標とした値に保つ設計が行える。また, 図 (b) は MOS トランジスタを用いた差動回路の平衡度を良くするレイアウトの工夫である。二つの MOS トランジスタを近接して配置することでプロセスのバラツキや温度変動に対して二つの MOS トランジスタ

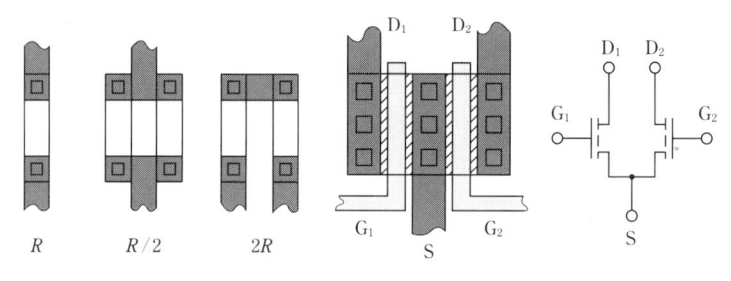

7.3　回路パターンの IC チップ上への転写技術

(a)　正確な抵抗比を与える
　　レイアウト法

(b)　素子間の整合（マッチング）を重視した差動回路用 MOS のレイアウト法

図 7.11　IC 回路設計に特長的な工夫

の特性の整合性が保たれ，オフセット電圧などの不要信号成分の除去が有効にできる．いずれも IC 回路の特長を活用したレイアウト手法で広く用いられている．

〔5〕 **寄生素子を考慮した回路特性の評価，確認**　　全体図ができ上がればパターンの全寸法がきまるので，浮遊容量や直列抵抗などの寄生素子の入り方とその値が推定できる．したがって，これらの値を回路図につけ加えて電気的特性を再検討し直し，必要があれば寸法やパターンの配置などの修正を行う．

全体図が完成すれば図 7.3 や図 7.5 に示したように各工程ごとの**分解図**を作り，各層ごとのホトマスクを製作する．以上がパターン設計のあらましである．

詳しくは〚補足事項〛を参考にしていただきたい．

7.3　回路パターンの IC チップ上への転写技術

レイアウト設計で作られた IC パターンは，ホトマスクを使って，または直接に露光装置を使って半導体結晶面上に**ホトレジスト加工で転写**され，**部品と配線からなる電子回路**が形成されていく．これらの工程は重要で，またそれらの技術は完成された IC の特性に大いに影響を与える．以下，(1) パターン

設計の後に設計されたパターンをどのような手順で半導体チップ上に転写形成していくか，(2) 転写形成する技術とその精度，問題点について説明する。

IC 回路のパターンは図 7.12 に示すように半導体結晶基板（ウェーハ）の上にホトレジスト加工によって転写形成される必要がある。パターン設計は図 7.7 の W_{min} や S_{min} といったホトレジスト加工の精度を基本にして設計され，また図 7.12 からもわかるように，設計されたパターン図を縮小して整然と並べる必要がある。そこで，(1) 縮小焼付（転写）(reduction exposure) と (2) くり返し焼付（転写）(step and repeat exposure) の操作が必要になる。図 7.13 はこの二つの操作の概念図である。

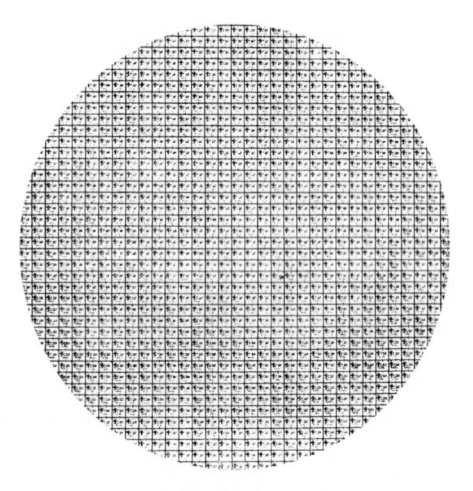

図 7.12 ウェーハ（結晶基板）上へ転写されたパターン

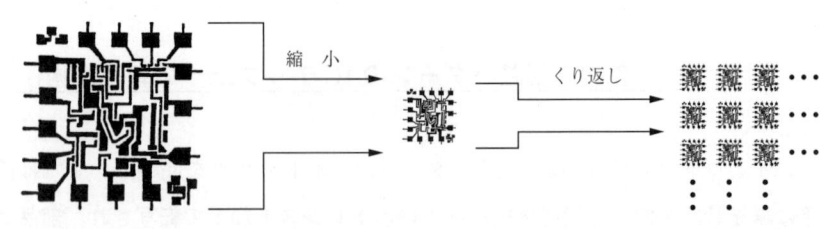

(a) 原図面（×200～1000）　(b) マスターレチクル（×10）　(c) ホトマスク（×1）

図 7.13 縮小とくり返し転写

7.3.1 マスク原図の製作と転写プロセス

図7.2, 図7.3や図7.4, 図7.5あるいは図7.10に説明したレイアウトパターンは例題として示した非常に単純な例で, 素子数は2～6個である。実際のICは1 000万素子(10^7)以上のはるかに複雑な回路で, 全体図は座標軸のデータが10^8～10^{10}にも達する**ぼう大なデータ量**を含む図面で, 各層の分解図も10～30層に及ぶことも少なくない。そのため図7.14に示すようにレイアウト設計のデータは原データが計算機のデータベースとして入力され, 必要な図形処理が施され, 各層のレイアウトパターンが発生され, 高速高精度の電子ビーム描画装置へ送られる。ここから先, 最終的にウェーハ上のチップに転写されるには, 図7.14に示すような何通りかの方法がある。すなわち, 従来は, (1) レチクル → ホトリピータ → ホトマスク → コンタクト露光または投影露光, という方法が用いられていたが, 現在は, (2) レチクル → 縮小投影露光という方法が主流であり, (3) 一部に電子ビーム描画装置から直接露光を行う例もある。いずれにしても非常に高い位置および形状の精度が要求される工程である。いま, 10 mm角のICチップのパターンを300 mm径のウェーハ全面に焼き付けるために300×300 mmの中に配列すると900個となる。最小寸法W_mや合せ余裕S_{min}が0.5～0.1 μmとすると, 10 mmのチッ

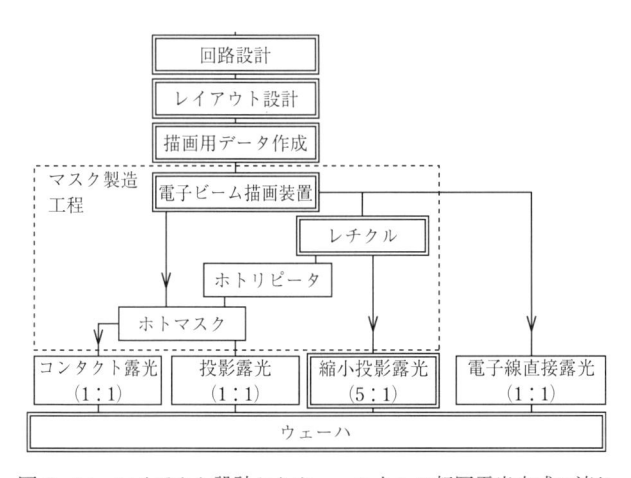

図7.14 レイアウト設計からウェーハ上への転写露光方式の流れ

プ寸法に対して（5〜1）×10^{-5}に相当し，300×300 mm の配列に対しては10^{-7}の桁の精度が要求される。ICの製造工程の中で最も激しいのがこの工程で，色々な工夫と研究が進められている。

つぎに，(2)の手順について詳しく説明する。レチクル（master reticle）とは最終寸法の4〜10倍（5倍が多い）の大きさをもった中間マスクである。石英ガラス板の上にCr（クロム）を薄く蒸着し，ホトレジスト（正確には電子線レジスト）材料を塗布したものに，電子ビーム描画装置で電子ビームを露光してパターンを描き，ホトレジスト加工によってCrのパターンをもったパターンを作る。このレチクルを図7.15に示すように**縮小投影露光装置**（reduction stepper，略して**ステッパ**）とよばれる精密微動台と高解像力レンズ系を備えた縮小くり返し焼付（露光）機にかけて，ウェーハ上に焼付けを行う。ウェーハにはホトレジスト材料が塗布されており，この露光によってパタ

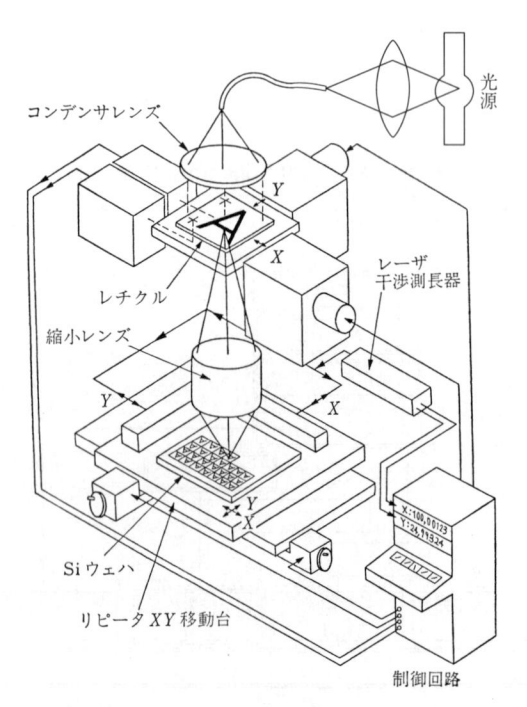

図7.15　縮小投影露光装置（ステッパ）

ーンが形成され，ホトレジスト加工で素子，配線が作られていく。

7.3.2 転写技術の精度

レイアウトパターンを半導体基板表面に転写する技術は，主として光学系を用いて縮小するので（1）光学系，特に光学レンズの結像精度と，機械的に繰返し位置の移動を行うので（2）機械系の位置精度によって，その精度が支配される。

〔1〕 **光学系の解像精度** 一般に光学系の解像度 R（resolution）と焦点深度 D_f（depth of forcus，略してDOF）は次式で与えられる。

$$R = k_1 \frac{\lambda}{NA} \tag{7.1}$$

$$D_f = k_2 \frac{\lambda}{NA^2} \tag{7.2}$$

ここに，λ：露光に用いる光の波長，NA：レンズの開口数，k_1 と k_2 は比例定数である。

開口数 NA（numerical aperture）はレンズの性能を表す数で空気中では，最大値は1.0，普通は0.5〜0.8程度である。k_1 と k_2 はホトレジスト加工の良さできまる値であり，単純には1.0であるが，経験的に k_1 は0.8〜0.6前後の値をとり，k_2 は±0.5程度とされている。上式より微細なパターンを正確に作るには，λ を小，NA を大として R を小さくする必要があるが，そうすると D_f も小さくなり，正確に結像をさせるのが困難になる。また，NA を大きくすると広い範囲の光を収差なく集めるのが難しくなり，扱える画像の寸法が制限を受けて大きな寸法のチップに対応できなくなる。図7.16は式（7.1），式（7.2）を計算したもので，図7.17は解像力と画像寸法の関係のデータである。

歴史的にみると，露光光源としては，まず可視光の水銀高圧ランプg線スペクトル（λ = 436 nm）が用いられ，1 μm 前後のホトレジスト加工が行われてきたが，パターンの微細化の要求から，i線スペクトル（λ = 365 nm）が使われるようになった。さらに波長の短い光源として，レーザ光の利用が始まり，KrFエキシマレーザ光（λ = 248 nm），ArFエキシマレーザ光（λ = 193

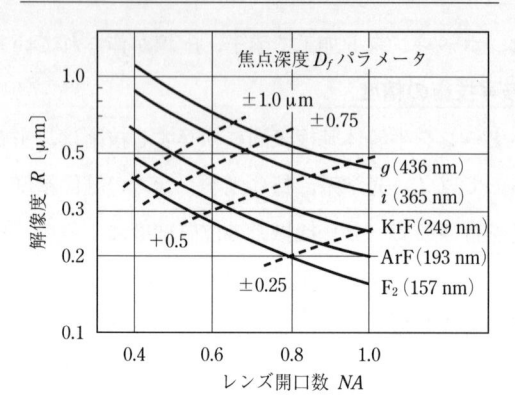

図 7.16　R と D_f ($k_1=1$, $k_2=1$ としたときの式 (7.1) と式 (7.2) の計算値)

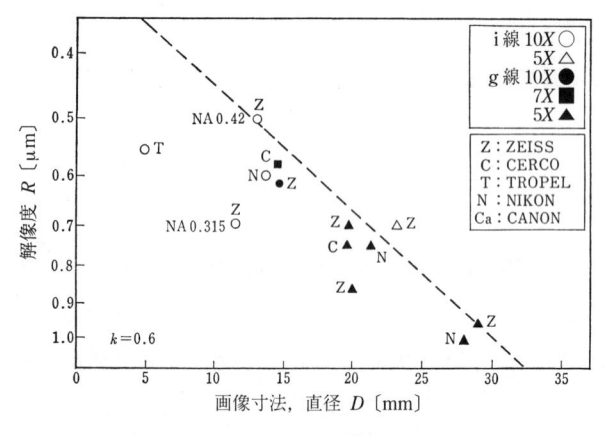

図 7.17　ステッパレンズの解像力と画像寸法

nm) が実用化され，F_2 レーザ光（$\lambda = 157$ nm）も研究されている。これらの短波長化技術で，実用的な焦点深度（±0.5〜0.3 μm）で 0.2〜0.3 μm のパターンの量産化ができている。しかし，微細化への要求は大きく，光技術はかなり限界にきていることがわかる。このため，さらに波長の短い波として，遠紫外線（EUV；extremely ultra-violet），X 線，電子線などの利用も研究，開発が進められている。また，開口数 NA を限界値の 1.0 よりも大きくするために，レンズと結像面の間に光の屈折率が大きい液体を入れて結像を行う

"液浸技術"とよばれる方法も研究,開発が進められている.

〔2〕 光技術の性能向上 図7.16の限界を越えるため色々な工夫がされており,100 nm 以下の領域まで可能になっている.以下,簡単に説明する.

(a) 位相シフト法 光の振幅の大小のみでなく,光の位相差も利用して光量のコントラストを上げ,解像力を上げる手法である.図7.18の(b),(c)に示すように位相シフター膜を追加して露光を行う.適切な条件では解像度を1/2程度まで良くすることができ,0.1 μm(100 nm)以下の加工が可能になる.この方法はパターン設計にシフター膜の形状を考慮する必要がある.

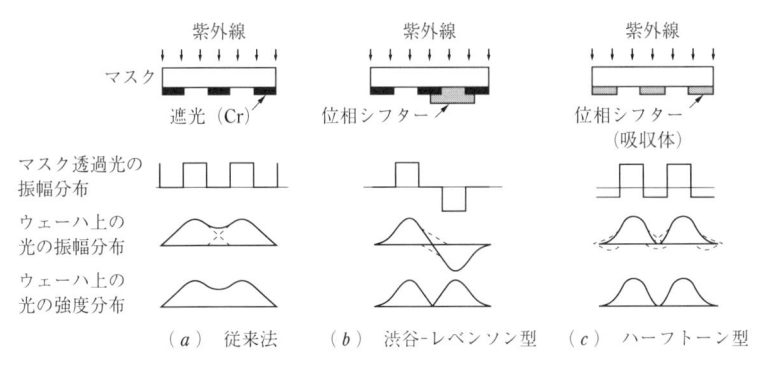

図7.18 代表的な位相シフトマスクの基本構成と解像度向上のメカニズム

(b) 変形照明法 露光装置の光源の形状を工夫し,光の波面の干渉を使って結像特性を制御することが可能である.4点照明光源や輪帯照明光源などが工夫されており,特に焦点深度(DOF)を良くする効果があるといわれている.一例として,露光波長248 nmの KrF レーザを用い,$NA = 0.6$ の光源系でコントラスト60%の条件で,DOFが 0.8 μm 必要なとき,0.3 μm 前後の解像度が,位相シフト法と変形照明法を適用すれば同じDOFで 0.13 μm (130 nm)程度まで解像可能との報告がある.

(c) 近接効果補正 解像力の限界に近いパターンの露光を行うと,設計パターンに対する忠実な転写が困難になる.例えば,直角パターンの角が丸くなる,ラインパターンが短くなる,パターンの密度によってライン幅が変わる,などである.これは光の近接効果(optical proximity effect,略して

OPE）といってパターン形状によって空間的に光の干渉が起こったり，ホトレジスト加工が均一に行われにくくなるためである．これが顕著になると原図の**パターン形状をあらかじめ補正**しておく必要も生じる．これを光近接効果補正技術（optical proximity correction，略してOPC）といって，設計されたパターンデータを計算機処理するときにあらかじめ自動的に補正を加えて転写用のデータを生成する．図7.19はその一例である．パターンの角部分に追加処理が施されている．このように，レイアウト設計はICの電気的特性を実現するためにさまざまな注意が払われ，工夫が必要な重要なポイントの一つである．

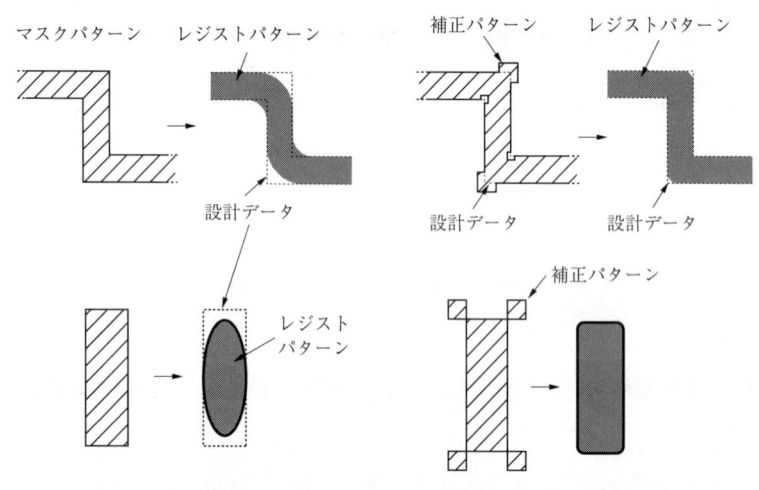

（a）補正パターン（OPC）なしの場合　　（b）補正パターン（OPC）ありの場合

図7.19　光近接効果補正（OPC）によるパターン補正と転写結果

〔3〕**露光装置と位置合せ精度**　　ウェーハ上へのパターンの転写は図7.14に示したように種々の露光装置が用いられている．図7.15には，その代表的なものとして縮小投影露光装置（ステッパ）の構成を示した．これについて詳しく説明しよう．まずレチクルマスクが光源からの光でコンデンサレンズによって照明され，縮小レンズによってウェーハ上に結像される．ウェーハはXY方向に独立に動く移動台に固定され，移動されながら繰り返し露光され

る．移動の位置は，XY方向ともレーザ干渉測長計で検出され，コンピュータによってきわめて高い精度で制御されている．

　微細加工を実現するために解像度と並んで重要なのが位置合せ精度，特に，各層のパターン間の重ね合せ精度であるが，これは露光装置の位置合せ精度に依存することが大きい．そのため，移動台は連続移動させながら測長計の位置検出信号に合わせて光をオンオフして露光を行うなどの細心の注意が払われる．装置が設置される場所の防震対策や温度制御はもちろんのこと気圧の変動に対しても注意が施されている精密器械である．KrFエキシマレーザ（248 nm）を用いた量産対応のステッパの例についてみると，$NA = 0.65$，縮小倍率1/5の光学レンズ系で露光範囲22 mm角，解像度180 nm以下，総合の位置合せ精度40 nm以下の性能が得られている．今後も技術の進歩によってこうした数値は改善が続けられていくであろうが，レイアウト設計ではこうした制約を考えに入れてパターンの寸法，形状，位置関係を設計していくことが大切である．

　このほか，光の代わりに電子ビームを用いて直接ウェーハの上にパターンを描く電子ビーム直接描画装置もある．より微細なパターンが作られるが，描画に時間がかかり，生産性が低いので，マスターレチクルの作成やパターン形状を多様に変える必要がある場合など，特長に応じて使い分けられている．

〚補足事項〛　**ICのレイアウト技術**
　実際にレイアウトを始める前に通常はブレッドボード試験や計算機を用いたシミュレーションによりその回路が要求特性を満足できるかどうか入念にチェックされる．この場合できるだけ実際のICに組み込まれるものに近い部品が使用され，同時に寄生効果や製造上のバラツキなども考慮される．しかし，実際に集積回路内の素子をレイアウトすることによって初めて生じるような寄生効果や素子間の熱的効果をシミュレートすることは困難である．したがって，これらの問題に対してはレイアウト設計の段階で注意が払われる必要がある．一方，チップ面積の大小は1枚のウェーハから得られるチップ数と歩どまりに影響を与える．つまり，ICの価格に関係するので，チップ面積をできるだけ小さく設計することはレイアウト上最も重要なことになる．

【1】 素子のレイアウト法

〔1〕 **バイポーラトランジスタの電極構造**　集積回路の能動素子の平面構造は，その回路の目的に応じそれぞれ最適な特性が得られるよう工夫されている。ここではトランジスタの電極構造についての実際に行われている例をあげて，それぞれの特長について述べる。

(**a**) **ストライプ形構造**　図 7.20 はバイポーラトランジスタで最もよく使用される構造で，所用の電流に応じてエミッタの長さとエミッタの数を増やすことにより容易に最適設計ができるのが特長である。基本形を図 (a) に示す。この構造でベース抵抗を特に小さくする必要がある場合は，図 (b) のようにベース電極をエミッタの両側に設ける。またコレクタ直列抵抗を減少させるには図 (c) のようにコレクタ電極が両側あるいは周囲にとられる。これらの形で高周波用または高速用のトランジスタ，さらには高電力用トランジスタの設計も可能である。例えば，図 (d) の例では，エミッタ幅をできるだけ狭くして f_T が数 GHz までのものが得られる。また図 (e) は，エミッタ数を増加させた高電力用トランジスタの例である。ここで，ストライプ形トランジスタの一般的な設計手順について述べると以下のとおりになる。

(1)　エミッタの面積および周辺長は，所用の最大電流を十分流すことのできる

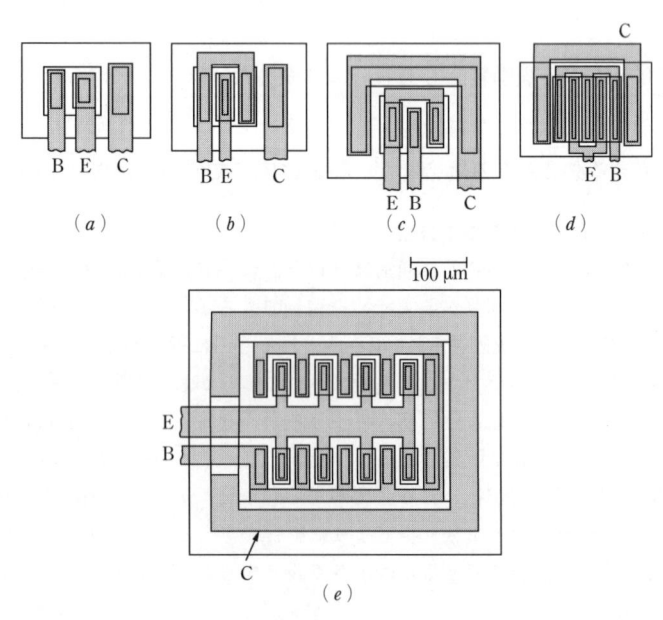

図 7.20　バイポーラトランジスタの各種ストライプ形構造

7.3 回路パターンのICチップ上への転写技術

大きさが必要である。通常は電流増幅率がその電流値で最大となるよう選ばれる。

（2）エミッタのストライプ幅は，電流片寄り効果を考慮してできるだけ狭めるべきであるが，その最小値はプロセス技術によって制限される。

（3）接合容量を減少させるためにベース面積，コレクタ面積はプロセス技術のゆるす限り小さくすべきである。特に拡散層の横方向への伸びやホトレジスト工程でのマスク合せ精度を十分考慮する必要がある。

（4）所要のベース抵抗，コレクタ抵抗になるような電極とり出し方法を考慮する。

（b）**ダーリントン構造** 図 7.21 に示すように，二つのトランジスタのコレクタを共通にし，前段のエミッタを後段のベースに接続することにより実効的な電流増幅率は，おのおのの電流増幅率の積で得られる。集積回路では，これはそれほど面積の増大を招くことがないので，非常に有効な手段でしばしば使われる。

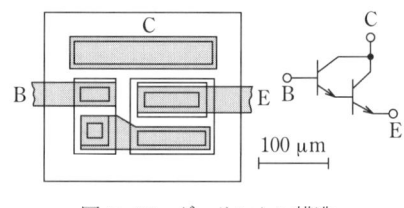

図 7.21 ダーリントン構造

〔2〕 **MOSトランジスタの電極構造** MOSトランジスタの平面構造にも色々な工夫がある。MOSトランジスタで重要なのは W/L の値を必要な値にとることである。例えば，$W/L=16$ のものを1ストライプ型で作ると図 7.22 (a) のようになる。これに対して図 (b) のようにストライプ数を増やしてマルチフィンガー構造にすると，同じ W/L をもちながら寄生容量と寄生抵抗を低減することができる。寄生抵抗は長さが 1/4 になり，さらに 2～4 並列となるので，ソース，ドレインおよびゲートの直列抵抗はいずれも大幅に低減する。寄生容量もドレインの面積が

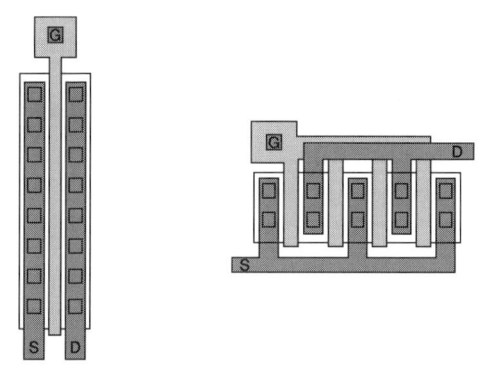

（a）1ストライプ構造　（b）4ストライプマルチフィンガー構造
図 7.22 MOSトランジスタの平面構造（$W/L=16$ の例）

1/2，ソースの面積が 3/4 となる．この結果，直流特性も高周波特性も大幅に改善される．マルチフィンガー構造は電力用 MOS トランジスタでは特に有効であり，数百 mA〜数 A の電力用 MOS トランジスタも IC チップの上に集積化できている．

〔3〕 **素子特性のバランス**　アナログ IC では素子特性の絶対値よりむしろ特性比，あるいはバランスが問題になるため，素子のレイアウトにはそのような配慮が必要である．アナログ回路では，抵抗比により各動作点をきめることが多いため，この精度がきびしく要求される．抵抗比の精度を悪くする原因としては，ホトレジストのマスク合せのずれ，エッチングのバラツキ，および拡散のバラツキが考えられる．したがって，これらのバラツキの影響をできるだけ受けないように，抵抗比の精度を高めることが必要がある．その方法として一般的にはつぎのようなことが考えられる．第一に抵抗の幅は同じにすること，抵抗比が大きいときには図 7.23 に示すように，抵抗を並列にして使うことがよく行われる．第二にコンタクトの形状を同じにすること，ただし形状が同じ場合でも，抵抗の向きが図 7.24 のように異なると，マスク合せのずれによりコンタクト部分の端効果の違いが出て，厳密には抵抗がずれるので，できるだけ方向も合わせるほうが良い．

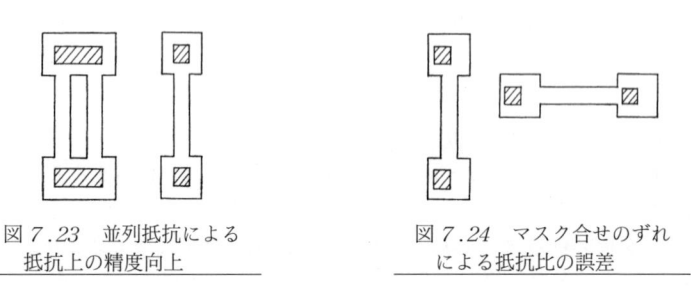

図 7.23　並列抵抗による抵抗上の精度向上

図 7.24　マスク合せのずれによる抵抗比の誤差

一方，差動増幅器のオフセット電圧を小さくするには，差動増幅器を構成するトランジスタは，同一形状で，かつ熱的な不平衡を考慮してできるだけ近接させて配置する必要がある．これをさらに徹底するために，4 個の素子をマトリクス状に配置し，対角線上の 2 個をそれぞれ並列に接続する**コモンセントロイド**（common centroide）とよばれる配置法やダミー素子を周辺に配置し，加工の均一化を一段と確実にする手法も用いられている．その概念図を図 7.25 と図 7.26 に示した．

〔4〕 **熱 的 配 慮**　差動増幅器のオフセット電圧やドリフトを小さくするためには，問題となるトランジスタや抵抗間の温度差を極力少なくするような配慮が必要で，例えば，それらはチップの中央部にできるだけ配置し，熱の発生源である定電流回路や出力段などから等距離に置く．

一方，電力増幅回路などで，大きな発熱体である出力パワートランジスタが差動

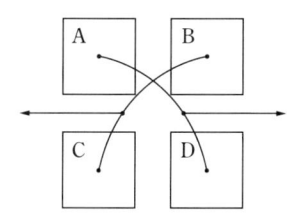

7.3 回路パターンのICチップ上への転写技術

図7.25 コンモンセントロイド配置の概念図（素子AとDを並列接続，BとCを並列接続する）

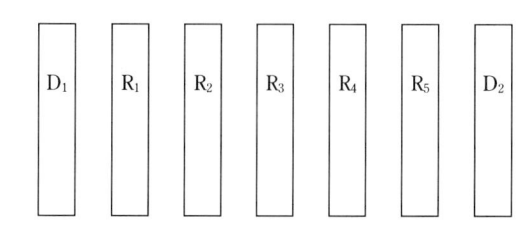

図7.26 ダミー素子配置の概念図（$R_1 \sim R_5$は特性のバランスを要求される素子で回路内で使用される。D_1とD_2はダミー素子で同一パターン形状であるが使用されない）

入力回路に熱的な影響を与え，それが差動入力電圧として帰還されることにより，種々の問題を引き起こす。この熱帰還により動作点がずれてひずみの原因になったり，これが正帰還のときは発振を起こしたりする。安定な増幅器を得るためには，出力パワートランジスタから入力段をできるだけ遠ざけるとともに差動入力間の温度差が小さくなるようにすること，そして増幅器自身の利得を必要以上に高くしないようにするなどの注意を要する。

【2】 相 互 配 線

〔1〕 **内部配線の手順** 素子のレイアウトを行う上での原則は，素子間の配線長を最短にすること，および配線同士が交差しないことである。またパッケージの外部端子とリード線による接続のためのボンディングパッドをチップの周辺に配置する必要がある。このパッドは，ボンディングが容易にできるための最小面積が必要で，通常は100 μm角前後あれば十分である。普通は回路図とともにピン配置が与えられるので，パッドの位置はまずそれに応じて決められ，パッドと最初に接続される素子はできるだけ近接して配置し，パッドからの配線は最短距離にすべきである。周辺の配置がほぼきまったら内部のレイアウトを行うが，どうしても配線が交差しないと結線が不可能な場合が生じる。このようなときには交差配線（crossover）が使われる。図7.27は抵抗の拡散領域の上を配線が交差した例で，この方法は素子の上を配線領域として有効に利用できるので，チップの寸法を小さくするのに最も多く使用されている。

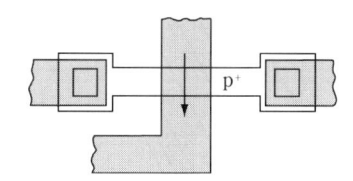

図7.27 抵抗領域上の交差配線

〔2〕 **多層配線** 集積度が高くなると，配線領域の面積が増大するとともに交差配線にも限界が生じ，チップ面積および特性への影響を考えると相互配線を多層にすることが要求される。図7.28は2層配線の断面を示している。第1層と第2

図 7.28 2層配線構造

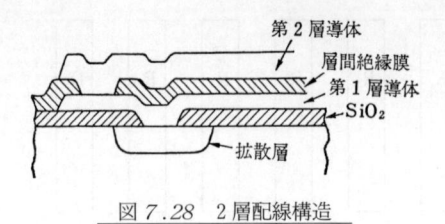

層金属の間に用いられる絶縁層に要求される特性としては,まず第一に熱膨張係数がシリコンや金属にできるだけ近く,クラックなどが生じないこと,そして熱的,化学的に安定で吸湿性でないことが必要である。

〔3〕**電流容量** 金属配線にどれくらいの電流が流れているかは,集積回路の寿命を考える際に重要である。すなわち,金属の高密度の電流が流れたときに金属原子の移動(electro migration)が起こる。このとき金属原子の電子の流れと同じ方向に移動するので,電子の流れの上流においては配線に空所(void)が生じ,下流においてはひげ(whisker)が発生し,それぞれ断線や短絡の事故を起こすことが知られている。不良に至るまでの平均寿命と電流密度の関係は次式で与えられている。

$$\frac{1}{\text{MTF}} = AJ^2 \exp\left(-\frac{\phi}{kT}\right)$$

ここでMTF:平均寿命時間(mean time to failure),A:金属膜の状態や断面積により定まる定数,J:電流密度〔A/cm^2〕,ϕ:活性化エネルギー〔eV〕である。通常行われるAlの場合のMTFは実験的に,Al膜の構造によりかなり異なることが確かめられている。比較的粒子の大きなAl膜のMTFはつぎのように与えられている。

$$\text{MTF} = \frac{wt \exp(0.84/kT)}{5 \times 10^{-13} J^2}$$

ここで,w:Alの配線幅〔cm〕,t:Al膜厚〔cm〕を表す。図7.29は,電流密度をパラメータとして,温度とMTFの関係を示している。また温度や電流密度にこう配があったりすると上式で示されるMTFより減少するので,設計の際に幾分余裕をみるべきである。またAl配線の上をSiO$_2$などでコーティングすることにより,同一の電流密度に対してMTFが伸びることも知られている。

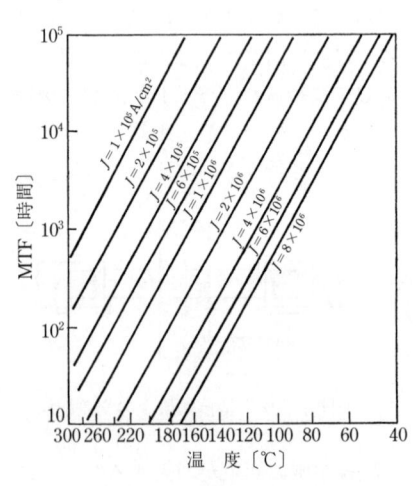

図 7.29 Al配線の寿命時間
(断面積 10^{-7} cm^2)

演 習 問 題

〔1〕 トランジスタと抵抗を合わせて1000個の部品より作られているシステムがある。これを製造コストが最小になるような形でICにしたい。つぎの3案のうち最適のシステム分割法はどれか。また最悪のものはどれで，最適のものの何倍のコストになるか。
　A案　1000個全部を1チップに集積化する。
　B案　500個ずつ2チップに集積化する。
　C案　250個ずつ4チップに集積化する。
ただし，製造コストは歩どまりに逆比例するものとし，歩どまりは集積度が1000個の場合30％，500個の場合70％，250個の場合90％とする。

〔2〕 問図7.1(a)～(c)の回路をICにする場合にアイソレーション領域はそれぞれいくつ必要か。

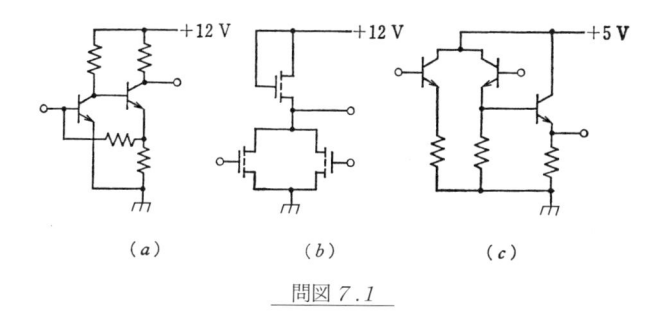

問図 7.1

〔3〕 最小の合せ幅 $S_{min}=0.8$ μm，最小の孔あけ幅 $W_{min}=2.0$ μmとした場合，図7.2，図7.3のインバータ回路のパターンについて，つぎの寸法を求めよ。
　(1) 抵抗の幅
　(2) 抵抗両端の正方形部の辺長
　(3) トランジスタのベースコンタクト孔の幅
　(4) エミッタ長さを 6.0 μmとしたときのベースの寸法
　(5) (4)において，S_{min} が半分になったらどうか。また W_{min} が半分になったらどうなるか。ベース容量がベース面積に比例するとしたとき，ベース容量は何％になる。

〔4〕 $NA=0.42$ のi線用レンズの解像力と焦点深度を計算せよ。ただし $k_1=k_2=0.6$ の加工ができるものとする。また，$NA=0.8$ のArF用レンズの場合にはどうなるか。

参 考 文 献

本書は教科書としてまとめられているので，詳細を記せなかったところも少なからずある．比較的よくまとまった参考書をつぎにあげるので必要に応じて補っていただきたい．

4 章

pn 接合と MOS 構造およびバイポーラトランジスタと MOS-FET の基本事項については，下記のものを参考とされたい．

[1] 電気学会大学講座，半導体デバイス，電気学会 (1978)
[2] A.S. Grove：Physics and Technology of Semiconductor Devices, John Wiley & Sons (1967)（垂井康夫 監訳：半導体デバイスの基礎，マグロウヒルブック (1986)
[3] S.M. Sze：Physics of Semiconductor Devices, Wiley-Interscience (1969)

5 章

集積回路のプロセス技術に対しては，下記のものを参考とされたい．

[1] 徳山 巍，橋本哲一：MOS-LSI 製造技術，日経マグロウヒル社 (1985)
[2] 菅野卓雄，永田 穣：超高速バイポーラ・デバイス，培風館 (1985)
[3] 菅野卓雄，香山 晋：超高速 MOS デバイス，培風館 (1986)
[4] S.M. Sze：VLSI Technology, McGraw-Hill (1983)
[5] A.S. Grove：Physics and Technology of Semiconductor Devices, John Wiley & Sons (1967)

6 章

集積回路のデバイス技術に関しては，下記のものを参考とされたい．

[1] 菅野卓雄，香山 晋：超高速 MOS デバイス，培風館 (1986)
[2] 菅野卓雄，永田 穣：超高速バイポーラ・デバイス，培風館 (1985)
[3] A.B. Grove：Physics and Technology of Semiconductor Devices, John Wiley & Sons (1967)（垂井康夫 監訳：半導体デバイスの基礎，マグロウヒルブック (1986)
[4] S.M. Sze：Physics of Semiconductor Devices, Wiley-Interscience (1969)

演習問題解答

3 章

〔1〕 ウェーハ1枚からとれるチップ数は504個。集積回路の歩どまりは $(0.999)^{1\,000} = 0.368 = 36.8\%$ ∴ 1 853個
〔2〕 それぞれ，283個と0.135 ∴ 382個
集積回路の歩どまりを65.5%にする必要があり，MOSトランジスタ1個当りの歩どまりは99.98%
〔3〕 省略
〔4〕 酸化——ホトレジスト加工——拡散——(エピタキシャル成長)——酸化——ホトレジスト加工——拡散(酸化も同時に行われる)——ホトレジスト加工——拡散(酸化も同時に行われる)——ホトレジスト加工——拡散(酸化も同時に行われる)——ホトレジスト加工(コンタクト孔あけ)——蒸着——ホトレジスト加工
〔5〕 図 *3.6* は6枚，図 *3.7* は4枚
〔6〕 省略

4 章

〔1〕 (1) 2.8 μm，3.0 μm と 3.8×10^3 pF/cm²，3.6×10^3 pF/cm²
(2) 2.1 μm，4.0 μm と 5.0×10^3 pF/cm²，2.7×10^3 pF/cm²
(3) 0.97 μm，1.6 μm，2.9 μm，5.5 μm，10.9×10^3 pF/cm²，6.8×10^3 pF/cm²，3.7×10^3 pF/cm²，1.93×10^3 pF/cm²
〔2〕 1.9×10^{19}/cm⁴，7.6×10^3 pF/cm²，5.6×10^3 pF/cm²，3.7×10^3 pF/cm²，2.4×10^3 pF/cm²，図 *4.11* (*b*) より約200 V
〔3〕 $x_m \simeq 0.3$ μm，$C/A \simeq 3\times10^4$ pF/cm²
$x_m \simeq 0.7$ μm，$C/A \simeq 1.6\times10^4$ pF/cm²
約8 V/μmで約1/4である。

〔4〕 （1） $I_0 = 1.6 \times 10^{-11}$ A/cm²
（2） 0.13 mA, 7.3 mA
（3） 0.65 V, 0.59 V
（4） I_0 は 22.4 倍になる。したがって（2）はそれぞれ 22.4 倍になり（3）は 0.078 V ずつ低くなる。すなわち，（1）3.6×10^{-10} （2） 2.98 A/cm², 164 mA
（3） 0.57 V, 0.51 V
〔5〕 $\beta = 80$（約 11 ％減少する），$BV_{CEO} = 33.3$ V（少し増加する），27.0 V（約 17 ％減少する）
〔6〕 0.694 V, 0.304 μm, 4.86×10^{-8} C/cm², 1.79 V
〔7〕 4.43 pF, 1.96 pF （$V_T = 1.79$ V にて）
〔8〕 $V_D \leq V_G - 1.2$ V では

$$I_D = 55.6 \times 10^{-3} \left[(V_G - 1.2) V_D - \frac{1}{2} V_D^2 \right]$$

$V_D \geq V_G - 1.2$ V では
$$I_D = 27.8 \times 10^{-3} (V_G - 1.2)^2$$

ここに，V_D, V_G の単位は V, I_D の単位は mA である。
〔9〕 0.99 V

5 章

〔1〕 4 枚
〔2〕 $N_A \simeq 1.5 \times 10^{16}$/cm³, $N_D \simeq 5 \times 10^{15}$/cm³, 約 1.8 Ω·cm, 約 1.9 Ω·cm
〔3〕 ドライ酸化　　約 0.26 μm
　28℃加湿酸化　　約 0.52 μm
　水蒸気酸化　　約 1.2 μm
〔4〕 0.27 μm × 2 = 0.54 μm, 約 140 分
〔5〕 $D_0 = 3.94$ cm²/s, $E_a = 3.65$ eV
　4.5 ％増に等価
〔6〕 エピタキシャル層の $N_D = 1.1 \times 10^{16}$/cm³
　$N/N_s = 2.2 \times 10^{-3}$　ゆえに $y = 2.5$, $D = 1.2 \times 10^{-12}$ cm²/s
〔7〕 エミッタ接合はベースの不純物分布でみると $y = 1.5$, $N/N_s = 1 \times 10^{-1}$，つまり $N_A = N_D = 5 \times 10^{17}$ cm³ の位置にある。エミッタ拡散を補誤差関数として，$y = 2.5$ より $t = 0.35$ h $= 21$ 分

演習問題解答   245

〔8〕 $N(R) = \dfrac{N_{DS}}{\sqrt{2\pi}\sigma} \simeq 0.4\, \dfrac{N_{DS}}{\sigma}$

$N(R\pm\sigma) = N(R)\times e^{-0.5}$ ∴ 0.607 倍になる。

$\sigma = 63$ nm より $N = 1.9\times 10^{16}$/cm^3, 1.15×10^{16}/cm^3

〔9〕 0.864 秒

〔10〕 (vi) 200〜300°C, (v) 400°C, (iv) 1 100°C, (iii) 950°Cに続いて 1 150°C, (ii) 1 200°C, (i) 1 250〜1 300°C

後の工程の熱処理効果が前の工程のそれを大きく乱さぬため。

6 章

〔1〕 ρ_s の誤差を 10 %,幅 w の誤差を 10 %に配分し,$w=5$ μm とする。

$$2\,500 = 200\times\left\{\dfrac{l}{5}+2\times 0.65\right\} \quad \text{より} \quad l = 56\ \mu\text{m}$$

精度 15 %の場合には $w = 10$ μm にとらなければならないから,$l = 112$ μm

〔2〕 17 %, 36 %

〔3〕 (i) 2.5 kΩ

730 μm^2 = 0.073×10^{-4} cm^2

(ii) 1.15×10^4 pF/cm^2, 0.44×10^4 pF/cm^2

(iii) 0.084 pF, 0.032 pF

(iv) $\dfrac{1}{3}\times CR$ 70.0 ps, 26.7 ps, 2.28 GHz, 5.97 GHz

〔4〕 33.3 nm

0.842×10^{-4} cm^2, 69.5 μm

〔5〕 20 μm, 0.6 mV, -2.3 %

〔6〕 0.16 nH

〔7〕 $C_{ox} = 28.8\times 10^4$ pF/cm^2 720 μS/V (A^2/V)   288 μS/V (A^2/V)

57.9 μm, 11.6 μm

77.9×80 μm^2, 31.6×80 μm^2

〔8〕 (i) 0.885 pF   (ii) いずれも 0.897 pF……$\varepsilon_{ox}=4$ としたとき

(iii) 4 430 μS (μ℧), 263 MHz

〔9〕 (i) $\rho_B = 0.4$ Ω・cm, $\rho_E = 1\times 10^{-3}$ Ω・cm, $\rho_E W/\rho_B L_E = 2\times 10^{-3}$, $W^2/2L_B^2 = 3.2\times 10^{-3}$, $\alpha_F = 0.994\,8$, $\beta = 191$

$I_E = 2.5$ mA

(ii) 80 μm

(iii) 89 V 以上

〔10〕（ i ） $r_{cs1} = 5.5\,\Omega$　$r_{cs2} = 12\,\Omega$　$r_{cs3} = 10\,\Omega$

（ii） $V_{CE(sat)} = 25.9\,\text{mV} \times \ln 12.6 + 27.5\,\Omega \times 10\,\text{mA} = 0.34\,\text{V}$
81 %

（iii） $\tau_b = \dfrac{(0.4 \times 10^{-4})^2}{3 \times 20} = 26.7\,\text{ps}$

$C_{TC} = 0.138\,\text{pF}$（式（6.11）より計算する）

$\tau_e = 27.5\,\Omega \times 0.13\,\text{pF} = 3.8\,\text{ps}$

$f_T = \dfrac{\tau_b + \tau_c}{2\pi} = 1.4\,\text{GHz}$，$f_T$ は 2.5 GHz，5.2 GHz に変わる。

〔11〕 $r_{BS} = \dfrac{1}{12}\rho_{Sl}\dfrac{w}{l} + \dfrac{1}{2}\rho_s\dfrac{d}{l} + \dfrac{1}{6}\rho_s\dfrac{D}{l} = 138\,\Omega$

〔12〕（ i ） $f_1 = 369\,\text{MHz}$，875 MHz
（ii）（ a ） 646 MHz，（ b ） 735 MHz，（ c ） 670 MHz
（iii） $f_T = 904\,\text{MHz}$　すなわち約 1.50 倍

7　章

〔1〕 B案　最悪はC案で1.56倍
〔2〕（ a ） 3，（ b ） 0，（ c ） 1
〔3〕（1） 2.0 μm，（2） 3.6 μm，（3） 2.0 μm，（4） 7.6×8.8 μm，
（5） それぞれ 6.8×6.4 μm で 65 %，7.6×6.8 μm で 77 %
〔4〕 0.52 μm，1.0 μm および 0.14 μm（144 nm），0.18 μm（181 nm）

索　引

〖A〗

アイソプレーナ　23
アイソレーション　21
アイソレーションアイランド
　　　　　　　　　　22
アイソレーション領域　22
アクセプタ　36, 77
アクセプタ元素　78
アクセプタ不純物　103
アナログ IC　12
アンダーカット　96
アニール　117
annealing　117
アンチモン　78
ArF エキシマレーザ　231
arsine　122
アルミニウムゲート　168
アルミニウム配線の信頼性
　　　　　　　　　　161
アルシン　125
後工程　30
avalanche break down　49
avalanche multiplication　49

〖B〗

バーズヘッド　92
バッファド HF 溶液　97
バッファドふっ酸　94
バイポーラ IC の構造　22
バイポーラ IC のプロセス　27
バイポーラトランジスタ　184
バリア層　135
barrier metal　135

batch process　19
バーズビーク　92
ベーキング　93
ベーパエッチ　123
ベルジャー　135
BHF　94
Bi-CMOS　26
BM 層　135
ボイド　134
ボロン　78
ボルツマン定数　39
built-in potential　39

〖C〗

chemical mechanical polishing
　　　　　　　　　　139
chip　15
CMOS　26
CMP 技術　139
complementary error function
　　　　　　　　　　107
contact printing　96
CVD 技術　121
C-V 特性　60
C-V 特性曲線　61
CZ (Czochralski) 法　81

〖D〗

ダマシン法　140
ダミー素子配置　239
damscene　140
断面研磨　111
伝導性のチャネル　64

電界集中　50
電力用 MOS トランジスタ
　　　　　　　　　　181
電流増幅率　189
電子ビーム描画装置　229
densification　129
デンシフィケーション　129
電子なだれ　49
電子の拡散距離　45
deposition　109
デポジション　109
depth of forcus　231
diborane　123
diffusion current　45
diffussion capacitance　44
ディプリーション　168
DOF　231
ドナー　36, 77
ドナー元素　78
ドナー不純物　102
doped oxide　131
ドープ酸化膜　131
ドライブイン　109
ドライエッチング　97
　　──による損傷　100
ドライ酸化　84
ドレーン領域　24
dose　116
ドーズ量　116
drive-in　109

〖E〗

エッチング　94
EEPROM　183

液浸技術　*233*
emitter crowding effect　*190*
エンハンスメント　*168*
エピタキシャル成長　*100*, *121*
epitaxial growth　*100*
エレクトロマイグレーション　*134*
erfc　*107*
eutectic temperature　*134*

〖 *F* 〗

F_2 レーザ　*232*
FAMOS　*182*
four point probe　*112*
Fowler-Nordheim 電流　*88*, *182*
不純物元素　*36*, *100*
フローティングゲート　*183*
FZ (floating zone) 法　*81*

〖 *G* 〗

ガウス分布　*108*
generation recombination current　*47*
graded junction　*36*
g 線スペクトル　*231*
グラジュアル近似　*73*
グロー放電　*98*
逆方向飽和電流　*45*

〖 *H* 〗

ハイブリッド IC　*17*
配線　*161*
配線工程　*133*
配線材料　*133*
薄膜形成技術　*121*
半導体工業の歴史　*1*
半導体集積回路　*12*, *14*
反応律速　*124*

反応性イオンエッチング　*98*
反転層　*58*
　　──の形成　*57*
変形照明法　*233*
偏析係数　*90*
ヘテロエピタキシャル　*126*
光の近接効果　*233*
ひ　素　*78*
補誤差関数　*107*
ホール　*78*
ホスフィン　*125*
ホトマスク　*93*, *147*, *215*
　　──の精度　*223*
ホトレジスト　*92*
ホトレジスト加工　*92*
　　──の精度　*95*
ホトレジスト材料　*92*
ホトリピータ　*229*
ホットエレクトロン注入　*182*
ほう素　*78*
飽和速度　*178*
不純物濃度　*78*
不揮発性メモリ　*183*
フラッシュメモリ素子　*183*
フローティングゲート　*183*
不純物ドーピング　*100*
不純物の再分布現象　*90*
〈100〉基板　*90*
〈100〉面　*83*
hybrid IC　*17*
表皮効果　*165*
表面電位　*55*
表面電荷　*69*
氷酢酸　*97*

〖 *I* 〗

移動度　*79*, *140*
異方性エッチ　*96*
一括処理　*19*
impurity doping　*100*
インダクタンス　*164*

inversion layer　*58*
イオン化率　*49*
イオン注入　*114*
イオン打込み　*100*, *114*
ion implantation　*100*
i 線スペクトル　*231*
isolation island　*21*
isoplanar　*23*, *91*
位相シフト法　*233*

〖 *J* 〗

弱反転効果　*72*
弱反転領域　*64*

〖 *K* 〗

カバレージ　*129*
化学エッチング　*94*
階段接合　*36*
拡散防止マスク　*83*
拡散電位　*39*
拡散電流　*45*
拡散律速　*124*
拡散炉　*102*
拡散層の測定　*111*
拡散抵抗　*151*
　　──の温度依存性　*150*
　　──の等価回路　*152*
拡散定数　*105*
拡散容量　*44*
貫通孔　*138*
重ね合せ余裕　*148*
活性化エネルギー　*106*
傾斜接合　*36*, *40*, *42*
欠　陥　*117*
ケミカルベーパデポジション　*121*, *128*
結晶欠陥　*117*
基板バイアス効果　*69*, *179*
Kilby　*5*
　　──の特許　*6*

索　　　　　引

近接効果補正　233
金属汚染　118
寄生素子　144,150,160,165,
　　　　　176,197
寄生抵抗　144,198
寄生容量　176,198
気相成長　121
希釈酸化　87
コードウッドモジュール　13
コンモンセントロイド
　配置　239
混成集積回路　17
コンタクト露光　229
コントロールゲート　183
コレクタ耐圧　191
故障率　5
高圧酸化　87
降伏電圧　48
降伏現象　48
光学系の解像精度　231
固溶限　108
KrFエキシマレーザ　231
くり返し焼付　228
空乏層　37
空乏層近似　38
空乏層内のキャリヤの発生と
　再結合　74
空乏層の形成　56
　――の接合容量　42
キャリアの移動度　140
キャリヤ発生　47
局所酸化　26
供給律速　87
鏡面仕上げ　82
共晶温度　134,162
強誘電体不揮発性メモリ　184

〖 L 〗

LDD　181
lightly doped drain　181

local oxidization of silicon
　　　　　　　　　26,168
LOCOS　26,91,168

〖 M 〗

前工程　30
マグネトロンスパッタ装置
　　　　　　　　　137
マイグレーション　134,161
マイクロモジュール　13
枚葉式　123,130
majority carrier
　accumulation　56
膜集積回路　14
マルチチップIC　15
マルチチャンバー式　137
master reticle　230
マスク合せの精度　223
mean free path　135
面積抵抗率　146
メタルゲート　25,168
minority carrier　52
密着露光　96
mobility　79,140
モノリシック　12,16
モノリシックダイオード　204
モノリシックIC　16,19
モノリシックインダクタの
　Q値　167
モノリシック・コンデンサ
　　　　　　　　　156
モノリシック抵抗　145
MONOS　184
モノシラン　121,126
MOS-ICのプロセス　30
MOSコンデンサ　157
MOS構造　34,54
MOSトランジスタ　66,167
　――の寄生容量　177
　――の端子間容量　71
MOS容量　60,157

MTF　162

〖 N 〗

NA　231
なだれ注入　182
ナトリウムイオン　89
ネガ型　93
熱りん酸　97
熱酸化　83
n形　78
Noyce　5
　――の特許　7
numerical aperture　231
n^+埋込層　21,186

〖 O 〗

OPC　234
OPE　234
optical proximity correction
　　　　　　　　　234
optical proximity effect　233
オリエンテーションフラット
　　　　　　　　　82
オートドーピング　127

〖 P 〗

パイロジェニック酸化　85
パッケージ　19
パッシベーション膜　132
パターン設計　145,172,192,
　　　　　213
パターン転写　96
パッチ処理　19
p形　78
phosphine　122
Photo-Resist　92
ピンチ抵抗　156
pnpトランジスタ　201
pn接合　34,35

pn 接合分離 22, 186
pn 接合コンデンサ 158
　　——の耐圧 49
　　——を流れる電流成分 44
ポアソン方程式 38
ポジ型 93
pre-deposition 109
projected deviation 115
projected range 115
projection printing 96
PSG 131
プラズマアッシャー 95
プラズマ CVD 132
プラズマスパッタリング 136
プレデポジション 109
プレーナ技術 6
プレーナ構造 144

〚 R 〛

ラテラル pnp トランジスタ
　　　　　　　　　　202
ラッチアップ現象 53
reactive ion etch 98
レイアウトルール 224
レイアウト設計 219
レンズの開口数 231
レチクル 228, 230
RIE 98
リフロー技術 139
り ん 78
りんガラス 131
リニア IC 12

〚 S 〛

サブスレッショルド電流 72
サブストレート pnp トランジ
　スタ 201
再結合現象 47
酸 化 83
酸化膜 83

酸化膜分離 23
酸化膜分離形 188
　　——のメカニズム 86
　　——の性質 87
正 孔 78
　　——の拡散距離 45
　　——と電子の拡散定数 45
整流特性 44
製造プロセスの複雑さ 77
選択エピタキシャル成長 128
選択拡散 104
接合容量 42
shallow trench isolation
　　　　　　　　　　168
$SiCl_4$ 123
四塩化シリコン 121
SiGe 126
仕事関数 68
SiH_4 126, 129, 130
しきい値電圧 60, 68, 170
　　——の制御 119
真空の透磁率 164
真空蒸着 132
信頼性 5
真性半導体のキャリヤ濃度
　　　　　　　　　　39
$Si(OC_2H_5)_4$ 132
SIP 技術 18
シランの熱分解 130
シリコン 77
　　——に対する固溶限 109
　　——の性質 77
　　——の単結晶インゴット 81
シリコンゲート 168, 179
シリコンウェーハ 79
シリンダ型 123
シリサイド化合物 134
システムインパッケージ 18
システムオンチップ 18
シート抵抗 111, 146
Si-F 結合 132
skin effect 165

SLT 技術 17
SOC 技術 18
速度飽和 141
solid solubility 108
ソース領域 24, 26, 168
相対精度 149
spin on glass 139
sputtering 132
step and repeat exposure
　　　　　　　　　　228
step junction 36
STI 168
水蒸気酸化 85
スパッタリング 132
スピンオングラス 139
スラリー 139
スルーホール 138
ステイニング 111
ステッパ 230
ステップカバレージ 138
スチーム酸化 85
少数キャリヤの再結合 52
少数キャリヤの注入 44, 52
焦点深度 231
縮小投影露光 229
縮小焼付 228
集積回路 1
　　——の概念 3
　　——の本質 8

〚 T 〛

ターゲット 136
多結晶シリコン 130, 174
短チャネル効果 70
多層配線 137, 163
多数キャリヤの蓄積 56
縦型拡散装置 104
縦型低圧 CVD 装置 130
TDDB 88
低圧 CVD 129, 131
抵抗のパターン 147

抵抗値の精度　*149*
転写技術　*231*
TEOS　*132*
テール電流　*72*
テトラエトキシシラン　*132*
thermal diffusion　*100*
threshold voltage　*61*,*170*
蓄積層の形成　*56*
チップ　*15*,*19*
トンネル現象による注入　*182*
トランジスタの耐圧　*53*,*191*
投影分散　*115*
投影飛程　*115*
投影露光法　*96*,*229*
ツェナーダイオード　*208*
チャネリング　*116*
チャネリング現象　*116*
チャネル幅　*170*
チャネルコンダクタンス　*64*

チャネルの形成　*64*
チャネル長　*170*
超小形化　*10*
注入効率　*52*,*190*

〖 *U* 〗

ウエットエッチング　*94*
埋込層　*28*,*186*

〖 *V* 〗

vacuum evapolation　*132*
vapour etch　*123*
velocity saturation　*141*

〖 *W* 〗

weak inversion region　*64*

ウェーハ　*19*,*79*
ウェット酸化　*85*
ウォッシュエミッタ　*195*

〖 *Y* 〗

4本の深針　*112*
輸送効率　*52*

〖 *Z* 〗

絶対精度　*149*
ジボラン　*125*
自己整合　*179*
自己整合 (self-align) 構造　　　　　　　　　　　　　　*174*
常圧CVD　*131*
純　水　*97*

―― 著者略歴 ――

永田　穰（ながた　みのる）
1956 年　東京大学工学部電気工学科卒業
1956 年　(株)日立製作所入社
1966 年　工学博士（東京大学）
1972 年　同社中央研究所第 3 部長
1975 年　同社中央研究所主管研究員
1985 年　同社理事，中央研究所技師長
1995 年　同社理事，研究開発推進本部技師長
1998 年　同社名誉嘱託
　　　　　現在に至る

柳井久義（やない　ひさよし）
1942 年　東京大学工学部電気工学科卒業
1953 年　工学博士（東京大学）
1960 年　東京大学教授
1981 年　東京大学名誉教授，芝浦工業大学教授，
　　　　　東京芝浦電気(株)総合研究所顧問
1986 年　芝浦工業大学学長
1991 年　芝浦工業大学名誉教授
1995 年　逝去

新版　集積回路工学（1）
Integrated Electronics

© Minoru Nagata, Hisayoshi Yanai 1979, 1987, 2005

1979 年 4 月 5 日　初　　版第 1 刷発行
1986 年 3 月 5 日　初　　版第 8 刷発行
1987 年 4 月 30 日　改訂版第 1 刷発行
2000 年 10 月 20 日　改訂版第 13 刷発行
2005 年 9 月 30 日　新　　版第 1 刷発行
2014 年 8 月 20 日　新　　版第 7 刷発行

検印省略

著　者　　永　田　　　穰
　　　　　柳　井　久　義
発行者　　株式会社　コロナ社
代表者　　牛来真也
印刷所　　新日本印刷株式会社

112-0011　東京都文京区千石 4-46-10

発行所　株式会社　コロナ社
CORONA PUBLISHING CO., LTD.
Tokyo Japan

振替 00140-8-14844・電話(03)3941-3131(代)

ホームページ http://www.coronasha.co.jp

ISBN 978-4-339-00144-0　（柏原）　（製本：牧製本印刷）
Printed in Japan

本書のコピー，スキャン，デジタル化等の無断複製・転載は著作権法上での例外を除き禁じられております。購入者以外の第三者による本書の電子データ化及び電子書籍化は，いかなる場合も認めておりません。

落丁・乱丁本はお取替えいたします

電気・電子系教科書シリーズ

(各巻A5判)

- ■編集委員長　高橋　寛
- ■幹　　　事　湯田幸八
- ■編集委員　　江間　敏・竹下鉄夫・多田泰芳
- 　　　　　　　中澤達夫・西山明彦

配本順		書名	著者	頁	本体
1.	(16回)	電気基礎	柴田尚志・皆藤新一共著	252	3000円
2.	(14回)	電磁気学	多田泰芳・柴田尚志共著	304	3600円
3.	(21回)	電気回路Ⅰ	柴田尚志著	248	3000円
4.	(3回)	電気回路Ⅱ	遠藤　勲・鈴木靖純共著	208	2600円
5.		電気・電子計測工学	西山明彦・吉沢昌二・木村彦郎共著		
6.	(8回)	制御工学	下西二鎮・奥平・青木・堀立幸共著	216	2600円
7.	(18回)	ディジタル制御	青西俊幸著	202	2500円
8.	(25回)	ロボット工学	白水俊次著	240	3000円
9.	(1回)	電子工学基礎	中澤達夫・藤原勝幸共著	174	2200円
10.	(6回)	半導体工学	渡辺英夫著	160	2000円
11.	(15回)	電気・電子材料	中澤・澤田・服部・藤原共著	208	2500円
12.	(13回)	電子回路	押森・須田・田原・健英二共著	238	2800円
13.	(2回)	ディジタル回路	伊若吉・土海沢・弘昌純也共著	240	2800円
14.	(11回)	情報リテラシー入門	室山・賀下・進巌共著	176	2200円
15.	(19回)	C++プログラミング入門	湯田幸八著	256	2800円
16.	(22回)	マイクロコンピュータ制御プログラミング入門	柚賀正光・千代谷慶共著	244	3000円
17.	(17回)	計算機システム	春日・泉田・舘雄幸・健博治八共著	240	2800円
18.	(10回)	アルゴリズムとデータ構造	湯田幸充・伊原勉・前邦弘共著	252	3000円
19.	(7回)	電気機器工学	新谷・江間・前橋敏勲共著	222	2700円
20.	(9回)	パワーエレクトロニクス	高江甲・三吉敏機章共著	202	2500円
21.	(12回)	電力工学	江甲三吉・隆木成英鉄夫・彦機共著	260	2900円
22.	(5回)	情報理論	竹下川田豊克稔正久史夫共著	216	2600円
23.	(26回)	通信工学	吉松宮南岡桑植松箕共著	198	2500円
24.	(24回)	電波工学		238	2800円
25.	(23回)	情報通信システム（改訂版）		206	2500円
26.	(20回)	高電圧工学		216	2800円

定価は本体価格+税です。
定価は変更されることがありますのでご了承下さい。

図書目録進呈◆

大学講義シリーズ

(各巻A5判，欠番は品切です)

配本順	書名	著者	頁	本体
（2回）	通信網・交換工学	雁部頴一著	274	3000円
（3回）	伝送回路	古賀利郎著	216	2500円
（4回）	基礎システム理論	古田・佐野共著	206	2500円
（7回）	音響振動工学	西山静男他著	270	2600円
（10回）	基礎電子物性工学	川辺和夫他著	264	2500円
（11回）	電磁気学	岡本允夫著	384	3800円
（12回）	高電圧工学	升谷・中田共著	192	2200円
（14回）	電波伝送工学	安達・米山共著	304	3200円
（15回）	数値解析（1）	有本卓著	234	2800円
（16回）	電子工学概論	奥田孝美著	224	2700円
（17回）	基礎電気回路（1）	羽鳥孝三著	216	2500円
（18回）	電力伝送工学	木下仁志他著	318	3400円
（19回）	基礎電気回路（2）	羽鳥孝三著	292	3000円
（20回）	基礎電子回路	原田耕介他著	260	2700円
（21回）	計算機ソフトウェア	手塚・海尻共著	198	2400円
（22回）	原子工学概論	都甲・岡共著	168	2200円
（23回）	基礎ディジタル制御	美多勉著	216	2400円
（24回）	新電磁気計測	大照完他著	210	2500円
（25回）	基礎電子計算機	鈴木久喜他著	260	2700円
（26回）	電子デバイス工学	藤井忠邦著	274	3200円
（28回）	半導体デバイス工学	石原宏著	264	2800円
（29回）	量子力学概論	権藤靖夫著	164	2000円
（30回）	光・量子エレクトロニクス	藤岡・小原 齊藤・藤 共著	180	2200円
（31回）	ディジタル回路	高橋寛他著	178	2300円
（32回）	改訂回路理論（1）	石井順也著	200	2500円
（33回）	改訂回路理論（2）	石井順也著	210	2700円
（34回）	制御工学	森泰親著	234	2800円
（35回）	新版 集積回路工学（1） ―プロセス・デバイス技術編―	永田・柳井共著	270	3200円
（36回）	新版 集積回路工学（2） ―回路技術編―	永田・柳井共著	300	3500円

以下続刊

電気機器学	中西・正田・村上共著	電気・電子材料	水谷照吉他著
半導体物性工学	長谷川英機他著	情報システム理論	長谷川・高橋・笠原共著
数値解析（2）	有本卓著	現代システム理論	神山真一著

定価は本体価格+税です。
定価は変更されることがありますのでご了承下さい。

図書目録進呈◆